레이더항법과 알파

(RADAR NAVIGATION AND ARPA)

김 우 숙 지음

해 광 출 판 사

머 리 말

레이더는 1930년대 중반에 영국, 미국, 독일 등지에서 군사용으로 개발되기 시작하여 2차대전 중에 적기나 적함을 탐지하는 데 크게 이용되었다. 전쟁이 끝나고 민간에 공개되어 오늘날 상선에 없어서는 안될 가장 중요한 항해 계기가 되었다.

레이더는 연안 항해나 협수로 항해시 본선의 위치를 결정하는 데 이용될 뿐만 아니라 상대선의 거리와 방위를 체계적으로 관측하여 상대선의 속력과 침로를 알아낼 수 있으며, 충돌의 위험 여부도 판단할 수 있어 특히 무중항해시 매우 유용하다.

근래에는 프로세서의 도움으로 여러 물표에 대한 정보를 동시에 처리하여 상대선의 속력과 침로를 나타내는 벡터를 화면에 그려 주고, 그 물표에 대해 필요한 정보를 신속하고 정확하게 알려주는 ARPA(Automatic Radar Plotting Aids)가 등장하여 항해사들에게 많은 도움을 주고 있다.

IMO(International Maritime Organization)의 STCW(Standards of Training, Certification and Watchkeeping for Seafarers) 협약에서는 모든 항해사에게 레이더에 관한 교육과 훈련을 의무화하여 Radar Observer's Certificate를 발급받도록 하고 있으며, ARPA가 탑재된 선박에 승무하는 항해사에게는 이와 병행하여 ARPA에 대한 적절한 교육과 훈련을 받도록 규정하고 있다. 저자는 1985년에 〈레이더 항법〉이라는 책을 내놓은 바 있다. 10년이 흐르는 사이에 많은 것이 바뀌었으며 특히 TV 화면 표시방식인 래스터스캔 등이 레이더 화면에 이용되고 윈도우 개념을 도입한 작동 방식이 응용되는 등 새로운 기술이 도입되었다. 이에 걸맞는 책을 만들어야겠다고 마음먹은지 오랜만에 또다시 해문출판사에서 출판을 맡아 주신 데 감사를 드린다.

이 책이 대학에서 교재로, 해기시험 준비용으로 또는 일선 해기사들의 참고 도서로 활용되기를 희망한다

1996 . 8.

김 우 숙

차 례

제1장 레이더의 원리

제2장 레이더 장치의 작동 원리

제3장 물표의 탐지

제4장 플로팅 (plotting)

제5장 ARPA(Automatic Radar Plotting Aids)

부 록

제1장
레이더의 원리

1.1 레이더의 역사

레이더(RADAR)는 전파를 이용하여 어떤 물표를 탐지하고 거리를 측정한다는 의미의 Radio Detection and Ranging의 약자이다.

하인리히 헤르츠 (Heinrich Hertz)—후에 그를 기리기 위해 주파수의 단위로 씀—는 1886년에 전파가 금속체에서 반사한다는 맥스웰(J. C. Maxwell)의 이론을 실험으로 증명하였다. 1903년에 독일의 휠스마이어(Hülsmeyer)는 전파를 이용하여 배를 탐지할 수 있는 장치에 대하여 여러 나라에서 특허를 얻었으나, 탐지거리가 너무 짧았기 때문에 별로 관심을 끌지 못했다. 마르코니(G. Marconi)는 1922년에 위의 헤르츠가 행한 전파가 금속체에서 반사한다는 사실에 깊은 관심을 나타냈고 오늘날 우리가 알고 있는 선박용 레이더의 가능성을 제안하였다.

1920년대 중반에는 레이더가 전리층의 높이를 측정하는 데 사용되다가, 1935년이 되어서야 펄스 레이더가 비행기를 탐지하고 거리를 측정하는 데 성공적으로 사용되었다. 1935년에 영국의 왓슨 와트(Watson Watt)는 6MHz 통신장비를 사용하여 반사파 신호와 직접 수신된 신호 사이의 비트 주파수(beat frequency)를 사용하여 항공기를 탐지하였다. 같은 해에 영국은 또 펄스 레이더를 만드는 데 성공하였다. 1937년에 처음으로 전함에 설치되었으며 1939년에는 성능이 상당히 향상되었다. 마이크로파 레이더의 실현에 가장 중요한 기여를 한 것은 1940년에 영국의 Randell과 Boot가 개발한 공동 마그네트론이었다. 그것은 10cm 파장의 전파를 발진하였고 1kW의 출력을 냈다.

이와 같이 2차대전이 시작되기 전에 독일 · 영국 · 프랑스 · 미국 등지에서 거의 동시에 개발되었으며, 전시에 군사용으로 이용되다가 전쟁이 끝나고부터 상선에 급속히 보급되어 연안항해와 충돌예방에 크게 기여하고 또 개량되었다. 요즈음은 텔레비전의 화면표시방식인 래스터스캔(raster scan)기술을 레이더에 도입하여 화면의 밝기를 크게 향상시켜 낮에도 후드(hood) 없이 볼 수 있는 레이더가 만들어지고 있다.

1.2 레이더의 응용

레이더는 육지 · 항공기 · 선박 및 우주 공간에서 이용되고 있다. 육지의 레이더는 주로 항공기나 우주 공간의 물표를 탐지하고, 위치를 알아내고 추적하는 데 이용되고 있다. 선박용 레이더는 항해 보조수단으로 쓰이며, 부표와 해안선의 위치를 앎으로써 안전장치로 쓰이며 항공기뿐만 아니라 다른 배를 관측하는 데도 사용된다. 항공기용 레이더는 항공기나 선박 또는 육지의 자동차를 탐지하는 데 사용될 수 있으며, 육지의 지도를 만들거나 태풍을 피하고 또 특정지역을 피해가거나 하는 항공에 이용된다. 우주 공간에서 레이더는 우주선의 안내에 도움을 주고, 육지나 바다로부터의 원격조종에 도움이 된다. 민간에서의 응용의 중요성이 매우 높지만 레이더를 사용하고 개발하는 데 비용을 부담한 것은 주로 군대였다. 레이더의 주된 응용분야를 중요성의 순서에 관계없이 다음에 간단히 기술한다.

1.2.1 항공기 교통 관제 (ATC; Air Traffic Control)

세계 전역에 걸쳐서 레이더는 항행중이거나 비행장 근처의 항공기 교통을 안전하게 관제하는 목적으로 사용되고 있다. 큰 비행장에서 항공기나 자동차의 교통은 고분해 레이더로 원격 조정된다. 레이더는 악천후에 항공기가 안전하게 착륙할 수 있도록 유도하는 GCA (Ground-Control Approach) 시스템으로 사용되어 오고 있다. 덧붙여서 마이크로파 착륙 시스템(Microwave Landing System)과 널리 이용되는 ATC 레이더 비콘은 대부분이 레이더 기술에 기초를 두고 있다.

1.2.2 항공법 (aircraft navigation)

파일럿에게 강수지역을 알려주기 위해 항공기에 사용되는 것이 레이더의 전형적인 형태이다. 레이더는 어떤 특정지역을 피해가거나, 또는 따라가는 데 사용되기도 한다.

전파 고도계나 도플러 항법기 등도 레이더의 한 종류이다. 가끔 상당히 고감도의 육지 지도를 만드는 레이더가 항공기의 항공 목적으로 이용된다.

1.2.3 선박의 안전 (ship safety)

레이더는 선박끼리의 충돌 가능성을 경고함으로써 항행중인 선박의 안전을 유지하며, 특히 저시정에서 항해용 부표를 탐지하는 데 이용된다. 숫자상으로 볼 때 이것은 가장 많은 레이더의 응용분야이지만, 실제 크기나 가격 면에서 보면 가장 작은 부분이다. 이것은 또한 가장 믿을 만한 레이더 시스템의 하나로 판명되었다. 자동탐지 추적장치는 충돌방지 목적의 레이더에 상업적으로도 유용하게 쓰이고 있다. 해안에 설치된 상당히 고분해의 레이더는 항해의 보조 수단으로서 항만의 감시에 사용된다.

1.2.4 우주 공간(space)

우주선의 랑데부(rendezvous)나 도킹(docking) 또는 달에 착륙시 사용된다. 거대한 육지의 레이더가 인공위성을 탐지하고 추적한다. 인공위성에 탑재된 레이더는 다음에 설명되는 원거리 센서로서 이용된다.

1.2.5 원거리 센서(remote sensor)

모든 레이더는 원거리 센서이다. 그것은 지구 물리학적인 물표나 주위 환경을 감지한다는 것을 의미한다. 얼마 동안 레이더는 기후의 원거리 센서로 사용되어 왔다. 그것은 또한 과거에 달이나 혹성을 탐사하는 데 사용되었다. 고주파(HF, High Frequency) 통신의 중요한 장치의 하나인 전리층 높이 측정기는 일종의 레이더이다. 또한 바다 상태의 측정이나 지도를 만드는 것을 포함하여 지구의 자원, 물자원, 얼음의 상태, 농업, 삼림 상태, 지질학상의 형태, 환경오염 등을 조사하는 데에도 이용된다.

1.2.6 법률 집행(law enforcement)

고속도로에서 교통경찰관이 자동차의 속도를 측정하여 위반자를 가려내는 데 사용된다.

1.2.7 군대

군대에 응용된 레이더의 전통적인 역할은 감시 항해 무기의 관제와 인도 등이다. 레이더는 단연 군대에서 가장 많이 이용된다.

1.2.8 지하 매물 탐색

해수욕장 등에서 모래 속에 파묻힌 물건을 탐지하는 데도 사용된다.

1.3 거리측정원리

1.3.1 시간 함수로서의 거리

물표는 전파 에너지의 충격파를 송신하여 송신방향에 있는 물체에 부딪쳐 되돌아오는 에너지의 일부를 수신함으로써 탐지된다. 이런 현상은 산울림과 흡사하다. 송신과 수신 사이의 시간은 전파의 속도와 어떤 물표까지의 거리에 좌우된다. 이같이 전파의 속도(c)를 알고 송수신 시간을 알면 물표까지의 거리를 알 수 있다. (그림1-1)

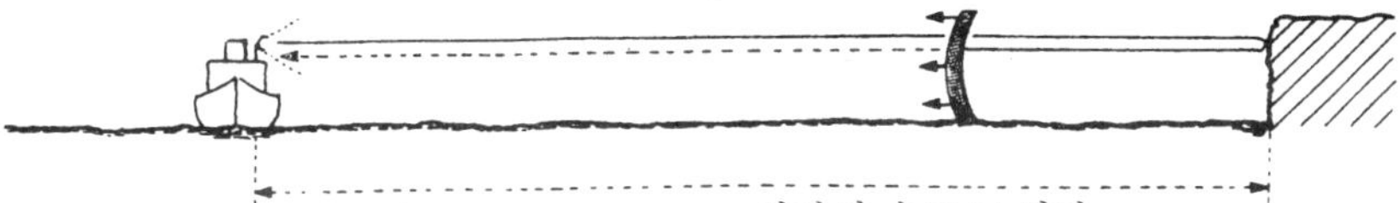

$$거리 = \frac{전파의\ 속도 \times 시간}{2}$$

그림 1-1 거리측정 원리

즉 전파를 발사하고 반사되어 되돌아올 때까지의 시간을 t초라 하면 전파가 진행한 거리(D)를 알 수 있고 다음 식으로 구할 수 있다.

$$D = \frac{c \times t}{2}$$

전파의 속도는 매질에 따라 다르지만 편의상 빛의 속도인 3×10^8 m/s 로 한다. 그러나 이 값은 너무 크기 때문에 시간 단위는 마이크로초(10^{-6} sec)를 사용한다. 전파의 속도는 1마이크로초 동안 300m 이다. 예를 들어 전파의 왕복시간이 10마이크로초 걸렸다면 물표까지의 거리는 다음과 같이 계산된다.

$$D = \frac{t \times c}{2}$$

$$= 10 \times 300 / 2$$

$$= 1500m$$

이러한 결과는 CRT(Cathod Ray Tube)를 이용하여 영상으로 나타낸다. 1940년대에는 A scan 표시로 나타내었으나(그림 1-2) 이 표시방식에서는 물표의 방위를 알 수 없는 단점이 있었으며 PPI가 개발되어 이를 해결하였다. 최근에는 TV 표시방식인 래스터스캔 표시가 출현하였다.

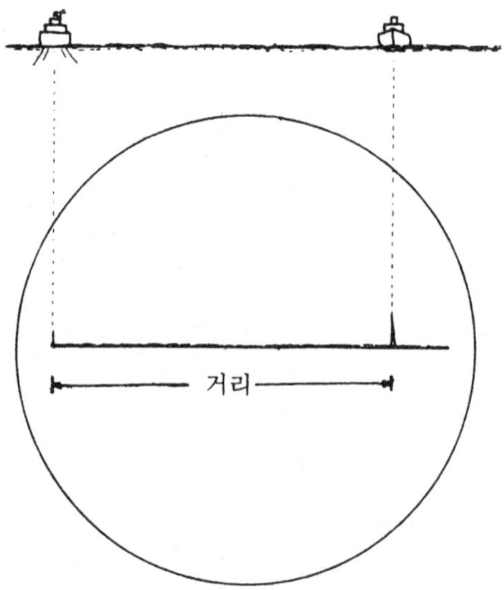

그림 1-2 A 스캔표시(A scan display)

(예제1) 물표까지의 거리가 50m라면 전파가 갔다오는 데 몇 마이크로초 걸리겠는가?

(예제2) 물표가 본선으로부터 12마일 떨어져 있다면 전파의 왕복시간은 얼마나 걸리겠는가?

1.3.2 탐지물표의 표시 및 거리측정

전파의 속도가 너무 빠르고 물표까지 갔다오는 데 걸리는 시간이 몇 마이크로초로 대단히 짧은 시간이기 때문에 보통 방법으로 측정하는 것은 불가능하다. 이러한 어려움을 CRT를 이용함으로써 해결하였다. CRT의 원리는 나중에 다시 설명하기로 하고, 여기서는 대단히 작은 휘점(spot)이 CRT 화면을 가로지르는 모양을 보기로 한다. 이 휘점이 움직이는 속도는 매우 정확하게 조정되고, 너무 빨리 움직이기 때문에 우리 눈에는 하나의 선으로 보인다. 1940년대의 초기 레이더에는 그림 1-2에서처럼 A scan 표시로 나타냈으나, 여기서는 물표의 방위를 알 수 없기 때문에 PPI(Plan Position Indicator) 방식이 개발되었다. (그림 1-3)

이 방식은 휘점이 CRT 화면의 중심에서 원주방향으로 이동한다. 화면의 중심을 출발하는 시간과 전파의 발사시간을 일치시키고 반사파가 있을 때 휘점의 밝기를 크게 하여 물표의 존재 여부를 알 수 있고, 휘점이 이동하는 방향과 안테나면의 방향을 일치시킴으로써 물표의 방위를 알 수 있다.

거리범위는 휘점이 중심에서 원주까지 가는 데 걸리는 시간을 조절하여 변화시킨다. 휘점의 이동방향은 안테나와 함께 회전하면서 중심에서 원주방향으로 선(소인선)을 만든다. 대략 한 회전에 3,600

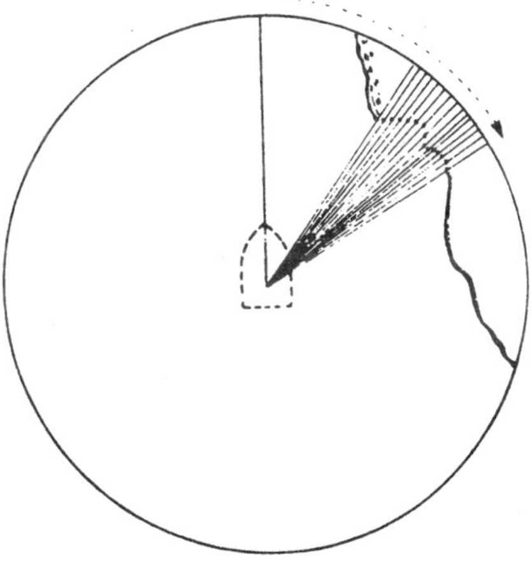

그림 1-3 PPI 표시

개의 소인선을 만든다. 소인선을 만드는 시간과 선택된 거리범위의 시간축을 일치시켜 물표까지의 거리에 비례한 곳에 반사파를 나타내 준다.

물표까지의 거리측정을 쉽게 하기 위하여 소인선을 전자적인 방법으로 몇 개의 일정한 간격으로 나눈다.

그림 1-4에서 보는 것처럼 12마일 거리범위에서 6마일 떨어져 있는 물표의 반사파는 2마일 간격으로 나눠진 원들 중 3번째에 나타나게 된다.

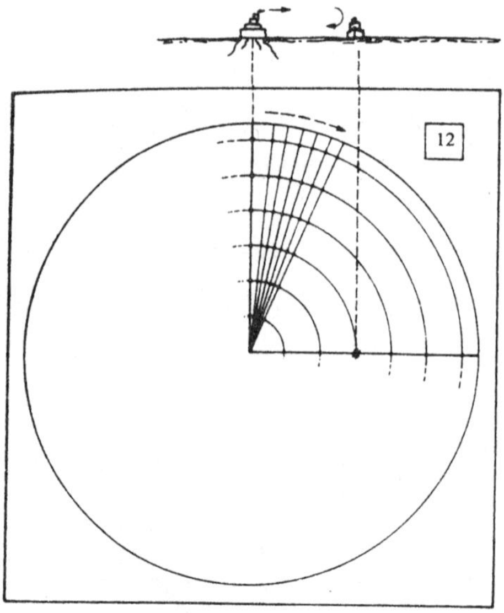

그림 1-4 고정거리원

만약 반사파가 원들 사이에 있게 되면 눈짐작으로 거리를 구하게 된다. 그러면 정확한 거리측정이 곤란하므로 보다 정확한 전자적인 방법이 필요하게 되고, 이것을 VRM(Variable Range Marker)이라 부른다.

이 표시는 그림 1-5에서 보는 바와 같이 물표에 접하는 원을 만들어 눈짐작보다 더 정확한 거리를 알 수 있다.

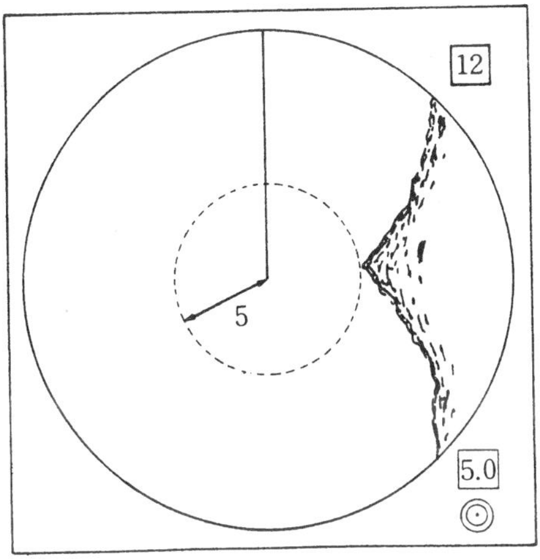

그림 1-5 가변거리원

1.3.3 합성표시

거리 데이터가 조작할 수 있도록 저장되면, 화면의 질을 높이고 물표를 추적할 수 있는 등 이점이 있을 것이라는 생각이 오래 전부터 있어 왔다. 1970년대 초에 데이터를 매우 빠른 속도로 처리할 수 있는 마이크로프로세서(microprocessor)가 출현하였다. 1980년에는 컴퓨터 기억장치의 값이 떨어져 거리 데이터를 처리할 수 있는 방향으로 개혁이 일어났다.

결과적으로 근래의 레이더 장치에서 거리 데이터는 컴퓨터 기억장치에 저장된다. 한번 처리된 데이터는 PPI 화면의 영상을 합성하는데 사용된다. 1980년대 중반에는 텔레비전 화면에 영상을 나타내는 방식(raster scan PPI)이 점차 보편화되었다.

전형적으로 컴퓨터는 한 번의 소인선에서 1,200번 표본화(sampling)한다. 표본화는 송신 시작과 동시에 시작하여 그 결과는 1,200개의 기억소자(register)에 차례로 기록한다. 표본화 과정에서 물표의 반사파가 있으면 기억소자에 숫자 1로, 반사파가 없으면 0으로 나타낸다. 12개의 기억소자를 예로 들어본다. 그림 1-6에서 12마일

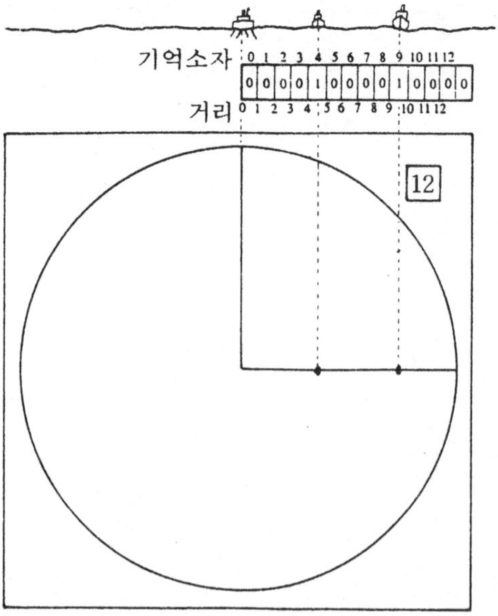

그림 1-6 거리 데이터의 저장

거리범위에서 합성화면의 소인선 하나를 나타냈다. 여기서 7번째 소자에 있는 물표는 7마일과 8마일 사이에 있다(1,200개의 소자를 쓰면 700번째 소자는 7.00마일과 7.01마일 사이에 있게 된다). 기억장치로부터 거리 데이터를 읽을 때는 기억장치 안의 '1'에 해당하는 표준 구형펄스가 만들어진다. 만약 12마일 거리범위에서 그 데이터가 읽혀지고, 소인 시간이 그것과 일치하면 소인 중심으로부터 물표의 거리에 비례하는 곳에 휘점을 밝게 하여 반사파를 나타낸다.

1.4 방위의 측정

1.4.1 전파의 송수신

물표의 방위를 결정하기 위해서는 어느 한 방향으로 국한되어야 하고 수신도 그 방향으로 국한되어야 한다. 안테나는 수평방향으로 매우 좁은 빔(beam)을 만들어 에너지를 집중시키도록 설계되어 있다. 에너지가 모여 있는 수평방향의 범위의 각도를 수평빔폭이라 한다.(그림 1-7)

IMO의 항해용 레이더의 성능기준에는 이 수평빔폭이 2.5°를 넘지 않도록 규정하고 있다. 그러나 대부분 2° 이하이며 0.75°인 것도 있다. 안테나의 특성은 수평빔폭의 한계각도 내에서 되돌아온 에너지를 탐지하는 것이다. 안테나의 방향 특성으로 인하여 빔의 방향에 있는 물표가 소인선의 방향에 나타나는 것은 당연하다. 이와 같이 하나의 소인선은 특정한 방위선을 따라 놓여 있는 물표의 거리를 나타내 준다.

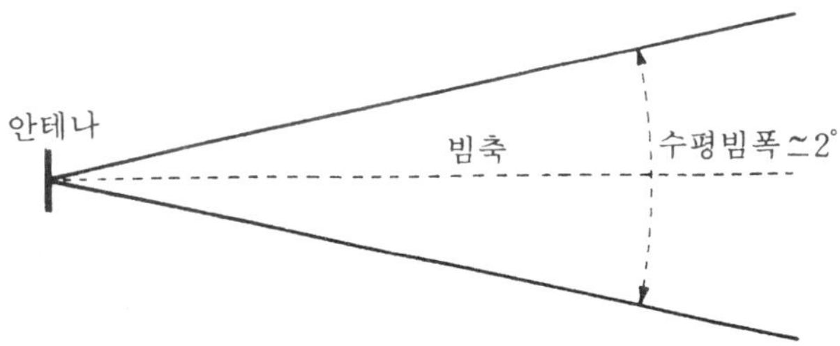

그림 1-7 수평빔

1.4.2 안테나와 소인선의 동기

근래의 선박용 레이더의 특성은 360° 전방위의 정보를 계속해서 제공하는 것이다. 그러기 위해서 스캐너와 소인선을 같은 속도로 시계방향으로 계속적이고 자동적으로 회전시키는 것이다. 스캐너가 1회전하는 데 걸리는 5초를 넘지 않도록 IMO의 레이더 성능기준에 정하고 있다(보통 2~3초 걸린다). 계속되는 송신펄스들 간의 간격(PPI상에서 계속되는 소인선의 시작점 사이)은 거리범위의 값 안에 있게 되지만 도해(圖解)를 위해 평균적으로 1/1,250초(800마이크로초)이면 충분하다. 만약 스캐너의 1회전에 3초가 걸렸다면 한 회전 동안에 3,600개의 펄스가 송신되었고 펄스 사이에 0.1° 회전하였음을 추론할 수 있다. 이와 같이 회전이 계속되는 동안 안테나는 배 주위를 0.1°의 간격으로 3,500번 주사하고, 각 단계마다 소인선이 하나씩 그려진다는 것을 상상할 수 있다. 화면의 표시는 약 3,500개 방사상의 선으로 만들어진다.

1.4.3 화면의 구성

탐지물표의 반사파는 스캐너의 회전당 한 차례씩 그려질 것이다. CRT의 안쪽은 인광물질이 칠해져 있어서 한 번 그려진 지역은 적어도 2~3초 동안 빛을 낸다.

이같이 잔광(after-grow)은 다음 회전에서 다시 그려질 때까지 지속될 만큼 충분히 길어야 한다.

스캐너와 소인선은 같은 시간 간격에 같은 호만큼 그린다. 그래서 물표는 그에 해당되는 각도로 나타난다. 만약 두 척의 배가 본선에서 볼 때 50°의 간격으로 있다면 그 반사파의 중심은 PPI 상에 같은 각도만큼 떨어지게 될 것이다. 빔이 해안선과 같은 지역을 소인하면 소인선에서의 반사파는 모두 합쳐져 그림 1-8과 같은 평면도형을 만들게 된다.

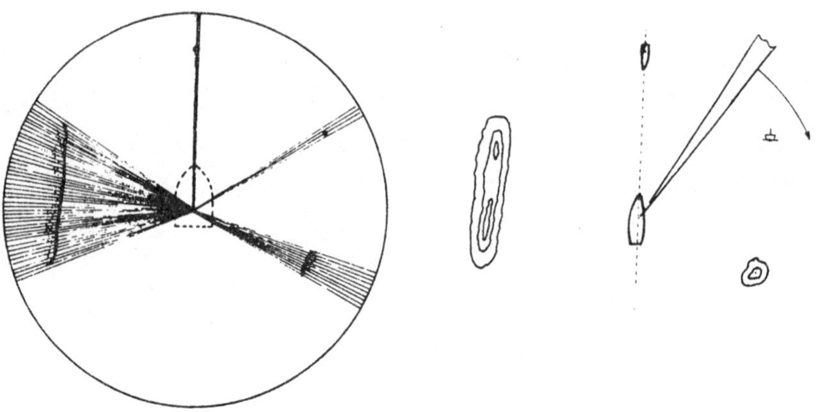

그림 1-8 화면의 구성

1.4.4 선수지시선(heading marker)

일반적으로 방위란 선택된 기준점과 물표의 방위가 이루는 각을 말한다. PPI 표시상에서 기준점은 관측선의 순간 순간의 선수 방위이다. 수평빔의 축이 선수미선의 선수 쪽을 통과할 때 몇 밀리초 동안 펄스를 만들어 낸다. 이 펄스는 휘점의 밝기를 증가시키고 연속되는 여러 개의 소인선을 밝게 하여 확실한 선수지시선을 만든다. 이같이 모든 물표는 상호간의 정확한 각도로 나타날 뿐만 아니라 관측선의 선수지시선과 정확한 각도 관계를 갖고 나타난다. IMO의 성능기준에서 이 선수지시선은 ±1° 이내의 오차를 가져야 하고 0.5°의 폭을 넘지 않도록 규정하고 있다. 물표가 선수지시선에 묻혀 안 나타날 위험성이 있기 때문에 선수지시선을 필요에 따라 안 나타나도록 하는 장치가 필요하다.

1.4.5 방위 측정

그림 1-9에서 배 주위의 평면도를 나타내고 탐지된 물표까지의 거리와 방위를 측정할 수 있음을 알 수 있다.

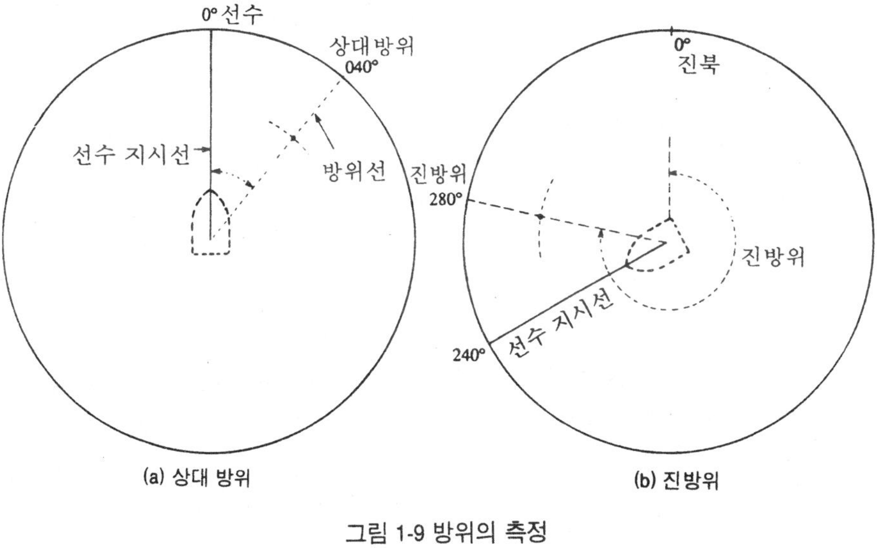

그림 1-9 방위의 측정

이것은 이전의 A scan 표시방식보다 소인선을 회전시켜서 나타내는 PPI 표시의 특징이다. 또한 충돌예방이나 항해에도 훨씬 유리하다. 선수지시선과 물표가 이루는 각도를 측정할 수 있도록 기계식 또는 전자 기계식 장치가 되어 있다. 일반적으로 CRT 화면 위쪽의 투명한 플라스틱판에 선을 새겨 놓고 그 판을 회전시켜 선을 물표에 겹쳐 방위를 측정하거나 화면의 중앙에서 출발하는 전자 방위선을 이용하기도 한다.

1.5 방위의 기준

1.5.1 헤드업(head up) 지시방식(불안정)

이 지시방식은 선수지시선을 지시기의 상방으로 나타내는 방식이다(그림 1-10). 맨 처음 PPI가 출현할 때는 모두 이런 방식이었다. 그때는 방위 정보를 지시기로 입력하는 것을 의미하는 방위안정장치가 없었기 때문이다. 헤드업 지시방식에서는 화면이 불안정하며 방위신호가 지시방식을 조정하는 데 사용되지 않는다. 헤드업 지시방식의 특징은 화면의 모양을 조타실 유리창으로부터 보이는 것과 똑같이 일치시켜서 나타내 주는 것이다. 항해사가 레이더 지시기의 화면을 보고 있든지 조타실 유리창을 통해 앞을 바라보고 있든지 관계없이 배의 오른쪽에 있는 물표는 화면의 오른쪽에, 왼쪽에 있는 물표는 왼쪽에 나타난다. 이 지시방식의 단점은 관측하는 배의 선수 방위를 바꿀 때마다 전체 화면이 반대방향으로 같은 각도만큼 돌아간다. 이러한 특징은 다음의 3가지 점에서 유용성의 제한을 받는다.

① 만약 대각도 변침을 하면 육지의 반사파가 전 화면을 얼룩지게 하고 특정물표를 확인하는 것을 어렵게 한다. 변침시 생긴 잔광이 배가 새로운 침로에 안정된 후 당분간 고립되어 있는 고정 또는 이동물표를 덮어 버린다.

② 이상적인 상황에서 배의 선수방위는 항상 선택된 침로와 일치하게 된다. 실제로 바람과 바다의 영향으로 인하여 배는 바른 선수방

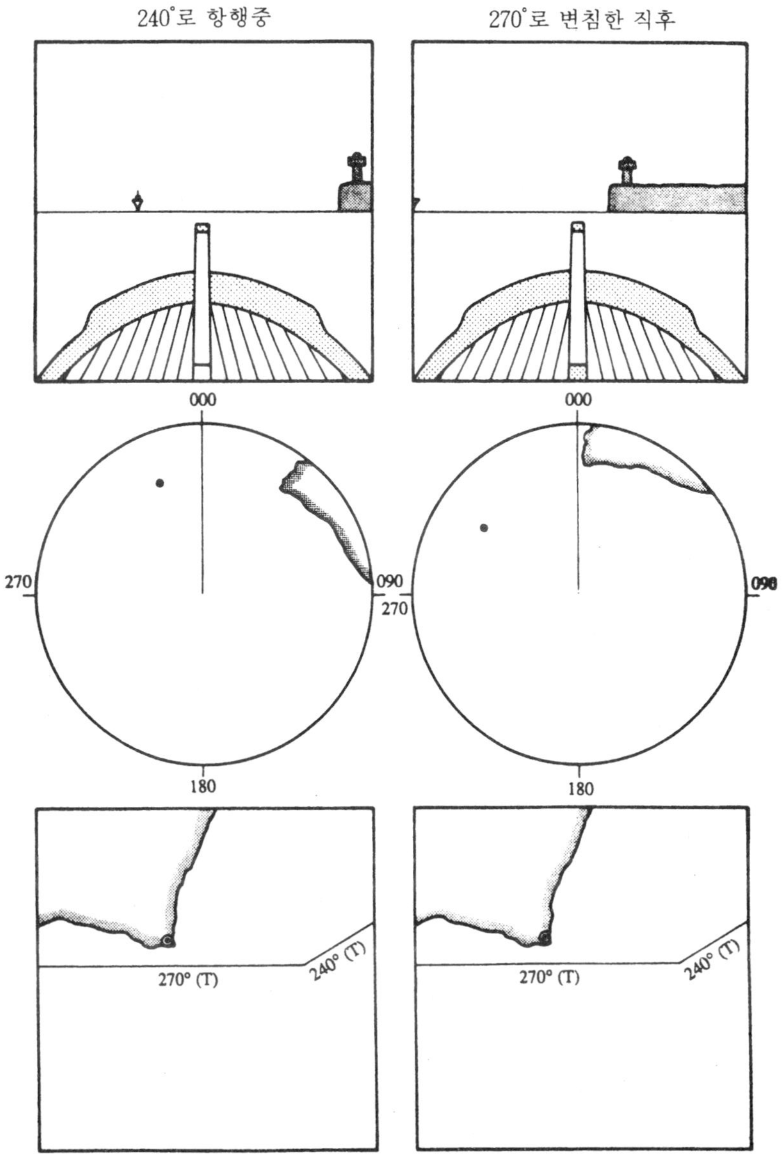

그림 1-10 헤드업 지시방식

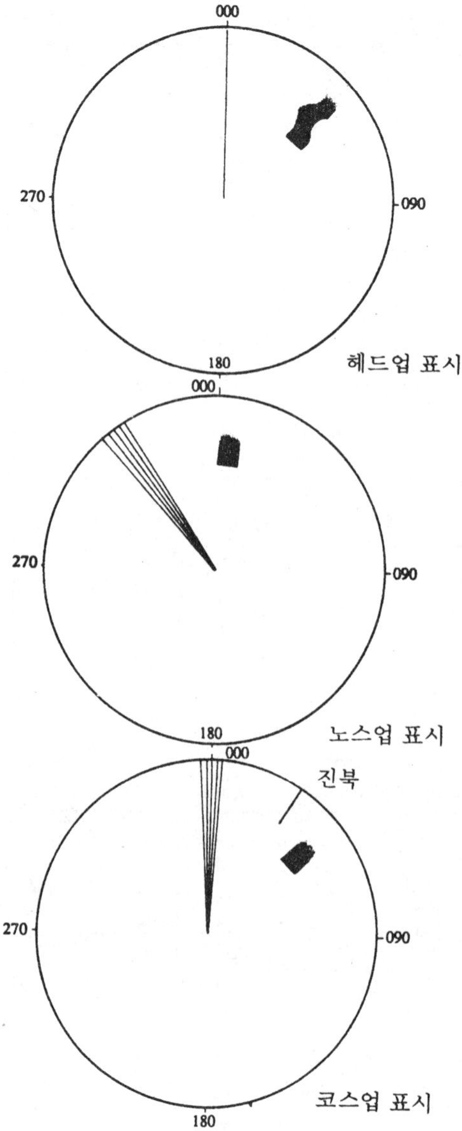
000
270
090
180
헤드업 표시
000
270
090
180
노스업 표시
000
진북
270
090
180
코스업 표시

그림 1-11 요잉의 영향

위에 대하여 흔들릴 것이다. 불안정지시방식에서 물표들이 좌우로 왔다갔다 겹쳐지기 때문에 방위를 측정할 때 쉽지 않다. 방위를 측정하고자 할 때는 방위선이 물표를 정확히 지나갈 때 동시에 선수방위를 읽어내든지 배가 정침할 때까지 기다려야 한다.

③ 요잉(yawing)으로 인한 반사파의 움직임은 충돌예방을 위해 관측자가 플로팅하는 데 방해가 된다. 특히 숙달되지 않은 항해사는 영상의 움직임을 잘못 판단하기 쉽다. 예를 들면 관측선이 조금 변침해도 상대선이 변침하는 것으로 오해할 수도 있다.

1.5.2 노스업(north up) 지시방식(안정)

노스업 지시방식에서는, 선수지시선이 선수 방향에 일치하는 고정방위 눈금에 맞춰진다. 결과적으로 000°의 눈금은 진북을 나타낸다. 이와 같이 관측자는 화면의 상방을 북쪽으로 하는 화면을 보게 된다. 관측선이 변침하거나 선택된 방위의 주위에서 요잉할 때 위쪽을 북쪽으로 유지하기 위해서 컴퍼스 안정이 필요하다. 안정을 시키지 않으면, 화면은 관측선의 선수방위의 변화에 그 양만큼 반대방향으로 화면을 동시에 돌려주기 위하여 컴퍼스 안정신호가 사용된다. 결과적으로 화면은 조금도 회전하지 않고 선수지시선은 선수방위의 새로운 값으로 돌고 진북은 고정된 눈금의 000°와 일치한다. 안정신호는 송신 컴퍼스로 빼내질 수 있지만 실제로는 자이로컴퍼스로부터 온다. 컴퍼스 안정장치를 함으로써 선수방위의 변화에 따른 물표의 얼룩을 없애는 등 헤드업 지시방식에서의 한계를 극복하였다. 변침시 고덥되어 있는 고정물표를 덮어 버리는 일이 없어졌을 뿐만 아니라 배의 선수방위를 보지 않고도 물표의 진방위를 직접 빨리 읽을 수 있게 되었다. 이러한 특징은 항해나 충돌예방에 매우 중요한 점이다. 더욱이 그 반사파들이 화면에서 움직이는 일이 없어졌다. 충돌예방을 위한 물표의 관측이 쉬워졌고, 숙달되지 않은 항해사가 잘못 판단할 수 있는 가능성을 많이 줄였다. 그러나 어떤 항해사들은 헤드업을 더 좋아한다. 그들은 노스업 방식을 이상하게 생각하거나 어색해 한

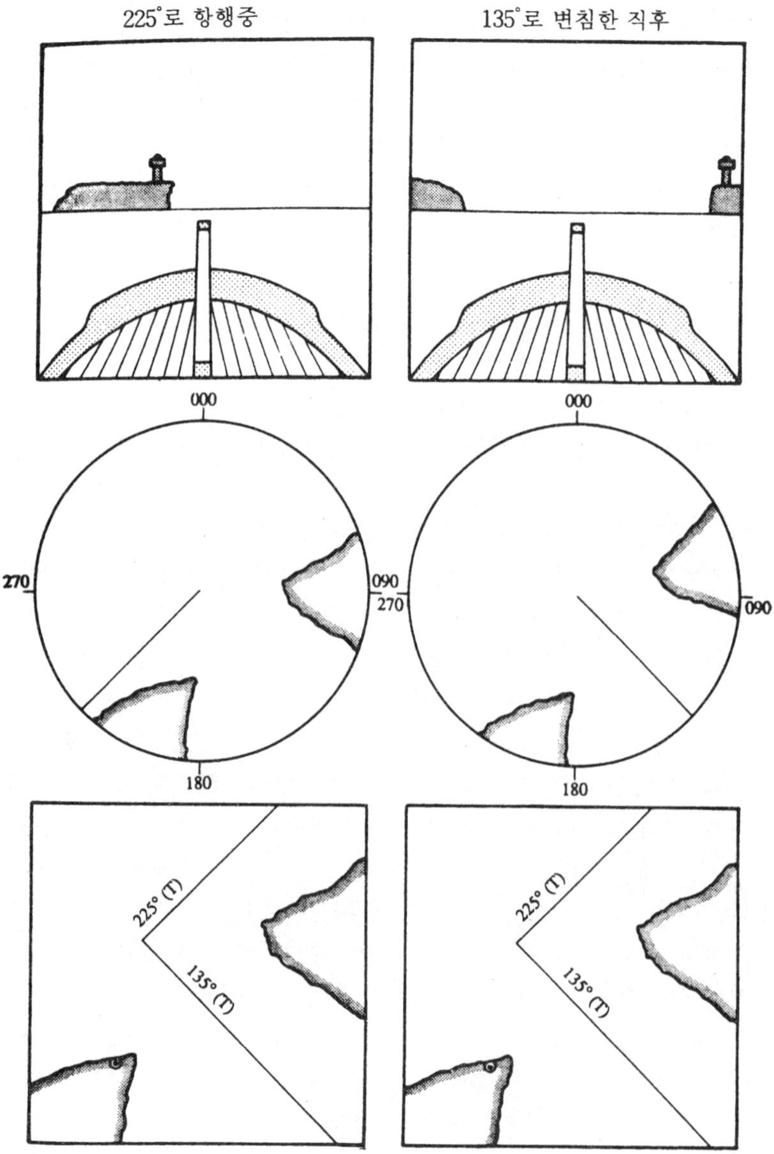

그림 1-12 노스업 지시방식

다. 특히 배가 남쪽을 향해 항해할 때 노스업 방식에서 매우 불편해한다.

1.5.3 코스업(course up) 지시방식 (안정)

코스업 지시방식에서 선수지시선은 선박이 선택된 침로를 가리키는 순간에 고정방위 눈금의 000°를 가리킨다. 방위안정장치가 있어서 선수방위가 다소 변하면 그림 1-11에서 보인 바와 같이 선수지시선이 선수방위에 따라 민감하게 움직이며 영상은 안정된 상태를 유지한다. 관측선이 주어진 침로에서 너무 많이 벗어나지 않으면 이 지시방식은 앞에서 설명한 헤드업과 노스업의 좋은 점을 효과적으로 합쳐놓은 것이다. 이 방식에서는 요잉 때문에 영상이 헤드업에서처럼 흔들리지 않는다. 충돌회피 동작을 취할 때나 항해중에 필요에 따라 대각도 변침을 해야 하는 경우가 있는데, 배가 새로운 코스에 정침했을 때 헤드업이 갖고 있는 특징을 잃게 될 것이다. 문제는 방위의 기준이 아직 이전의 코스업 상태에 있으며, 화면은 배가 신침로에 정침한 순간에 선수방위선이 고정방위 눈금의 000°에 맞추도록 재조정되어야 하는 것이다. 예전에는 재조정하기 위해서 조정기를 수동으로 돌렸으나 근래에는 버튼을 눌러서 간단히 조정된다.

1.6 운동표시 방식

1.6.1 상대운동 지시방식

상대운동 지시방식에서는 소인의 원점이 정지해 있고 모든 물표의 움직임은 관측선에 대해서 나타낸다. 보통 소인의 원점이 화면의 중심에 있으나, 이심(off-center)의 경우와 같이 그렇지 않은 경우도 있다. 이 방식의 특징은 소인의 중심이 정지해 있고, 그 때문에 물표들은 관측선에 대한 상대운동으로 나타낸다. 그림을 예로 들어 설명하면 다음과 같다.

본선은 000°(T), 10kts로 항해하고, 270°(T), 4kts의 조류가 있는

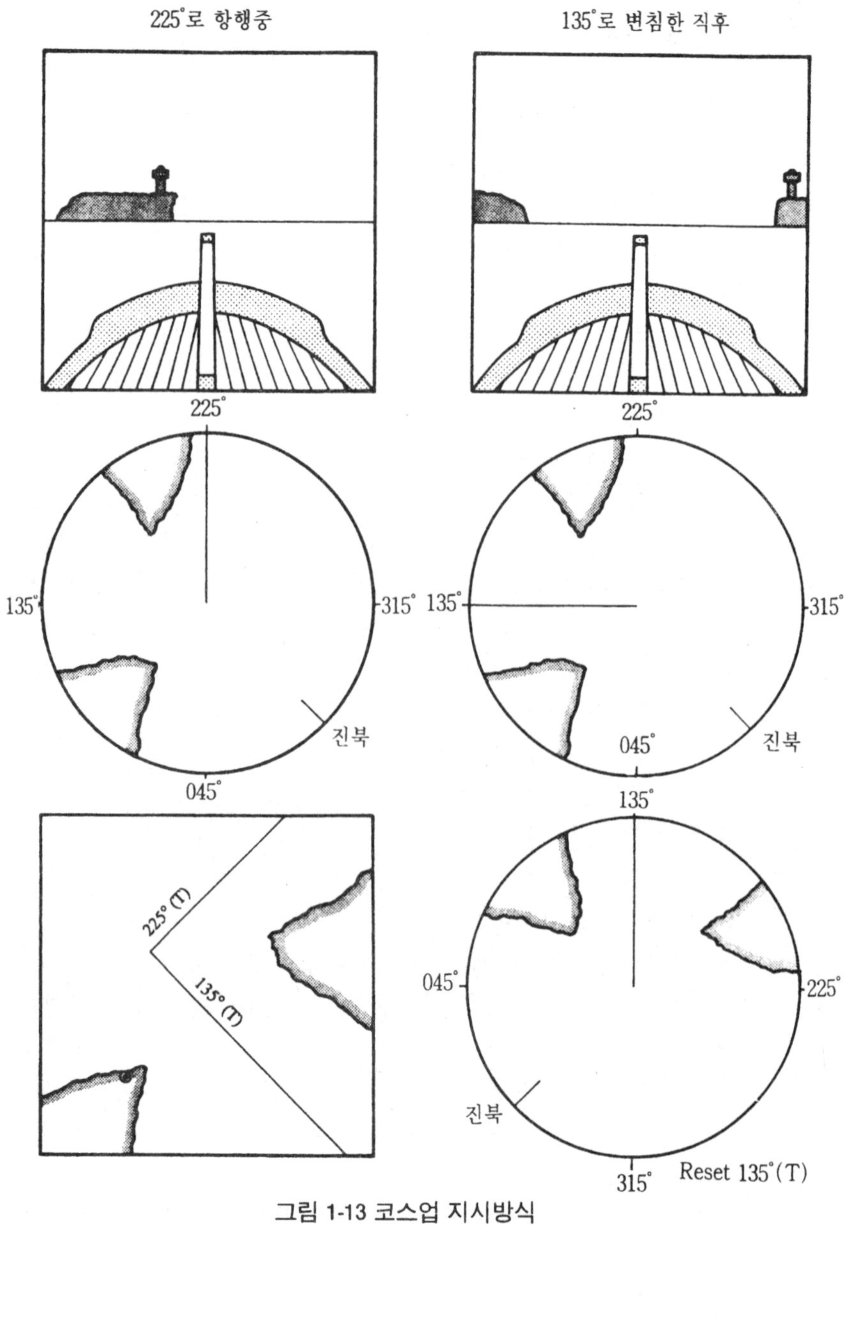

그림 1-13 코스업 지시방식

것으로 한다.(그림 1-14)

i) A선은 본선으로 북쪽 7마일상에 선수방위 045°(T)로 하여 정지해 있고,

ii) B선은 A선으로부터 동쪽 8마일상에서 침로 270°, 속도 10kts로 항해중,

iii) C선은 A선으로부터 북쪽 5마일상에 위치하며 침로 180°, 속도 5kts로 움직이며

iv) 항해용 부이 L이 A선으로부터 서쪽 7마일상에 있다.

그림 1-14(b)는 1000시 정각의 화면 상태이다.

그림 1-14(c)는 1000시 정각의 위치와 10시 30분의 위치를 함께 나타내고 있다. 반사파 영상의 움직임은 물표의 위에 열거한 상태와 같이 나타내 주지 않은 것을 알 수 있다. 30분 동안 본선은 5마일 북쪽으로 이동했다. 소인의 중심이 정지해 있기 때문에 A선의 거리는 시간당 10마일로 줄어들고 따라서 30분에 5마일 줄어들었다. 이것은 정지해 있는 배는 상대운동 지시방식에서 본선의 선수방위와 반대방향으로 본선과 같은 속도로 움직인다는 것을 보여준다.

B선의 경우를 보면 10시 30분에 A선의 동쪽 3마일에 있게 될 것이다. 그림 1-14(c)에서 B선 물표의 영상의 잔광은 본선이나 B선이 변침, 변속을 하지 않으면 본선으로부터 얼마나 떨어져서 통과할 것인가를 나타내 준다. 그러나 화면에서 반사파는 물표의 실제 침로와 속도와는 매우 다르게 움직임을 알 수 있다. 이러한 사실을 파악하는 것은 물표의 움직임을 정확하게 판단하고 충돌위험 여부를 판단하는데 매우 중요하다.

충돌을 회피하기 위해 레이더를 적당히 사용하려면 물표의 상대운동과 진운동의 체계적인 관측과 분석이 필요하다.

C선의 경우, 10시 30분에 A선의 북쪽 2.5마일에 위치한다. C선은 본선으로부터 7.5마일 북쪽에 있게 된다. 이처럼 B선의 경우와 같이 배의 움직임은 화면에서 실제의 움직임과 달리 나타난다. 상대운동에서 정지해 있는 물표와 본선과 반대방향으로 움직이는 물표와 본

선과 같은 방향이지만 본선보다 느린 물표들의 영상은 같은 방향으로 움직인다. 처음에 부이와 A선은 7마일 떨어져 있었다. 조류 때문에 부이는 10시 30분에 5마일로 가까워졌다. 부이의 움직임은 조류의 반대방향과 정지한 물표의 움직임의 합성된 방향으로 움직인 것을 알 수 있다. 또 상대운동 지시방식에서 육지에 대한 고정물표는 관측선의 속도와 같은 속도로 관측선의 반대방향으로 움직인다는 것을 알 수 있다.

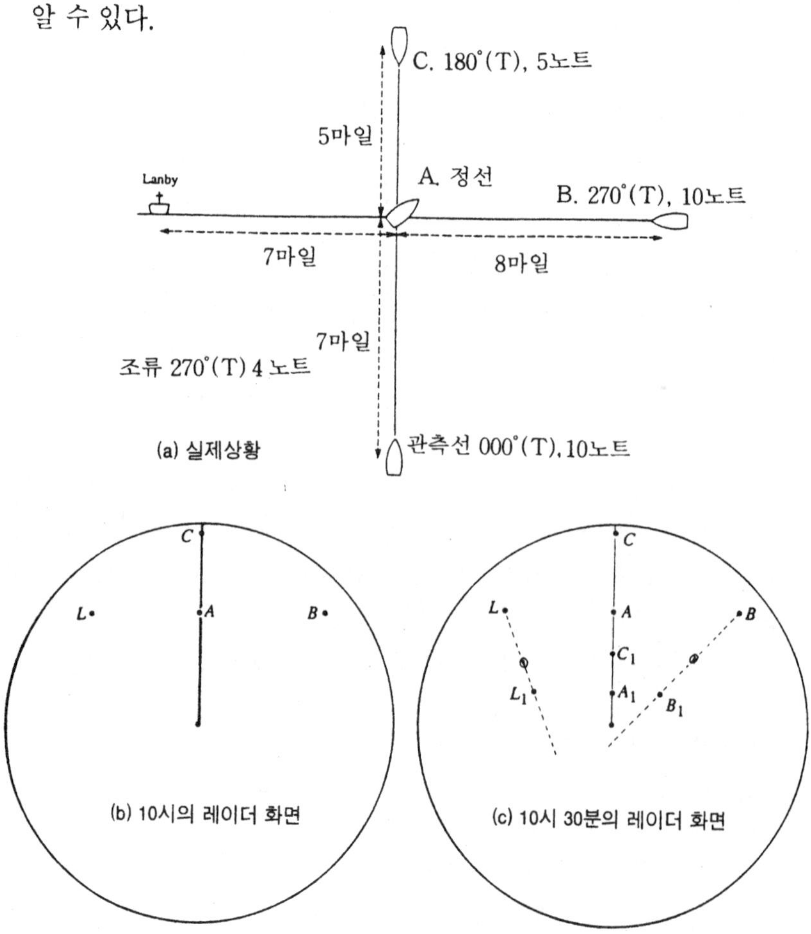

그림 1-14 상대운동 지시방식

1.6.2 진운동 지시방식

1) 해수안정 진운동 지시방식

해수안정 진운동을 나타내기 위해서 소인의 시작점은 관측선의 대수운동과 같은 속도와 같은 방향으로 만들어져야 한다. 그림 1-15의 예에서 본선의 침로는 000°(T)이고 속도는 10kts이다. 그림 1-15(a)에서 10시에 본선의 PPI 화면에 나타나는 영상을 보였다. 소인의 중심은 화면을 최대로 이용할 수 있도록 이심되어 있다.

그림 1-15(b)는 비교하기 위하여 10시의 모습과 10시 30분의 모습을 함께 나타내었다. 10시에서 10시 30분 사이에 소인의 중심은 북쪽으로 5마일 옮겨갔고, 한편 A선의 영상은 선수지시선상에 그대로 있으며 거리만 5마일로 가까워져 즉 A선 영상의 움직임은 없다. 해수안정 진운동 지시방식에서는 물에 대해 움직임이 없는 영상은 지시기 상에서도 움직임이 없다. B선은 10시에 A선의 동쪽 8마일에 있었으나 10시 30분에 A선을 그대로 향해 있으며 거리는 3마일로 가까워졌다. B선의 영상은 대수운동과 똑같은 속도와 방향으로 움직였다. C선의 경우 180°(T), 5kts로 움직였다.

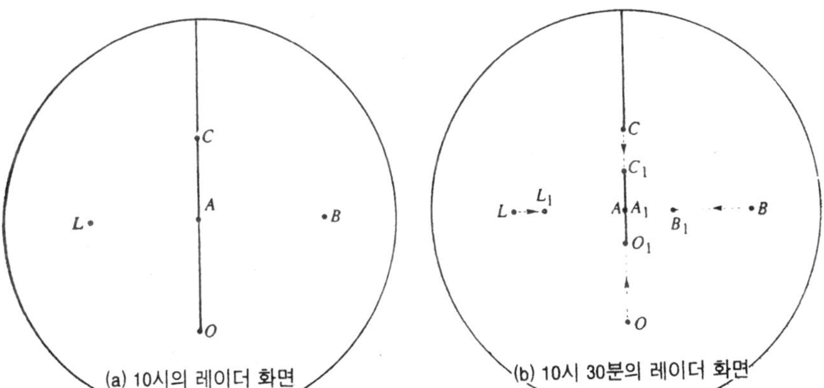

그림 1-15 진운동 지시방식(해수안정)

이 지시방식에서는 영상들의 잔광은 움직이는 모든 물표들의 선수방위를 나타낸다. 충돌예방을 위해서는 물표의 움직임에 대한 체계적인 분석이 필요하다. 조류 때문에 대수속력이 없는 A선은 부이 쪽으로 움직이고, 10시 30분에 A선과 부이의 간격이 5마일로 가까워졌다. 화면상에서 A선의 움직임을 고정시키고 그래서 30분 동안에 부이 L은 2마일만큼 동쪽으로 움직인다. 이 방식의 특징 중 또 하나는 육지에 대한 고정물표(부이등)는 화면상에서 조류와 같은 속도로 조류와 반대방향으로 움직이는 것이다.

해수안정 진운동 표시방식에서 모든 물표의 정확도는 본선의 대수대지속력을 나타내는 소인의 중심의 움직임에 달려 있다. 즉 침로와 속도 입력의 정확도와 직접 관련되어 있다.

2) 육지안정 진운동 지시방식

육지안정 진운동 지시방식에서 소인의 시작점은 본선의 대지운동과 같은 방향과 속도로 화면상에서 움직이도록 만들어진다. 그렇게 하기 위해서 입력 데이터는 본선의 침로와 속도에다가 해류나 조류의 유향과 유속을 합친 성분을 가져야 한다. 이러한 요소들의 합성결과를 추론하고 입력 데이터로 응용하는 데는 여러 가지 방법이 있다.

이에 대한 자세한 것은 다음 항으로 미루고 이 단계에서는 표시의 정확도는 두 요소의 정확도에 의해 결정된다는 것을 아는 것이 중요하다. 특히 유향과 유속의 값이 과거 위치에서 얻어진 값이라는 것을 기억해야 한다.

이해를 돕기 위하여 앞에서와 같은 예를 들어 그림으로 설명한다. 그림 1-16(a)는 10시에 본선의 PPI 상에 나타난 것을 보이고, 그림 1-16(b)는 10시 30분과 10시의 위치를 함께 나타낸 것이다. 소인의 시작점이 화면에서 선수지시선의 방향과 달리 움직인 것에 주목할 필요가 있다. 그림 1-16(b)에서 선수지시선은 어떤 순간에 본선의 선수방향을 나타내고 해류나 조류의 영향을 받지 않는다.

이 경우에는 육지에 대해 고정인 부이부터 살펴보는 것이 좋다. 소

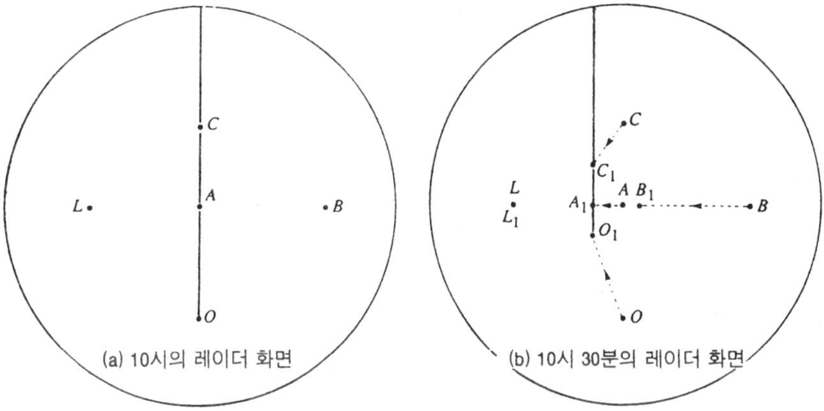

그림 1-16 진운동 지시방식(육지안정)

인의 중심은 10시와 10시 30분 사이에 북쪽으로 5마일(본선의 대수속력에 해당), 서쪽으로 2마일(유향, 유속에 해당) 움직인 것을 알 수 있다. 똑같이 본선과 부이의 남북방향의 거리는 5마일 줄어들었고 동서방향으로 2마일 줄었다. 이러한 사실은 부이의 반사파는 화면상에서 동서로도 남북으로도 움직이지 않는다는 것을 말해 준다. 이것이 육지안정 진운동 지시방식의 특징인 육지의 영상은 화면상에서 정지해 있다는 것을 나타낸다. 대수속력이 없는 A선의 경우 30분 동안에 부이 쪽으로 2마일 움직였다. 이것은 또한 대수속력이 없는 물표의 영상은 화면상에서 유향과 같은 방향으로 유속과 같은 속도로 움직이는 것처럼 나타난다는 것을 보여준다. C물표의 경우 10시 30분에 A선의 북쪽 2.5마일에 나타난다. 그림에서 C선의 영상은 조류의 운동(유향, 유속)과 본선의 대수운동(침로, 속도)의 합성 방향으로 움직인다. 이것은 본선이 대지속력과 대지침로로 움직이는 것을 나타내는 것이다.

이 경우에 미숙하거나 경솔한 항해사는 A선을 저속의 횡단선(사실은 본선의 침로상의 정지선)으로, C선을 선수를 가로지르는 선박(사실은 head-on 상태임)으로 오해할 소지가 있다. 이러한 경우에 배의 반사파의 움직임은 선수방향을 가리키지 않는다는 사실을 알아야 한다. 선수방향에 대한 정보는 충돌회피 동작시 레이더의 적절한 사용을 위해 꼭 필요하다. 원칙적으로 이 방식은 충돌회피 동작을 취할 때 적절하지 못하고 위험할 수도 있다.

역시 앞에서 설명한 노스업이나 코스업 지시방식에서도 이 진운동 지시방식이 사용될 수 있다.

1.6.3 지시방식의 선택

어떤 주어진 상황에서 지시방식의 선택은 수많은 요인에 의해 영향을 받는다. 어떤 장치는 여기서 설명한 세 가지의 표시방식을 다 가지고 있지 않다. 문제는 그 레이더가 충돌방지를 위한 것인가 위치결정용인가 하는 것이다. 여기서는 비교해 보기 위해 각 지시방식의 특징을 살펴보고 충돌예방과 항법에의 적합성을 알아보는 것이 유용할 것이다. 상대운동 지시방식에서는 항해중인 선박의 영상의 움직임은 본선에 대한 상대운동이다. 체계적인 관측을 함으로써 최접근되는 시간을 알 수 있다. 이러한 정보는 급박한 상황에 대한 위험을 인지하는 효과적인 방법이다. 이 방식은 상대선의 침로와 속도를 직접적으로 가르쳐 주지 않는다. 그러한 정보는 상대선과 마주치게 되는 위험한 상태를 피하기 위한 행동을 취하는 데 꼭 필요하며 벡터 삼각형을 풀어서 얻어진다. 삼각형의 해는 그래프로 혹은 반자동 플로팅 장치로 혹은 컴퓨터에 의해 자동적으로 얻어진다. 이와 같이 상대운동 지시방식에서는 충돌회피에 필요한 정보를 직접 알려주지만 나머지 정보는 추론해야 한다. 해수안정 진운동 지시방식은 상대선의 침로와 속도를 직접적으로 나타내 주지만 CPA(Closest Point of Approach)와 TCPA(Time of CPA)는 추론해야 한다. 레이더를 충돌회피용으로 쓸 때면 상대운동과 해수안정 진운동 지시방식이 보완적인 듯하다. 진운동 지시방식은 상대선의 움직임을 파악하는 데 본선의 조선과는 무관한 점등 추가의 이점을 가지고 있다. 육지안정 진운동 지시방식은 화면상에 육지의 영상을 고정된 위치에 묶어 두는 능력 외에는 좋은 점이 별로 없는 것 같다.

제2장 레이더 장치의 작동 원리

2.1 각부의 작동

그림 2-1에 레이더 장치의 개략적인 블록선도를 나타내었다. 우선 그림에서 나타내는 각부의 작동과 각부간의 관계를 간단히 설명한 후 각각을 더 자세히 다루기로 한다.

2.1.1 송신부(transmitter)

송신부에서는 정확한 펄스 반복 주파수, 펄스폭, 펄스의 형태, 전력과 전파의 주파수를 갖는 전자파 에너지의 펄스파를 만든다. 이 펄스파는 도파관(wave guide)이라 부르는 동관을 통해서 안테나까지 간다.

도파관 대신에 동축(coaxial) 케이블을 이용하기도 한다. 거리측정의 필수적인 특징은 시간측정의 시작이 전파가 송신되는 순간에 이루어져야 하는 것이다. 그렇게 하기 위하여 송신되는 순간에 지시기의 소인을 출발시킨다.

2.1.2 안테나(antenna, aerial or scanner)

전파를 공간에 방사하고 되돌아오는 반사파를 수신하는 장치를 안테나라 하는데 공중선(aerial)이라고도 하며, 특히 레이더 안테나를 스캐너(scanner)라고 부른다. 안테나의 구조에 의해 레이더 전파빔의 수직방향과 수평방향의 전력 분포가 결정된다. 수평방향의 빔은 방위 측정 때문에 좁아야 하고, 수직방향의 빔은 롤링이나 피칭 등

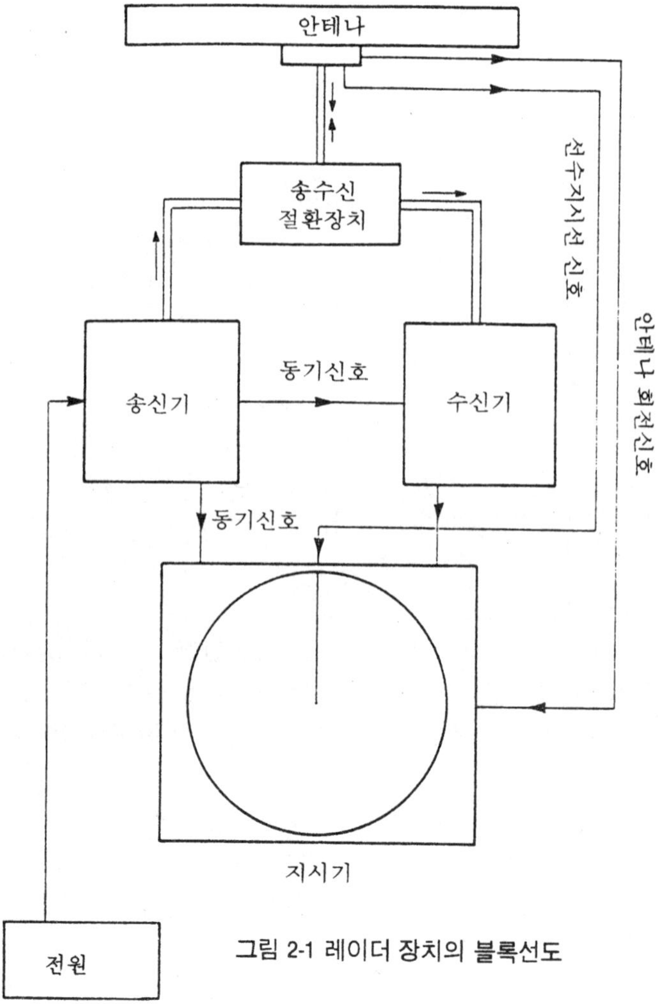

그림 2-1 레이더 장치의 블록선도

때문에 충분히 넓어야 한다. 배의 전 방향으로부터 반사파를 수신하기 위하여 안테나는 계속해서 자동적으로 시계방향으로 회전한다 이러한 회전신호가 아날로그 또는 디지털 형태로 스캐너의 회전과 동기되도록 지시기에 보내진다. (그림 2-1)

래스터스캔 지시기에서 그 신호는 거리 데이터가 읽혀질 때 공중선의 각도를 새값으로 바꾼다. 이 신호의 송신은 공중선과 지시기를 잇는 두 선 중 하나로 이루어진다. 나머지 하나는 선수지시선 신호를 전달한다.

2.1.3 수신부(receiver)

수신부에서는 스캐너에 잡힌 대단히 약한 반사파를 증폭하여 CRT 화면에 영상으로 나타나도록 펄스를 만든다.(또는 디지털 형태의 저장을 위한 적당한 입력신호를 만든다)

공중선이 송신과 수신의 겸용으로 쓰이기 때문에 도파관이 송신과 수신에 함께 쓰인다. 이 때문에 송신기에서 발진된 강력한 펄스가 수신기로 직접 들어갈 염려가 있다. 송신시에 수신부를 보호하기 위하여 T/R관이라는 방전관 또는 서큘레이터(circulator)가 이용된다. 수신부에는 두 개의 입력이 있는데, 하나는 공중선으로부터의 신호이고 다른 하나는 해면반사 억제장치를 작동시키기 위한 트리거 펄스이다.

2.1.4 지시부(display)

지시기의 주된 기능은 그 물표가 있는 위치에 상당하는 거리와 방위에 그 물표의 반사파를 CRT 화면에 나타내 주는 것이다. 레이더 화면을 만들기 위해서 트리거(동기) 신호, 반사파 신호, 선수지시선 신호, 공중선 회전신호 등 4개의 입력신호가 필요하다. 신호들 사이의 시간관계가 특히 중요하다. 그림 2-2에 트리거 신호와 반사파 신호의 시간관계를 한 축에 나타내었다. 그림 2-2에서 소인선을 만드는 시간과 다음 소인을 시작할 때까지 오랫동안 기다리는 것을 알 수

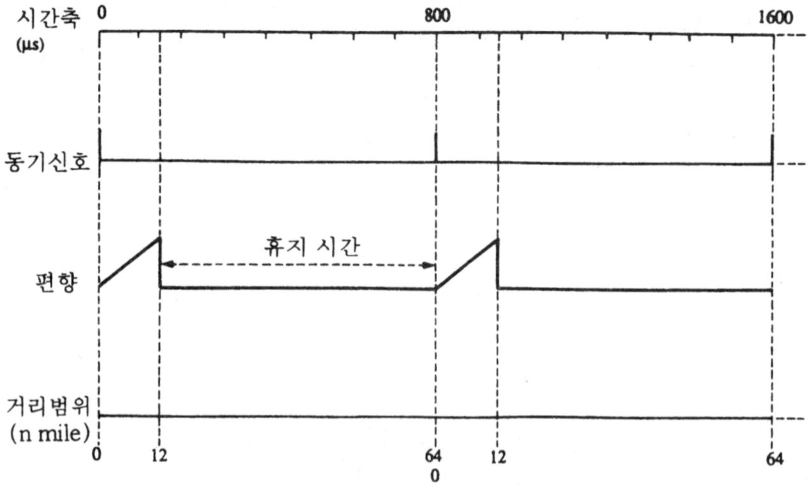

그림 2-2 지시기 입력신호의 시계열
(PRF=1250pps, 12마일)

있다. 이것은 선박용 레이더의 특징이며, 멀리에 있는 물표의 반사파가 다음 펄스의 송신후에 도착되지 않도록 하기 위함이다. 만약 이런 일이 일어난다면 두 개의 다른 송신에 의한 반사파가 하나의 소인선에 나타날지도 모르기 때문이다. 진운동 지시방식에서는 위의 4개의 입력신호 이외에 컴퍼스와 로그(Log, 속도계)로부터 본선의 침로 신호와 속도 신호가 더 들어와야 한다.

2.2 송신원리

그림 2-3에서 송신부의 3개의 주요 부분을 나타냈다. 트리거 발진기는 송신펄스의 반복주파수를 조정한다. 변조기와 펄스 형성 회로는 송신펄스의 폭과 펄스형태와 전력을 결정한다. 마그네트론(자전관, magnetron)은 도파관을 통해 스캐너로 보낼 전파의 주파수를 결정한다.

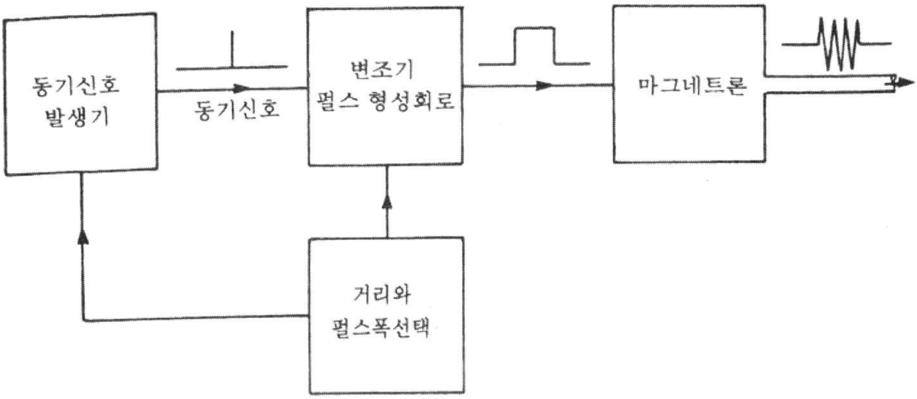

그림 2-3 송신기 블록선도

2.2.1 펄스 반복 주파수 (PRF : Pulse Repetition Frequency)

트리거 발진기는 동기펄스 또는 트리거 펄스로 알려진 연속적인 낮은 전압의 펄스를 발진한다. 이 트리거 신호는 1초에 송신되는 레이더 펄스의 수를 조정한다. 이 수를 PRF 또는 PRR(Pulse Recurrence Rate)라 부른다. 보통 이 PRF는 관측자가 선택하는 거리범위에 따라 2~3가지가 있다.

그 전형적인 값은 3400, 1700, 850 PPS(Pulses Per Second)이다. 보통의 상선에서 그 범위는 400~4000 PPS 사이이다. 일반적으로 먼거리를 탐지하고자 할 때는 PRF가 작고 가까운 거리범위에서는 PRF가 크다. 보통 PRF는 항해사가 선택한 거리범위에 따라 자동적으로 결정되도록 되어 있다. (그림 2-3)

2.2.2 펄스폭, 송신전력과 펄스의 형태

펄스의 형태가 거리를 정확하게 측정하는 데 중요하듯이 펄스폭과 송신전력은 물표의 탐지에 대단히 중요하다.

1) 펄스폭(pulse length, pulse width)

펄스폭은 레이더 펄스가 송신되는 시간으로 정의되고 보통 선박용에서는 0.05, 0.3, 1㎲이다. 일반적으로 펄스폭이 길면 같은 상황에서 짧은 펄스폭을 쓸 때보다 물표를 탐지할 수 있는 가능성이 커진다(극히 가까운 거리는 제외). 레이더를 보다 먼거리의 정찰용으로 쓸 때는 펄스폭이 큰 쪽이 좋은데, 그 이유는 수신기가 먼거리에서 되돌아온 약해진 신호를 처리해야 하기 때문이다. 근거리 범위에서는 반사파가 그만큼 강하고 관측자도 근거리의 상황에 대하여 더 자세히 관심을 갖게 되므로 더 짧은 펄스폭을 사용해도 된다. PPI 화면상에 나타나는 물표의 이론적인 최소탐지거리는 펄스폭에 의해 결정된다. 펄스폭이 짧을수록 화면은 더 세밀해진다. 대부분의 대형 선박용 레이더에서의 펄스폭은 거리범위에 따라 2~3가지가 있어서 거리범위를 선택할 때 자동적으로 바뀐다.

2) 송신전력

물표가 탐지되는 거리가 송신전력에 달려 있다는 것은 명백하다. 탐지거리는 여러 가지 요인에 의해 영향을 받지만, 주어진 상황에서 이론적인 레이더 탐지거리는 송신전력에 좌우된다. 소형선의 레이더의 송신전력은 3kW지만 대형 상선에서는 10kW 내지 60kW이다.

3) 펄스 형태

펄스의 형태는 거리의 정확한 측정에 매우 중요하다. 이상적인 펄스 형태는 직각사각형이고 펄스의 전연(leading edge)이 직각인 형태이다. 그림 2-4에 이상적인 펄스의 형태를 보이고 보통의 펄스에 의해 측정되는 거리에 어떤 오차가 있는가를 보였다. 그림에서 송신펄스 전력은 대단히 높고 수신펄스는 증폭된 후라 할지라도 비교적 매우 약하며 수신기가 탐지할 수 있는 최소 신호 레벨(level)*이상 되어야 탐지할 수 있음을 알 수 있다. 그림 2-4에서 측정된 거리는 수신신호가 최소 탐지 레벨에 이르는 시간에 따라 오차가 개입되는 것을 보였다.

---

*주) 전송선이나 증폭기 등의 통신계의 각부의 전력을 특정한 기준 전력(보통 1mW)에 대한 비로 표시하는 일이 있다(dB, decibel). 이 경우의 그 전력을 레벨이라 한다.

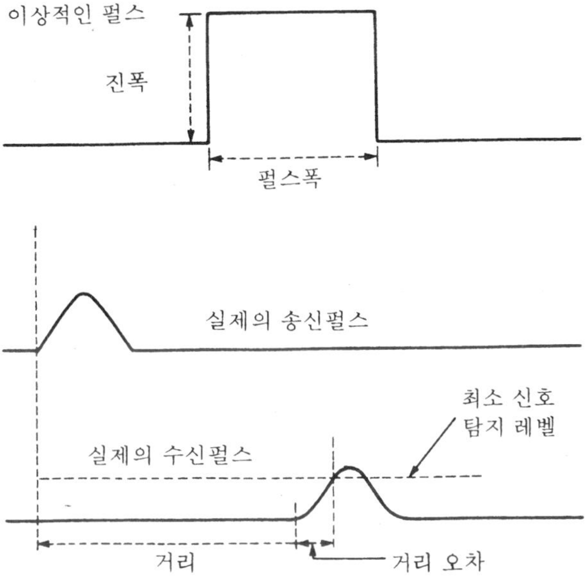

그림 2-4 펄스의 형태

4) 변조기(modulator)

펄스 형성 회로(Pulse Forming Network, PFN)가 변조기의 주부분인데, 펄스와 펄스 사이에 공급되는 전원으로부터 충전된 전기 에너지를 보관하는 저장소이며 펄스폭 동안 매우 빨리 방전한다. PRF가 1000PPS이고 펄스폭이 1㎲인 경우를 예로 들어보자. 펄스와 펄스 사이를 펄스 반복 주기(Pulse Repetition Period, PRP 또는 Pulse Recurrence Interval, PRI)라 하는데, 이 경우 PRI는 1000㎲이며 999㎲ 동안 에너지가 충전된다. 에너지는 1㎲ 동안만 방전되므로, 매우 짧은 시간이긴 하지만 고전력의 레이더 펄스를 만드는 데 비교적 낮은 전력이 사용될 수 있음이 명백하다. 이 펄스 형성 회로에는 저장된 에너지를 방출하는 데 매우 빠르게 작동하는 스위치가 있다. 여기는 사이러트론(thyratron)이라는 방전관이나 SCR(Silicon Controlled Rectifier)가 사용된다. SCR는 다이오드와 같이

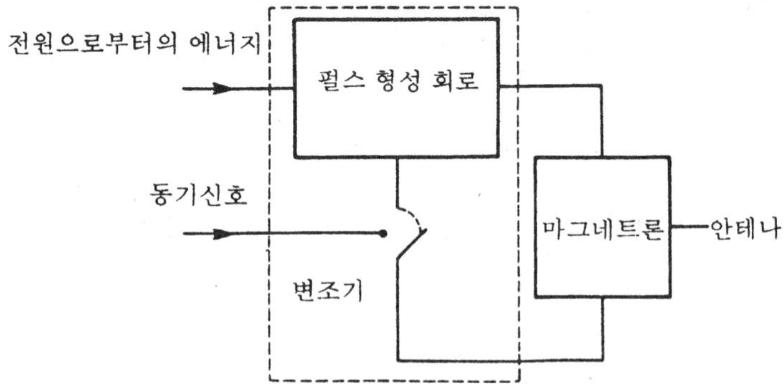

그림 2-5 변조기의 블록선도

한 방향으로 전류를 흐르도록 한다. 이 경우는 트리거 펄스가 제어 전속에 인가되었을 때만 전류를 흐르게 한다. PFN에서 나온 펄스 전류는 변압기의 1차 코일을 통해 방전되고, 그 변압기의 2차 코일의 전압이 송신기의 마지막 부분인 마그네트론을 작동하게 한다.

2.2.3 송신펄스의 주파수

1) 주파수의 선택

두 군(群)의 주파수대가 민간용 선박의 레이더에 사용되도록 국제적인 합의가 이루어졌다. 한 군은 X밴드이며 9,300MHz에서 9,500MHz의 범위의 주파수대이다. 이 주파수들의 파장은 대략 3cm이다. 다음 군은 S밴드이며 2900MHz 내지 3100MHz로서 파장은 대략 10cm이다. 선박용 레이더의 필수 요건은 지향성있는 송신과 수신이며, 이것은 수평방향으로 매우 좁은 빔을 만들어서 가능하게 하였다. 에너지를 좁은 빔으로 방사하기 위하여 파장이 짧은 전파와 대형 공중선이 필요하다. 선박에 설치하고 회전시키기 위해서는 실제적인 크기에 한계가 있고 파장에도 한계가 있다. 3cm 이하의 파장은 대기 중의 감쇄가 너무 심하고 해면반사나 우설반사의 영향을 더욱 악화시키기 때문에 적당하지 못하다. 전통적으로 유럽에서는 X밴드 레이더를, 미국에서는 S밴드 레이더를 많이 생산하였다. 어떤 상황에서는 X밴드 레이더가 S밴드 레이더보다 우수하지만 또 다른 상황에는 반대인 경우도 있다. 현재는 모든 선박에 X밴드 레이더와 S밴드 레이더 두 대를 장치하는 것이 일반적이다.

2) 마그네트론 (magnetron, 자전관)

마그네트론은 1939년에 영국에서 발명되었다. 마그네트론은 이극관으로 양극은 매우 정확한 크기의 공동(cavity)을 가진 원통형이다. 음극은 막대기형으로 원통의 중심축에 있다. 말굽자석이 원통축을 따라 강력한 자계를 만든다.

양극의 외측은 냉각이 잘 되도록 방열판을 붙였고, 대전력용에는 선풍기에 의한 공기 냉각을 하거나 수냉식도 있다. 음극에서 방출된 전자는 자계의 세기에 의하여 그림 2-6(a)와 같은 궤도를 그리면서 운동한다. 즉 전자는 자계가 없으면 그림 2-6(a)의 1과 같이 곧바로 양극 쪽으로 간다.

그러나 축 방향에 자계가 걸려 있기 때문에 자계의 세기에 따라 그림과 같이 구부러져 움직인다. 자계가 어느 정도의 세기에 달하면 그림 2-6(a)의 3과 같이 전자는 양극을 스치면서 음극에 되돌아온다. 한계 자계 이상에서는 그림 2-6(a)의 4와 같이 전자는 음극에서 양극으로 출발하지만 다시 음극으로 되돌아온다. 이렇게 한계자계보다 약간 낮은 자계하에서 작동시키면 전자가 공동공진기를 스쳐 가는 동안에 속도 변조를 일으키고 그 결과 발진을 일으킨다. 공동들 중 하나에 프로브(probe)를 끼워 출력을 뺀 다음 도파관을 통해 공중선으로 보낸다. (그림 2-6(b))

2.3 공중선

공중선은 송신 에너지를 모아 빔으로 만들고, 빔을 적당한 속도로 회전시키고 회전각도와 선수지시선 정보를 지시기로 보내주고, 송신 방향으로부터 반사신호를 포착하는 장치이다.

(a)

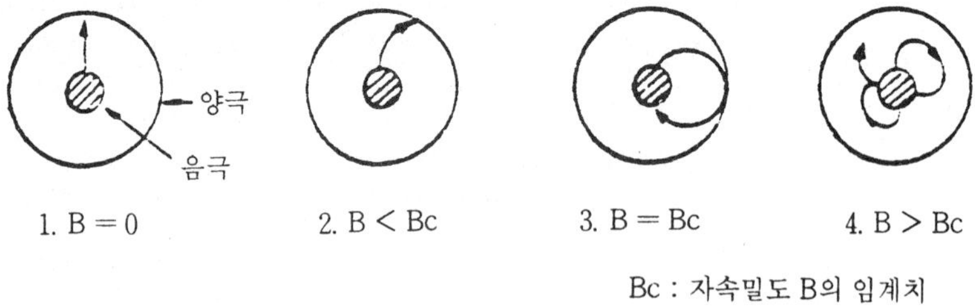

(b)

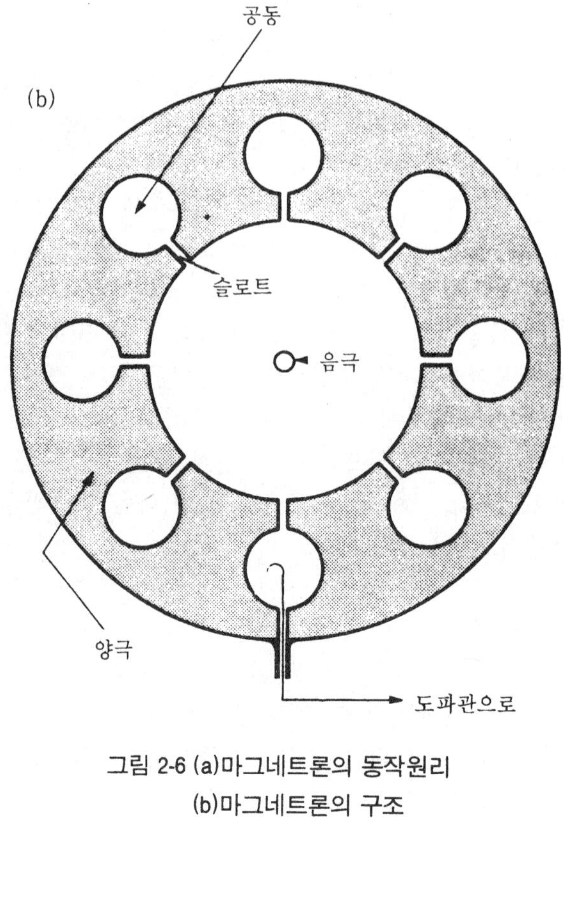

그림 2-6 (a)마그네트론의 동작원리
(b)마그네트론의 구조

2.3.1 공중선에 관련된 개념

1) 점복사원(point radiating source)

이것은 실제로는 불가능한 이상적인 개념이지만 공중선으로부터 복사를 설명하는 데 유용하다. 이 점복사원은 차원이 없다고 가정하는 복사원이다. 명백히 어떤 복사원이라도 크기를 가질 수밖에 없는데, 물표가 복사원으로부터 멀리 떨어져 있을수록 차원의 의미는 약해지고, 관측된 결과는 점으로부터 예상할 수 있는 것들에 더 가까이 접근하게 될 것이다.

2) 등방원 (isotropic source)

이것은 점복사원의 개념을 확대한 것이며, 모든 방향으로 똑같은 양을 복사한다고 가정한다. 실제로는 있을 수 없으며, 어떤 실제적인 공중선도 어느 한쪽 방향으로 더 많이 복사한다. 사실 레이더 공중선의 기본 특성은 어떤 특정한 방향으로만 복사하는 것이다. 그러나 그 지향성은 실제 공중선의 복사를 등방성 안테나에서 복사된 것과 비교하여 측정하는 것이 편리하다.

3) 전력밀도 (power density)

송신기에서 공중선에 보내진 전력은 계속해서 넓게 퍼져나가고 어떤 물표에 부딪쳐 되돌아올 수 있는 전력은 점차 약해진다. 전력밀도는 공중선의 영향하에 있는 어떤 위치에서 유용한 단위면적당의 전력의 값(W/m^2)이다. 이해를 돕기 위해서 자유 공간에 위치한 무손실의 등방성 복사기를 생각한다. 만약 펄스가 송신되면 전력은 밖으로 나가고 점점 커지는 공의 내면으로 일정하게 퍼져나갈 것이다. 만약 공중선에서 복사되는 전력이 W watts이면 공중선으로부터 r m 떨어진 곳의 전력밀도는 전력 W를 반경 r인 공의 면적으로 나누면 얻어진다. 곧,

$$전력밀도 = \frac{W}{4\pi r^2}$$

위 식에서 등방성 안테나인 경우에 전력밀도는 모든 방향에서 똑

같은 것을 알 수 있다.

단, 실제는 그렇지 않고 어느 특정한 방향의 것이 다른 방향의 것보다 크다. 이러한 지향성을 갖는 빔의 형태는 공중선으로부터의 방위에 따라 달라지는 전력밀도를 기점하여 그릴 수 있으며 이것을 전력모형(power pattern)이라 한다. (그림 2-7)

4) 복사강도(radiation intensity)

이 복사강도는 측정되는 거리와 무관하기 때문에 공중선으로 부터 복사를 측정하는 데 더 편리한 수단이다. 복사강도는 단위 입체각에 대한 전력으로 나타낸다.

그림을 그려 설명하면 다음과 같다. 자유 공간에 등방성 안테나가 있다고 생각한다. 만약 안테나에서 W와트의 전력이 복사되면 공의 중심에서 4π 스테라디안(steradian) 각도에 해당하는 전 표면으로 퍼질 것이다. 이같이 등방성 복사기의 어떤 지점의 복사강도는 다음 식으로 주어진다.

$$U = \frac{W}{4\pi}$$

전력밀도에서와 같은 방법으로 복사강도는 공중선으로부터 각도에 따라 다른 값으로 기점할 수 있으며 이것을 복사모형이라 한다. 그림 2-7에 수평방향의 복사모형을 보였고, 비교하기 위해서 등방성과 지향성 안테나의 복사모형을 다 보였다. 어떤 주어진 방향의 복사는 기점에서 그려진 선의 길이로 나타내며 복사 패턴과 교차하는 곳에서 끝난다. 그 선은 입체각당 와트로 측정되지만, 우리는 주로 정규화 모형을 사용하는 것이 더 편리하며 단위는 불필요하다. 정규화 모형에서 최대값을 1이라고 하고, 다른 값은 어떤 방향에서 복사강도의 값을 최대 복사강도와의 비로 나타낸다. 실제의 복사모형과 정규화 모형이 같은 모양인 것이 흥미롭다.

5) 빔폭(beam width)

빔의 모양을 생각하면서 우리는 특히 각도 폭에 관심이 있다. 빔폭은 같은 거리에서 전력이 그 최대값의 1/2보다 적지 않은 각도의 한

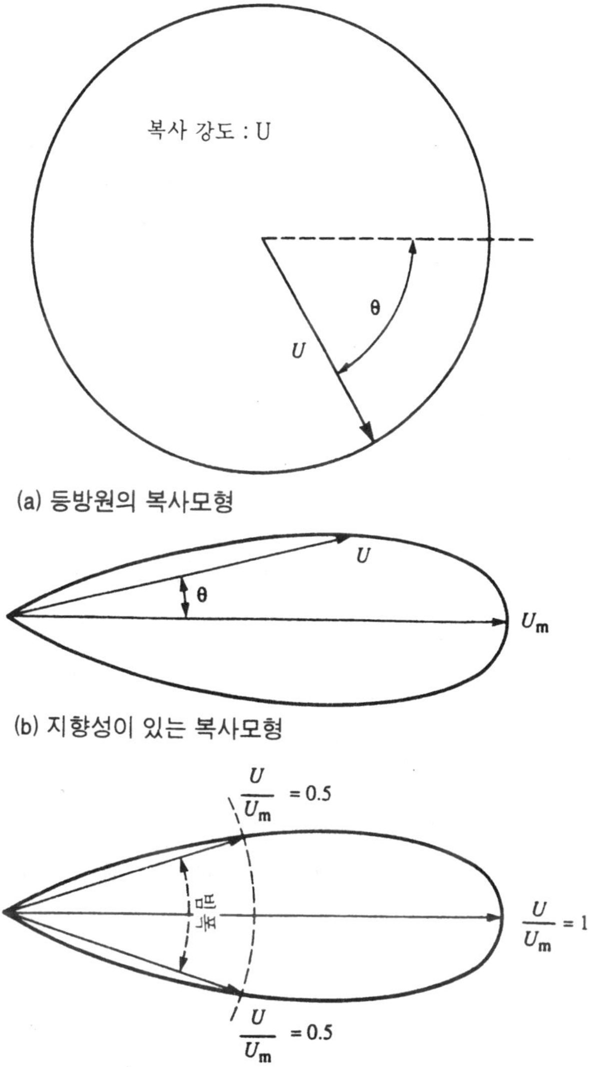

그림 2-7 전파의 복사모형

계로 정하며 그림 2-7(c)에 보인 바와 같다.

6) 공중선 이득(aerial gain)

공중선 이득은 Go로 표시하며 다음 식으로 구해진다.

$$Go = \frac{\text{어떤 공중선으로부터의 최대 복사강도}}{\text{무손실 등방성 전파 복사기로부터 복사강도}}$$

공중선 이득은 단위가 없는 하나의 비(ratio)이다. 그것의 가능한 최대값은 송신기에서 공급된 에너지가 손실이 전혀 없이 무한히 폭이 좁은 직선의 한계 내에 집중되어 있는 이상적인 경우에 일어날 것이다. 실제로 이러한 이상적인 현상은 얻어질 수 없다. 왜냐하면 송신전력은 공중선의 전기저항으로 인하여 흩어질 것이며, 에너지는 선을 따라 집중될 수 없기 때문이다.

그러나 공중선에서 전기적인 손실을 매우 적게 줄일 수 있으며, 선박용 레이더에 사용되는 특수한 공중선은 대단히 좁은 각도의 범위 안으로 전력을 집중시킬 수 있다. 공중선에서 얻어진 집중의 정도를 나타내는 또 다른 이름을 지향성(directivity)이라 하며 D로 표시하고 다음과 같이 계산한다.

$$D = \frac{\text{최대 복사강도}}{\text{평균 복사강도}}$$

7) 전파의 편성(polarization)

공중선에서 방사된 에너지는 전파의 진행방향에 직각이며, 서로 직각인 전계와 자계를 갖는 전자파의 형태이다. 편성은 전계면의 방향으로 정의한다.

그리하여 직선편파(이는 다시 수직편파와 수평편파로 나뉨), 원편파, 타원편파로 나뉜다.

IMO의 성능기준에는 X밴드를 쓰는 모든 선박용 레이더는 수평편파로 작동할 수 있어야 한다고 규정하고 있다. 한때 어느 한 제조사가 원편파 레이더를 만들었으나 오늘날에는 대부분 수평편파이다.

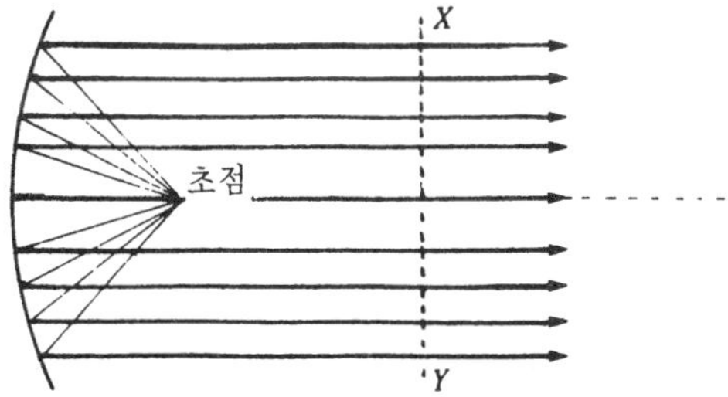

(a) 포물선 반사기

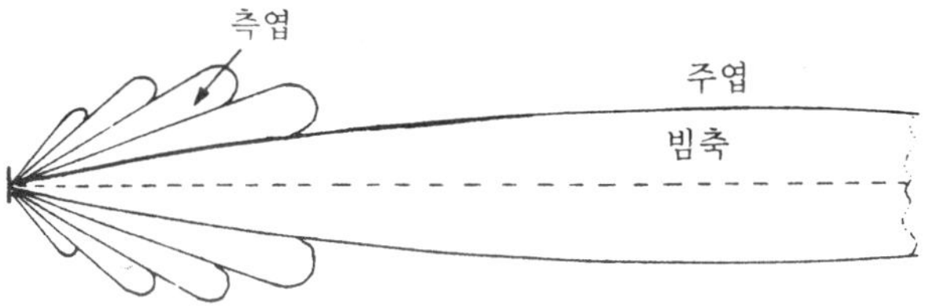

(b) 실제의 방사모형

그림 2-8 수평빔

2.3.2 수평빔폭(horizontal beam width)

정확한 방위를 측정하기 위한 지향성 송신을 하기 위해서는 수평빔폭이 좁아야 한다. 이것은 한 차례에 한 방향으로 모든 유효전력을 집중시킴으로써 이득이 매우 높은 공중선을 만드는 효과가 있다. 또 같은 거리에 가까이 있는 두 물표를 분리해서 나타내 줄 수 있도록 하기 위해서는 이러한 지향성 송신이 필요하며 이것을 방위 분해능이라 한다. 레이더 펄스가 가지고 있는 전자파 에너지의 파장은 가시광선보다 훨씬 길지만 복사는 여러 가지로 광학의 법칙과 매우 흡사하다. 1950년대 후반까지 설계자들은 레이더 빔을 집중시키기 위해 마치 자동차의 헤드라이트에 잘 닦여진 거울을 이용하는 것처럼 포물선 반사기를 사용함으로써 이러한 유사성을 이용하였다(그림 2-9). 요즈음은 도파관의 한 면에 파인 슬롯(slot)으로 직접 복사하는 방식으로 대체되었다. (그림 2-10)

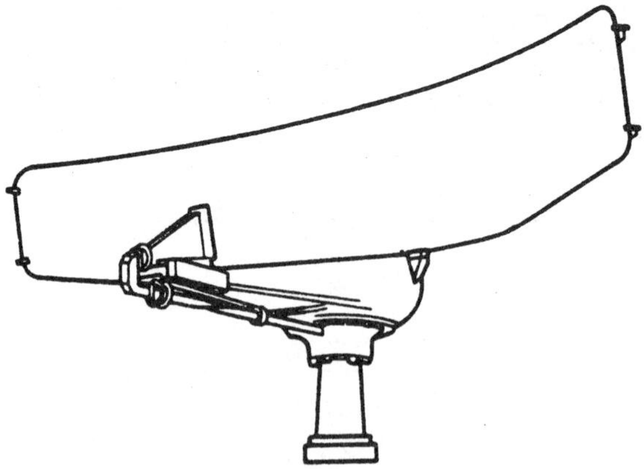

그림 2-9 파라볼라안테나

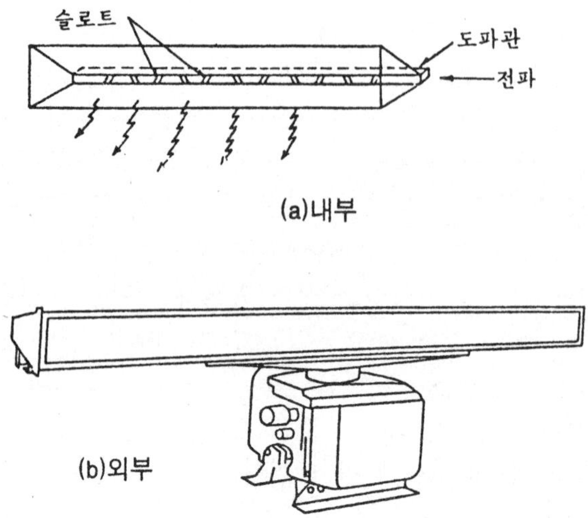

그림 2-10 슬로트안테나

1) 포물선 반사기(parabolic reflector)

포물선 반사기의 특성은 초점에서 나온 전파가 포물면에 반사하면 축에 평행하게 반사하는 것이다. 이와 같이 이상적인 경우에 완전하게 평행인 펜슬빔(pencil beam)을 만들 수 있다. 그러나 실제로 전파 에너지는 한 점에서 출발할 수 없기 때문에 에너지의 대부분이 초점이 아닌 초점에 매우 가까운 점들에서 출발하는 것이다. 실제 공중선에서 만들어지는 복사모형은 그림 2-8(b)와 같다. 복사 에너지의 대부분은 중앙의 주엽(main lobe)에 집중되어 있고 약간의 복사가 측엽(side lobe)이라고 알려진 보조적인 빔들에 나타난다. 각 측엽의 복사강도는 주엽의 축으로부터 각이 커질수록 적어진다. 수평빔폭은 안테나의 폭과 밀접한 관계가 있으며, 다음의 식으로 계산된다.

$$\text{수평빔폭} = K \times \frac{\text{송신전파의 파장}}{\text{안테나의 수평폭}}$$

슬롯 안테나의 경우는 K를 70으로 하면 실제상 충분하다. 대형 선박용으로 설계된 레이더의 수평빔폭은 X밴드의 경우 0.65°～ 2°이고, S밴드의 경우는 1.7°～ 2°이다.

그림 2-9에 파라볼라 안테나를 보였다.

2) 슬롯 안테나

그림 2-10에 보인 슬롯 안테나는 도파관의 벽에 적당한 간격으로 여러 개의 슬롯을 파놓은 것이다. 도파관의 일단에서 들어온 전파는 도파관을 통과해 오면서 도파관의 벽에 있는 슬롯에서 전파가 합성되어 전체가 예리한 지향성의 빔이 된다. 그 모양에서 보는 바와 같이 풍압면적이 적으므로 횡폭이 크고 예리한 지향성의 안테나를 쉽게 장치할 수 있다. 오늘날 선박용 파라볼라 안테나는 모두 이 슬롯 안테나로 교체되었다.

2.3.3 수직빔폭(vertical beam width)

수직빔폭은 롤링과 피칭시에도 요구하는 성능을 유지하기 위해서

IMO의 규정은 20° 이상으로 하고 있다. 수직빔폭은 넓어도 상관없으나 너무 넓으면 복사강도가 약해질 것이다. 보통 상선용 레이더의 수직빔폭은 20° 내지 25°이다. 수직빔폭의 하변은 해면에 부딪쳐 반사하기 때문에 어떤 지점에서 직접파와 반사파가 함께 도착한다. 그림 2-11(b)에서 P점에서 직접파와 간접파의 거리 차이가 반파장의 정수배가 되면 해면에서 반사할 때 위상이 180° 바뀌기 때문에 양자는 동위상이 되어 복사 에너지는 최대가 된다. 또 직접파와 간접파의 거리차가 파장의 정수배가 되면 위상이 서로 반대가 되어 복사 에너지는 상쇄된다. 이와 같이 거리와 높이에 따라 직접파와 간접파의 거리차 때문에 에너지가 합성되는 부분과 상쇄되는 부분이 생겨 수직빔폭의 수직분포가 생긴다. (그림 2-11(c))

2.3.4 안테나의 회전

IMO의 성능기준에는 주사(빔의 회전)는 시계방향으로 360° 전방향으로 계속해서 자동적으로 1분에 12회전 이상으로 되어 있다. 또한 상대풍속 100kts까지의 상태에서도 작동되어야 한다고 규정하고 있다. 이러한 것은 감속 기어열을 통해 운전되는 전기 모터를 이용하여 지향성 공중선을 회전시켜서 가능하다. 공중선의 회전속도는 박용 레이더의 전체적인 성능에 중요한 요인이 된다. 공중선의 12RPM은, 반사파의 위치가 매 5초마다 화면을 다시 그려 새롭게 하거나 거리와 방위 데이터를 기억장치에 다시 저장하는 것을 의미한다. 기억 장치의 데이터는 새로운 값이 들어올 때까지 저장되지만 PPI 상의 반사파는 반사파의 강도와 화면의 잔광성으로 결정되는 시간 동안만 남아 있게 된다. 그러기 때문에 공중선의 회전속도가 너무 느리면, 약한 반사파나 화면 전체가 다음 주사에 의해 다시 그려지기 이전에 완전히 지워져 버릴지도 모른다. 스캐너의 속도 때문에 영상이 지워지는 것은 잔광성이 긴 CRT를 사용하면 가능할지라도, 거리범위를 바꾸거나 화면의 지시방식을 바꿀 때 잔광성과 관련하여 더 큰 문제가 야기될 수 있다. 공중선의 회전속도와 CRT의 잔광성은 설계

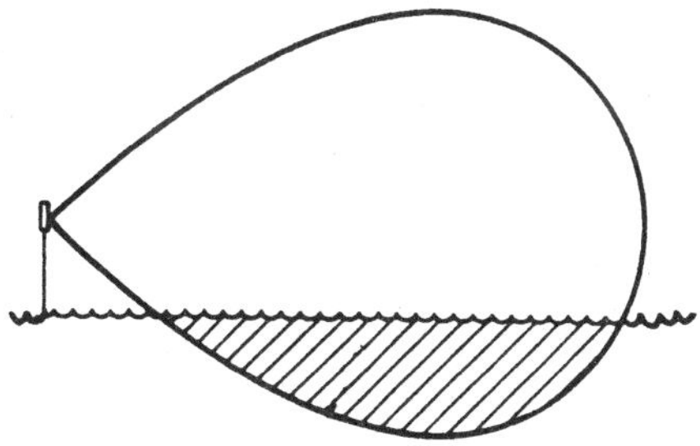

(a)수직빔

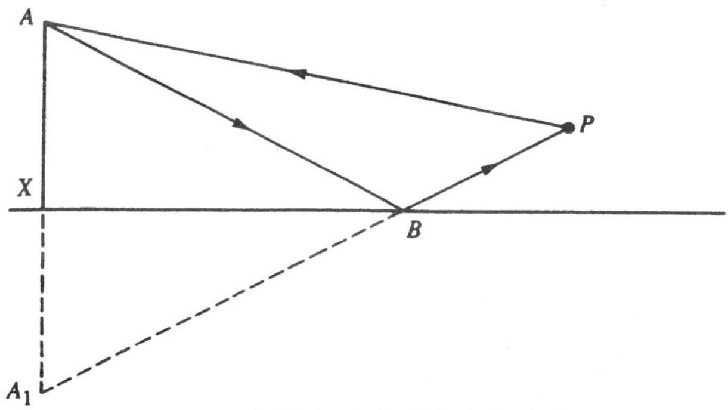

(b)직접파와 간접파의 간섭

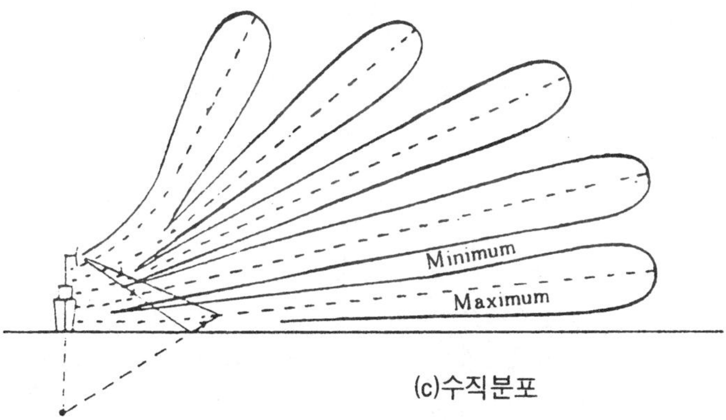

(c)수직분포

그림 2-11 수직빔폭과 수직분포

단계에서 결정되며, 거의 모든 레이더에서 화면의 영상은 적어도 공중선의 1회전에 요하는 시간 동안 지속된다. 공중선의 회전속도를 높이면 정보를 갱신하는 시간을 줄이고 CRT의 잔광성이 짧아도 좋을 것이다. 그러나 빔이 어떤 물표를 주사하는 시간을 줄이기 때문에 무조건 좋은 것은 아니다. 회전속도를 N RPM이라 하고 수평빔폭을 D라 하면 빔이 수평빔폭을 통과하는 시간은 다음과 같다.

$$t = D/6N$$

t 초 동안 다음과 같은 수만큼의 펄스를 송신한다.

$$S = PRF \times t$$

단, S는 하나의 점 물표를 때리는 최대 펄스 수이며 다음 식을 얻는다.

$$S = PRF \times \frac{D}{6N}$$

어떤 물표에 펄스가 많이 부딪치면 부딪칠수록 물표로부터 반사파가 많이 되돌아올 것이다. 즉 S의 값이 클수록 물표의 탐지 가능성이 커진다. 이같이 공중선의 회전속도가 증가하면 물표로부터 반사파의 수를 줄이게 된다. 회전속도가 느린 것은 PRF를 증가시켜 보상할 수 있으나 2차 소인에 의한 거짓상의 요인이 된다. 대부분의 레이더의 공중선 회전속도는 22~33 RPM이다.

2.3.5 공중선과 지시기 회전

안테나의 방향과 소인선의 방향을 일치시키기 위하여 기계적인 방법과 전기 기계적인 방법, 그리고 순전기적인 방법이 있으나 여기서는 일반적으로 많이 쓰이고 있는 전기 기계적인 방법인 신크로(셀신) 전동기에 의한 동기회전에 대하여 설명한다. 신크로 전동기는 그림 2-12에 나타난 바와 같이 신크로 발전기와 신크로 전동기로 되어 있다. 모두 같은 구조로 되어 있으며 고정자와 회전자가 있다. 회전자는 둘 다 공통의 교류 전원에 접속되어 있다. 서로의 회전자가 같은 각도에 있을 때는 고정자의 코일에 유기된 기전력은 평행을 유지하고 있으므로 이 회로에는 전류가 흐르지 않는다. 발전기측의 회전자가 각도 θ만큼 이동하면 양자의 고정자에 유기된 기전력의 균형이 깨지고, 고정자의 코일에 전류가 흘러 전동기의 회전자는 각도 θ만큼 발전기와 같은 방향으로 회전하여 균형이 잡히는 점에서 멈춘다. 이 때 다시 전류는 흐르지 않게 된다. 이와 같이 전동기는 항상 발전기와 같은 각도를 갖도록 움직이게 되어 있는 것이다. 따라서 안테나의 회전축에 발전기를 연결하고 편향코일의 회전축은 전동기를 접속하

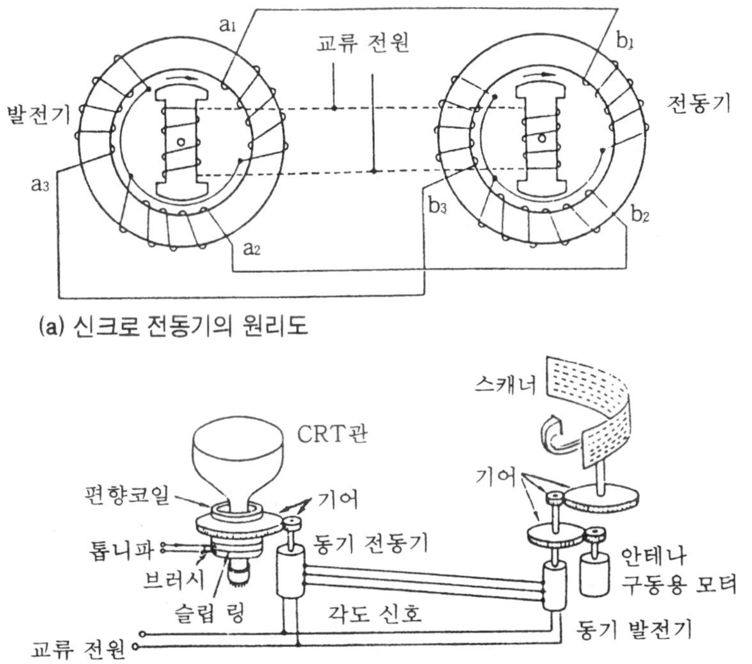

(a) 신크로 전동기의 원리도

(b) 실체도

그림 2-12 공중선과 소인선의 회전동기

여 두면, 발전기와 전동기는 전기적으로 접속되어 안테나와 편향코일이 동기 회전하게 되는 것이다. 그러나 전동기의 부하가 클 때는 발전기와의 각도에 차이가 생기므로, 이것이 방위 오차가 되므로 실제로는 그림 2-12(b)에 보인 바와 같이 안테나 회전수의 5~36배의 회전수로 발전기를 돌리고 전동기측도 똑같이 1/5~1/36 로 회전수를 낮춰 편향코일을 회전시키고 있다.

2.3.6 선수지시선(heading marker)

지시기상에 배의 진행방향을 나타내는 선수지시선을 나타낸다. 그것은 방위측정의 기준이 된다. 이 신호는 공중선 회전장치에 있는 스위치를 기계적으로 닫음으로써 만들어진다. 스위치를 닫으면 지시기의 회로가 작동하여 연속되는 몇 개의 소인선을 밝게 하기 위한 펄스를 만든다. IMO 의 성능기준에는 이 선이 0.5° 이하가 되도록 규정하고 있다. 안테나의 전면이 정선수를 향할 때 지시기상의 선수지시선도 고정방위 눈금의 000°를 가리켜야 한다. 그러나 어떤 원인으로 서로 일치하지 않는 경우가 생기므로 이런 경우에 조정할 수 있게 되어 있고, IMO의 규정은 그 오차가 ±1° 이내가 되도록 규정하고 있다. 최근에는 이런 기계적인 방법 대신에 홀효과(hall effect)를 이용한 전자적인 방법도 응용되고 있다.

2.4 수신기의 원리

수신기는 공중선에 포착된 약한 반사파를 증폭하고 지시기의 화면에 반사파를 만들도록 펄스를 만드는 일을 하는 것이다. 이전에는 이 펄스들이 아날로그 형태로 PPI 상에서 회전하는 소인선을 밝게 하였다. 근래에는 이 펄스들이 디지털 값으로 바뀌고 기억장치에 저장된다. 이러한 값들이 처리된 후에 기억장치에서 읽혀져 방사상 주사나 래스터스캔 PPI에 이용된다.

이 기억장치는 물표를 자동 추적하기 위한 데이터를 제공할 것이다. 되돌아온 펄스는 극히 약하고, 수신기는 100만분의 1볼트 정도의 세기를 갖는 신호를 입력으로 탐지할 수 있을 정도로 충분히 민감해야 한다.

안테나가 송수신 겸용으로 쓰이기 때문에 송신시 강력한 전파가 수신기로 들어가면 수신기가 손상될 염려가 있으므로 T/R관이나 서큘레이터로 수신기를 보호한다. 수신기는 약해진 신호를 화면에 나타날 만큼의 세기로 하기 위하여 1천만배까지 증폭한다.

X밴드나 S밴드 전파를 증폭시킬 수 있는 장치를 만드는 것이 현실적이지 못하기 때문에 증폭이 가능한 주파수로 낮춰야 할 필요가 있다.

주파수를 낮추는 장치를 혼합기(mixer)라 하고, 국부발진기와 연관되어 작동한다. 낮아진 주파수는 회사마다 다르나 보통 60MHz이고 중간주파수라 부른다. 혼합기에서 나온 신호는 중간주파 증폭기에서 여러 단계의 증폭 과정을 거친다. 이 신호는 중간주파 증폭기에서 나와 에너지의 윤곽을 빼내는 검파기로 들어간다. 이것을 영상신호 펄스라 한다.

이 영상신호 펄스는 증폭된 후 CRT의 화면을 만든다. 신호는 수신기에서 3단계를 거치는 것이 분명해졌다. 곧 혼합기와 국부발진기로 구성되는 무선주파수 부분과, 여러 단계의 중간주파 증폭기로 구성되는 중간주파수 부분과, 검파기와 영상신호 증폭기로 구성되는 영상신호 부분이다.

2.4.1 무선주파수 부분

1) 혼합기

주파수가 다른 두 개의 신호를 혼합하면, 두 주파수의 차에 해당하는 성분(beat주파수)과 두 주파수의 합에 해당하는 성분을 갖게 된다(슈퍼헤테로다인 수신방식).이러한 원리를 레이더에 이용하여 국부발진기에서 발진된 주파수와 수신된 전파의 주파수를 혼합하여 차주파 수성분만을 빼내 이것을 중간주파수로 쓴다.

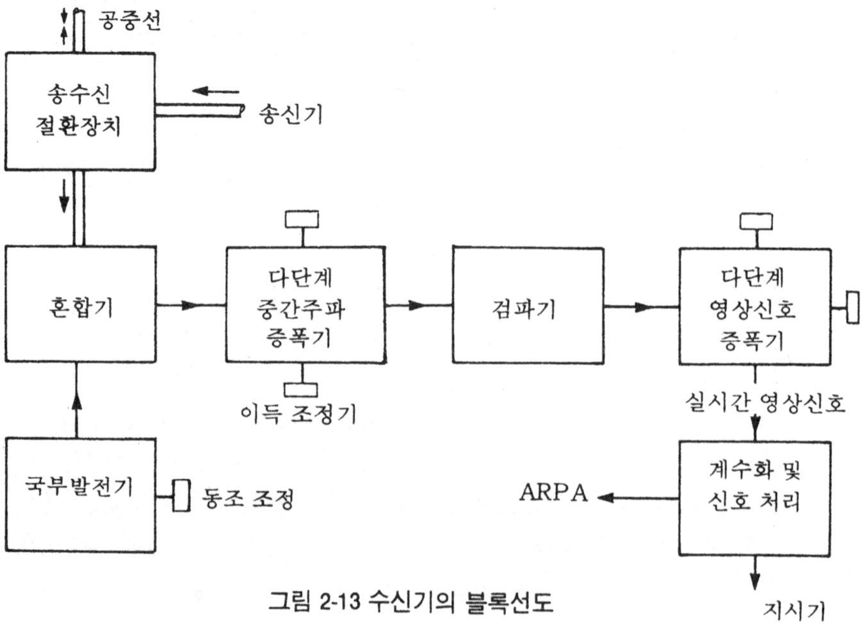

그림 2-13 수신기의 블록선도

2) 동조(tuning)

중간주파 증폭기는 선택된 주파수에 미리 동조되어 있기 때문에 중간주파수로 항상 일정한 값이 나오도록 국부발진 주파수를 조정해야 한다. 곧 마그네트론에서 발진된 주파수가 높으면 국부발진 주파수도 높여 주고, 마그네트론의 발진 주파수가 낮아지면 국부발진 주파수를 낮추어 중간주파수의 값을 일정하게 유지시켜야 한다. 이것은 수동으로 하기 위해 지시기에 조정기가 붙어 있고 화면을 보면서 조정하고 수신기의 초기 단계에서 그 영향을 익혀 두는 것이 중요하다. 마그네트론은 고출력이고 매우 짧은 펄스를 만드는 등 국부발진기보다 훨씬 복잡한 발진 과정을 거치므로 마그네트론의 주파수를 조정하는 것이 현실적으로 어렵기 때문에 국부발진기의 발진 주파수를 조정하는 것이다.

국부발진 주파수가 안정되는 것은, 출력의 변동이 수신기를 동조시키지 못하고 물표의 손실을 가져올지도 모르기 때문에 매우 중요하다. 동조된 중간주파수에서 증폭도는 최대가 되고 그외의 값에서는 증폭도가 떨어진다. 충분한 증폭도를 갖는 주파수 범위를 대역폭이라 하고, 보통 긴 펄스의 경우는 3~5MHz이고 짧은 펄스의 경우는 15~25MHz이다. 1970년 이후에 자동동조장치(AFC, Automatic Frequency Contol)가 등장하였다. AFC가 장치되었다 하더라도 관측자는 전원을 넣은 후에 확인하고, 정기적으로 성능감시기(performance monitor)를 이용하여 정기적으로 감시해야 한다.

한정 자동동조장치(limited automatic tuning)는 먼저 수동으로 동조를 맞추어 놓으면, 그 후에 조그만 변동에 따라 자동으로 동조시키는 장치이다. 만약 맨처음에 관측자가 어느 한계 내로 동조시키지 않으면 자동동조는 작동하지 않을 것이다.

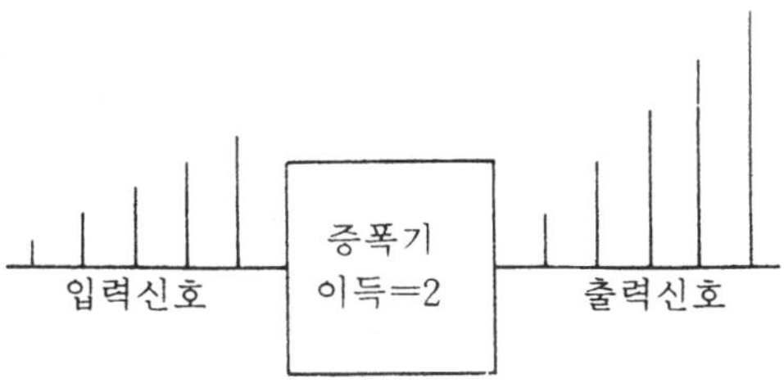

그림 2-14 증폭기

2.4.2 중간주파 증폭기

중간주파 증폭기는 혼합기에서 나온 반사파를 받아 펄스의 윤곽을 빼낼 수 있을 만큼 증폭시키는 일을 한다. 한번에 충분한 증폭을 할 수 없으므로 여러 단계의 증폭 과정을 거친다.

1) 단계 이득과 포화

하나의 증폭단은 신호가 어느 단계까지 입력으로 인가되면 증폭된 신호가 출력으로 나오는 블랙박스로 생각할 수 있다. 수신신호의 어느 레벨까지는 출력신호와 입력신호의 강도의 비는 일정하다. 그것을 단계 이득이라고 하며 신호의 확대를 나타내는 하나의 값이다. 이와 같이 입력이 어떤 한계값보다 낮은 경우에는 같은 비율로 증폭된다.

만약 점차 증가하는 신호가 증폭기의 입력으로 인가되면 출력은 증폭기가 할 수 있는 최대값에 달하는 현상이 일어나게 되는데, 이를 한계출력이라 하며 입력신호 그 이상의 증가에 대해 출력에서 더 이상의 증가가 안 일어난다. 이때 증폭기는 포화되었다고 말한다. 이같이 한계값을 넘는 모든 입력신호에 대한 출력은 다 똑같다.

이런 특성은 레이더에서 매우 중요하며 모든 강한 반사파(각각의 세기는 서로 다를지라도)는 똑같은 밝기로 지시기상에 나타나는 원인이 되는 것이다. 이것은 배 주위 파도의 반사파나 강수지역의 반사파 때문에 그보다 훨씬 강한 반사파를 구별할 수 없게 만든다. (그림 2-17)

2) 전체 이득

약한 반사파를 필요한 만큼 증폭하는 데 하나의 증폭기로는 절대

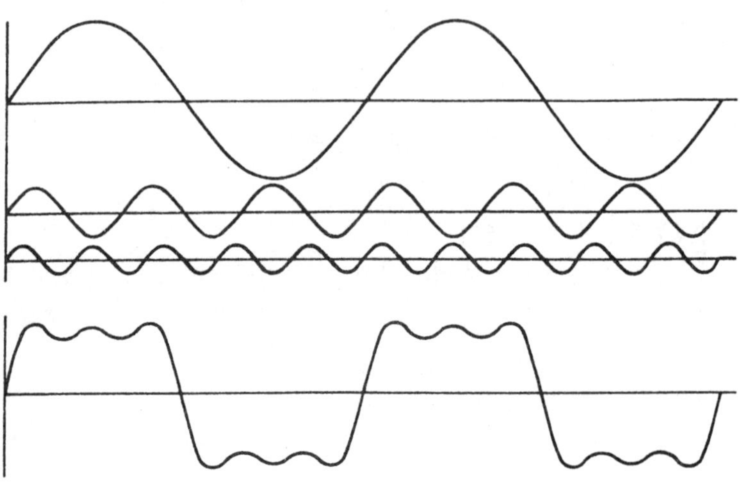

그림 2-15 구형펄스의 주파수 스펙트럼

부족하다. 그래서 여러 개의 증폭기를 연결하여 다단계 증폭을 한다. 증폭기의 전체 이득은 각 단계의 이득의 곱으로 주어진다.

3) 대역폭

중간주파 증폭기는 어떤 선택된 주파수에 미리 동조되어 있어서 어떤 특정한 주파수, 또는 그 주위 대역폭의 한계 내에서만 소정의 양만큼 증폭한다. 어떤 증폭기는 주파수 60MHz이고 구형파로 변조되어 있는 신호를 처리하도록 되어 있다.

구형파는 기본 주파수를 포함하는 수많은 사인곡선파형과 기본 주파수의 배수인 고조파로 알려진 성분으로 되어 있다. 그림 2-15는 여러 개의 사인곡선이 구형을 만드는 것을 보인다. 증폭되어야 할 신호는 각 요소가 구형의 윤곽 안에 포함한 사인곡선신호의 집합체인 복잡한 파형이다.

변조 파형의 기본 주파수와 고조파가 측대파로 알려진 주파수군을 만들기 위해 반송파와 합쳐지며, 그 측대파의 중간주파 위아래에 있으며 중간주파수에서 멀어질수록 진폭은 작아진다. 구형파 펄스 모양을 유지하기 위하여 중간주파 증폭기는 적어도 더 강한 측대파에 반응할 수 있어야 한다. 수신펄스폭이 짧을수록 이러한 요구는 더 중요해진다. 그것은 선박용 레이더는 다른 전파장치보다 대역폭이 더 넓게 설계되기 때문이다.

대역폭은 보통 응답(response)이 중심주파수의 반까지 떨어지는 주파수까지 양쪽으로 확장하여 생각한다(그림 2-16). 대역폭은 펄스 모양을 얻을 수 있을 만큼 그러나 주어진 증폭 효과가 지나치게 줄어들지 않는 범위에서 충분히 넓어야 한다. 또 설계시에 잡음을 고려해야 한다. 백색 잡음이 넓은 주파수 범위에서 생기지만 그 중 대역폭의 범위 안에 있는 성분만 들어온다. 이와 같이 대역폭을 넓히면 그만큼 잡음도 많이 들어오고 그래서 약한 반사파가 잡음 때문에 탐지가 어려워지기도 한다.

대형 상선용의 레이더는 중간주파 증폭기가 펄스폭에 따라 달라지는 두 개의 대역폭을 갖도록 설계된다. 긴 펄스가 선택되면 대역폭

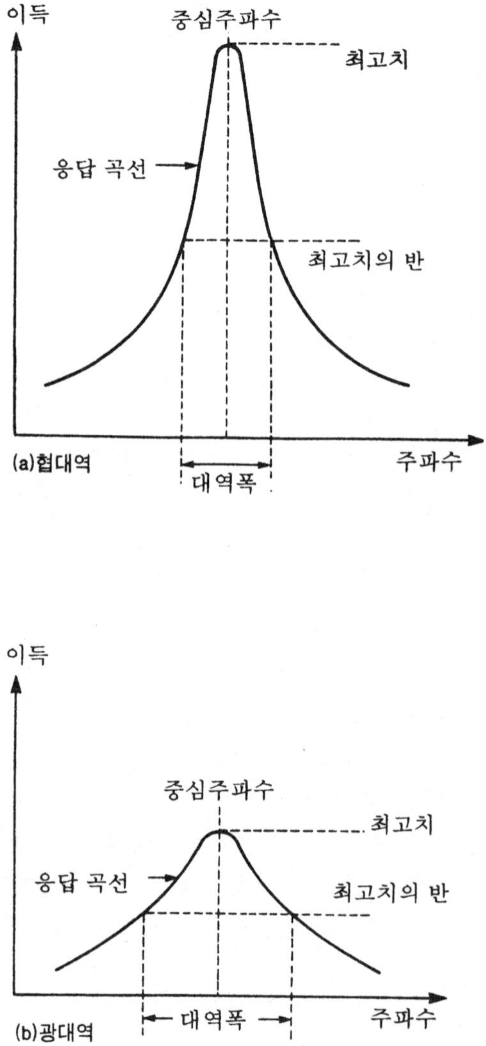
이득
중심주파수
최고치
응답 곡선
최고치의 반
(a)협대역
대역폭
주파수
이득
중심주파수
최고치
응답 곡선
최고치의 반
(b)광대역
대역폭
주파수

그림 2-16 대역폭

은 좁은 쪽으로 되고 짧은 펄스가 선택되면 대역폭은 넓어진다.

4) 선형 중간주파 증폭기와 대수 증폭기

선형 중간주파 증폭기는 그림 2-17에서 보는 바와 같이 어떤 범위 내의 입력에 대해서는 같은 증폭도로 증폭되지만, 그 한계를 넘으면 증폭기가 포화되어 출력은 더 이상 증폭되지 않고 일정해진다.

대수 증폭기는 1970년부터 보편화되었으며, 더 높은 입력신호의 레벨에서 출력이 입력의 대수값에 비례한다. 대수 증폭기의 특징은 선형의 경우에 마지막 단계에서 출력을 빼내는 대신에 각 단계마다 출력이 나오고 그 값들을 합쳐서 복합 출력을 만든다. 이러한 이유 때문에 연속 검파 증폭기라고 불리기도 한다. 따라서 대수 증폭기는 수신기를 포화시키지 않고 증폭할 수 있는 신호의 범위를 넓혔다.

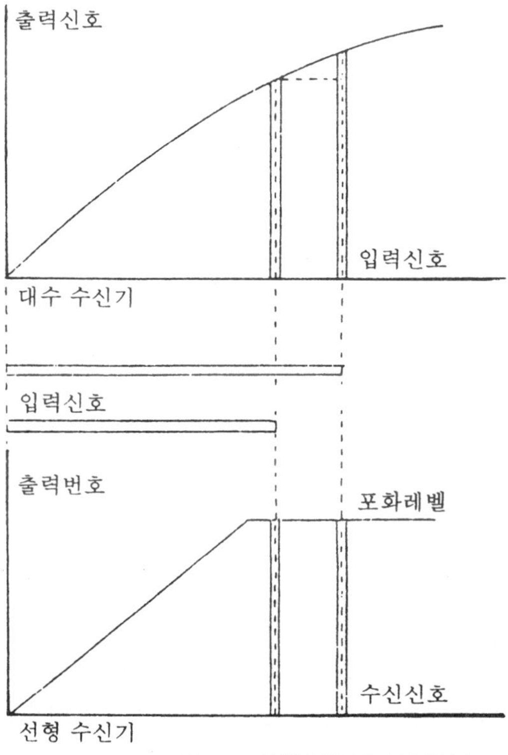

그림 2-17 선형 증폭과 대수증폭

2.4.3 영상신호부

여기서 영상신호는 화면을 만들기 위해 CRT에 인가되는 신호를 의미한다. 영상신호부에서는 수신펄스의 윤곽을 빼내고 증폭하여 컴퓨터 기억장치에 저장되어 처리할 수 있도록 하거나 CRT화면에 그림을 그릴 수 있게 하는 역할을 한다.

1) 검파기

검파기에서는 증폭된 중간주파 신호로부터 윤곽을 빼낸다(그림 2-18).혼합기를 1차 검파기라고 하는 대신에 이것을 2차 검파기라고 한다. 이 검파기의 역할은 변조신호, 곧 구형파 윤곽을 추출하는 것이다. 윤곽의 파형은 기본 주파수와 그것의 고조파의 합이며, 검파기의 주파수 특성은 상대적으로 낮은 주파수에 응답하고 상대적으로 높은 주파수를 차단하는 것이다.

그림 2-18 검파

2) 영상신호 증폭기

여기서 검파기의 출력을 기억장치에 저장하거나 CRT에 영상을 만들 수 있는 레벨까지 증폭한다. 이 증폭기는 여러 단계를 거치며, 구형파에 있는 적당한 범위의 고주파까지 통과시킬 수 있는 대역폭을 갖는다. 대부분의 레이더에서 대역폭이 정해져 있으나 펄스폭에 따라 변화하는 경우도 있다.

그림 2-19에서 영상신호 증폭기의 처음에, 신호의 경로가 수동과 자동으로 나뉘는 것을 보였다. 이러한 것은 대수 증폭기를 채용하는 현대의 레이더 장치에서만 볼 수 있다. 선형 증폭기를 채용하는 이전의 레이더에서는 수동만 있고 해면반사 조정이 없으며 중간주파 증

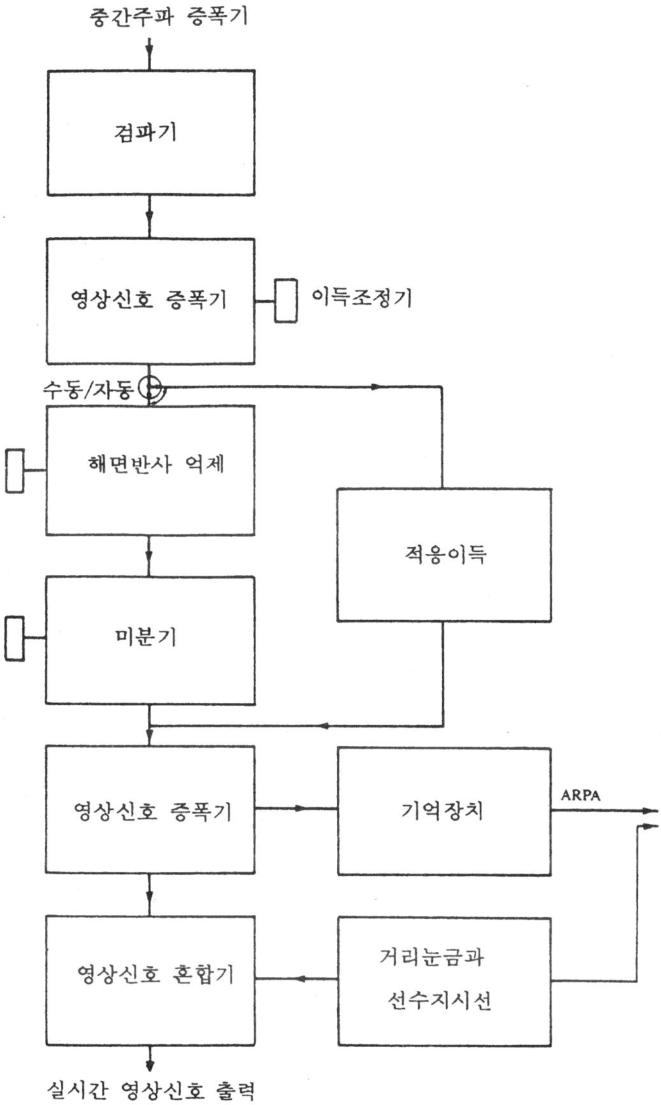

그림 2-19 영상신호부의 블록선도

폭단에서 행해진다. 관측자는 특별한 이득조정기를 사용하여 수동으로 해면반사를 억제시킨다. 이 조정기를 안전하고 성공적으로 조정하기 위해서는 이에 대한 확실한 지식이 있어야 한다.

다음의 미분회로는 펄스의 모양을 구형에서 못(spike) 모양으로 변환시킨다. 이 역할은 강수지역의 물표를 나타내 주는 역할을 하기 때문에 우설반사 억제기라고 부른다. 자동의 경우에는 해면반사나 우설 등의 반사파와 같은 원치 않는 신호를 없애기 위해 연속해서 신호의 레벨을 감지하고 전체 이득을 자동적으로 바꾸는 역할을 한다. 이러한 기능을 적응이득(adaptive gain)이라 하며, 대수 증폭기에 의해 처음부터 처리된 신호에 대해서만 작동한다.

2.5 지시기

지시기는 반사파가 되돌아온 곳에 관측자가 반사파의 존재를 알고, 그것의 방위와 거리를 측정하며 움직임을 추적할 수 있도록 화면을 만드는 역할을 한다. 레이더가 발명된 이래 화면은 CRT상에 그렸으며 앞으로도 상당 기간 계속될 전망이다. 1970년대 초에 실시간 화면이 합성화면으로 변화하기 시작했고 1980년대 중반에 래스터스캔 화면이 처음으로 개발되었다. 여기서는 PPI상 방사상 주사의 실시간 화면과 합성화면과 래스터스캔에 관해 알아본다. CRT는 모든 지시기의 기본 요소이므로 그것의 작동에 대하여 자세히 알아본다.

2.5.1 CRT(Cathode Ray Tube)

그림 2-20과 같이 CRT는 끝에 곡면의 화면을 갖는 진공의 좁은 유리관이다. 전자가 방출되어 좁은 관을 통과하면서 모아져서 화면의 내부를 때려 밝기 · 크기 · 위치가 조종된 휘점(spot)을 만든다. 휘점은 다음의 세 가지 요소에 의해 만들어지고 조절된다.

① 전자총이 전자류를 방사한다.

② 형광물질과 인광물질이 칠해진 화면을 전자빔이 때릴 때 빛을

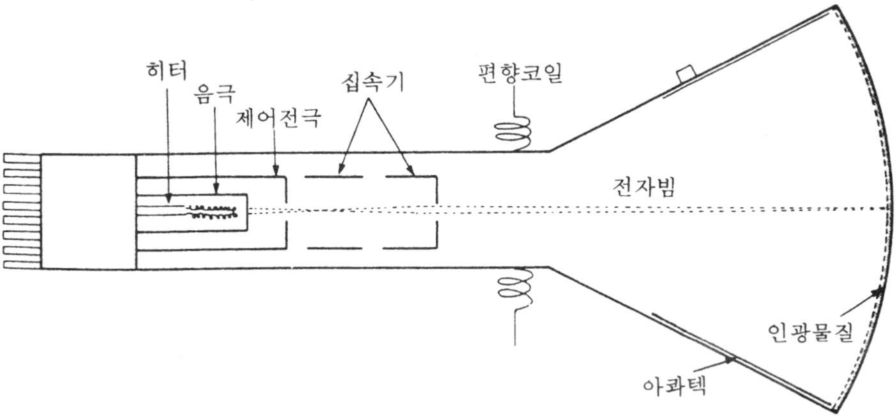

그림 2-20 CRT(Cathode Ray Tube)

낸다.

③ 편향장치가 전자빔이 화면을 때리는 위치를 조절한다.

1) 전자총

전자는 단위 음전하를 갖는 기본 입자이다. 전자총은 원통형의 금속으로 되어 있는 전극이다. 전극은 축을 따라 위치해 있으며 그들은 전자를 내보내고, 집속시키고, 가속시켜 화면 쪽으로 보내는 역할을 한다. 전자를 방사하는 전극을 음극이라 하고 CRT의 이름이 여기서 왔다. 화면을 향한 전자를 끌어당기는 전극을 양극이라 한다. 이 양극은 전자를 초속 수만km로 가속시키기 위해 음극에 비해 대단히 높은 양전위를 갖는다. 전자류의 세기는 그리드라는 전극에 의해 조절된다.

음극은 끝이 닫혀진 원통형의 금속으로 되어 있고, 상대적으로 낮은 온도에서 전자가 방출될 수 있도록 원자 구조를 갖는 산화물로 바깥이 입혀져 있다. 히터라 불리는 필라멘트에 전기를 통과시켜 가열하면 전자가 방출된다.

그리드는 한쪽에 조그만 구멍을 가진 원통형으로 되어 있으며, 그 구멍을 통해 전자의 흐름을 제한하고 빔을 수렴시켜 통과시킨다. 그리드는 음극과 제1 양극 사이에 있으며 음극에 더 가까이 있다. 관측자는 휘도 조정기를 사용하여 그리드의 전위를 조절할 수 있으며 음극에 대해 수십 볼트 정도이다. 그리드 전위는 양극의 흡인력을 조절하며 전자빔의 세기를 조절하고 그리하여 휘점의 밝기도 조절한다.

관측자가 선택한 휘점의 밝기는 소인선을 그릴 때는 그대로 유지하지만, 휘점이 소인의 원점으로 되돌아오면 자동적으로 억제하는 장치가 되어 있다. 휘도 조정기는 신호가 없는 상태에서 정확히 맞춰져야 한다. 신호가 없는 상태에서 반사파에 의해 만들어진 휘점이 밝아지는 것을 보고 관측자가 물표를 탐지하기 때문에 휘도 조정은 매우 중요하다.

전자들이 매우 빠른 속도로 양극 부근에 도착하고, 관축에 가까이 있는 전자들은 2차 양극의 조그만 구멍을 통해 좁은 빔의 형태로 스크린 쪽으로 나아간다. 그때 전자들은 마지막 양극의 영향하에 오게 된다. 이 CRT의 내면인 마지막 양극은 음극에 비해 수만 볼트로 유지되어 전자를 매우 빠른 속도로 가속시킨다.

그리드를 빠져나온 전자빔이 처음에는 수렴하지만, 양극에 도착할 때쯤에는 같은 극을 가진 전자들끼리는 서로 밀어내는 성질로 인하여 발산하게 된다. 이러한 빔으로는 화면을 만들 수 없기 때문에 집속을 하여 최대한 조그만 휘점을 만들어야 한다. 그러려면 전자빔이 화면에서 한 점으로 수렴해야 한다. 전자는 전계나 자계내에서 힘을 받기 때문에 이를 이용하여 집속한다. 전계를 이용한 방법을 알아보기로 한다. 2차 양극의 전위를 1차 양극보다 높게 하면 2차 양극 쪽에서 1차 양극 쪽으로 전계가 형성된다. 축을 따라 진행하는 전자는 힘을 받지 않지만 축에서 떨어져 움직이는 전자는 축방향으로 힘을 받는다. 어떤 전자가 받는 힘의 크기는 축에서 떨어질수록 커지고 가속되어 화면을 향한다.

양극은 초점거리가 1차와 2차 양극의 전위차에 의해 조정되는 정전 렌즈의 역할을 한다. 두 양극의 전위차는 초점 조정기로 조정되며, 공장에서 잘 조정되어 출고되고, 어떤 원인에 의해 조정하고자 할 때 지시기 장치 내부에 있는 초점 조정기를 이용한다.

2) 화면

화면의 안쪽에 인광물질을 발라 전자빔이 와서 부딪치면, 즉시 빛을 발하고 당분간 빛을 그대로 간직하도록 하여 휘점을 만든다. 전자에 의해 빛을 내는 것을 형광이라 하고, 주어진 인광물질에 대해 빛의 밝기는 전자빔의 세기에 달려 있다. 수신기와 인광물질의 포화의 한계에 따라 더 강한 물표는 더 밝은 반사파를 만든다. 전자빔이 지나가자마자 빛이 사라져 버리면 안되기 때문에 잔광성을 가져야 한다. 적당한 잔광성을 갖는 인광물질을 찾기 위해 여러 가지 화학 물질이 이용된다. 방사상 주사의 PPI 지시기에서 이 잔광성은 중요하다. 잔광성이 길면 강한 반사파는 적어도 공중선 1회전 동안 그대로 빛을 발하고 있으며 관측자가 약한 반사파를 관측하기 쉽게 한다. 또 움직이는 물표의 꼬리를 만들게 하여 관측자가 그 물표와의 관계를 파악하는 데 도움을 준다. 그러나 잔광성이 너무 좋으면 거리범위를 바꿨을 때나 불안정지시방식의 경우에는 방해가 된다. 이 인광물질은 계속해서 쓰다 보면 수명이 다하는 경우가 있는데 이를 CRT가 탄다고 말한다. 특히 CRT의 중앙이 타는 경우가 있는데, 이처럼 탄 부분에는 영상을 만들지 못하기 때문에 진운동 지시방식에서는 위험한 경우가 생기므로 주의를 요한다. 인광물질에 의해 표시될 수 있는 범위는 한계가 있다.

IMO의 성능기준에는 배의 총톤수에 따라 지시기의 최소 유효 지름이 규정되어 있다. 180mm와 250mm, 340mm의 세 가지가 있다

3) 편향장치

편향장치는 화면을 만드는 데 필요한 회전하는 소인선을 정확한 방향과 정확한 속도로 화면을 가로질러 휘점을 움직이게 하는 역할을 한다. 편향은 정전기나 전자기를 이용하는데, 후자가 더 많이 이용되므로 이 방법을 알아본다.

전자기 편향은 모터의 원리를 이용한 것이다. 즉 자계내에서 전류를 흐르는 도체는 전류의 방향과 자계의 방향 모두에게 직각인 방향

으로 힘을 받는다(플레밍의 왼손법칙). 편향코일에 전류를 흘리면 철심은 코일에 흐르는 전류의 방향에 따른 전자석이 된다. 전자는 음극에서 양극인 화면 쪽으로 움직이지만, 전류의 방향은 이와 반대방향으로 정의하고 있으므로 그림 2-21에서 전류의 방향은 종이면의 안쪽으로 향한다. 자계의 방향은 N극에서 S극으로 향하는 것으로 정의하고 있으므로 그림에서는 위에서 아래로 향한다. 그래서 전자빔

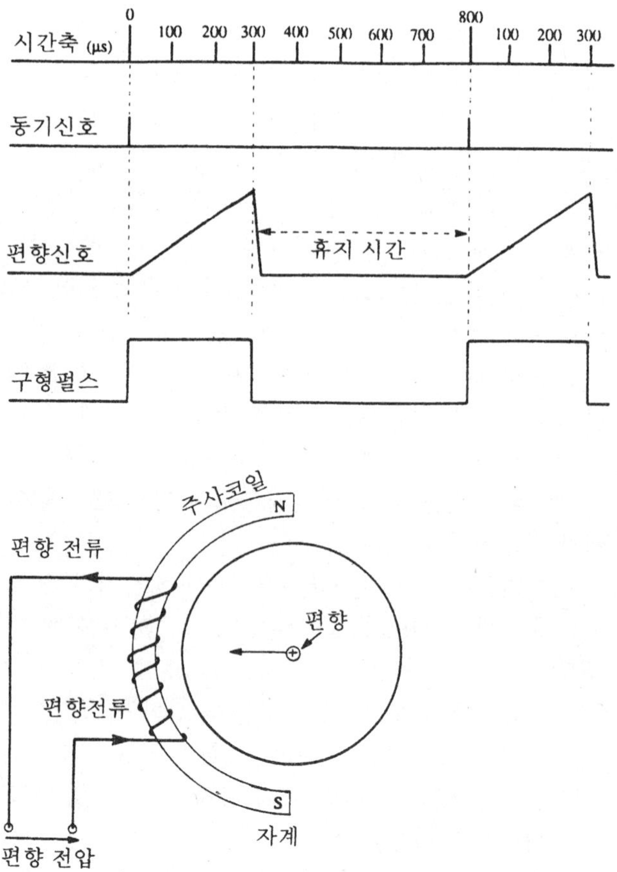

그림 2-21 전자빔의 편향원리

은 이 둘의 직각방향인 화살표 방향으로 힘을 받는다. 전자빔이 편향되는 정도는 인가되는 자계의 세기에 달려 있다.

실시간 표시장치의 경우 선택된 거리범위에 해당하는 시간에 일정한 속도로 화면의 중심에서 바깥으로 휘점을 움직여서 하나의 소인선이 만들어진다. 이같이 편향코일에 적당한 신호를 걸어, 특정한 시간축 동안에 중심에서 화면의 바깥까지 편향시키는 힘을 만들 수 있다. 예를 들면 12마일 거리범위일 때 상승시간을 약 150㎲로 하면 된다. 시간축의 마지막에는 편향력이 0으로 떨어져야 한다. 휘점의 밝기는 귀선시간 동안 0으로 유지된다.

그림 2-21에 PRF가 1250이고, 12마일 거리범위에서 편향력과 동기신호와 게이트 신호의 관계를 나타내었다. 화면을 만들기 위해 소인선은 공중선과 일치하여 회전해야 한다. 전래의 아날로그 지시기에서는 CRT의 목 부근에 주사코일을 회전시켰다. 이 장치를 돌리는 모터가 서보 시스템의 일정한 비율의 오차를 만든다. 이러한 전자 기계식 장치가 오늘날 대부분의 선박용 레이더에 채용되었다.

1970년대 중반 이래 디지털 기술과 고정 주사코일을 이용하는 쪽으로 바뀌고 있다. 편향신호가 없을 때 전자빔은 CRT의 축방향에 있어야 하고 화면의 중심에 휘점을 만들어야 한다. 여러 가지 이유 때문에 실제로 CRT 주위에 자계가 전혀 없고, 그래서 항상 휘점이 중심에 있을 것이라고 보장할 수 없다. IMO의 성능기준에는 레이더 장치를 설치한 후에 배가 지자기의 영향 때문에 다시 조정되어서는 안되는 것으로 규정하고 있다. 두 개의 고정코일을 마련하여 상하 좌우 방향으로 조정할 수 있는 장치가 마련되어 있다. 관측자는 항상 소인의 중심이 화면의 중심에 위치하도록 조정할 필요가 있다. 보통 이 조정기는 조금 밖에 이동시킬 수 없으나, 이심장치나 진운동 표시장치에서는 반경의 75%까지 움직일 수 있다.

2.5.2 실시간 화면

여기서는 원리적인 면에서 1970년대까지 변하지 않고 초기의 민간 선박용 PPI 레이더의 개발에 사용되었던 대표적인 화면표시방식에 대하여 알아본다. 실시간 지시방식은 각 레이더 펄스가 사용하는 최대 거리범위까지 왕복하는 데 걸린 시간 동안 화면의 각 방사상의 선이 그려진다는 사실을 말하는 데 사용되는 용어이다. 근래의 지시방식은 디지털 컴퓨터 기술을 이용하여 레이더 데이터를 저장하고 처리하고 재생한다. 디지털 기술의 출현에도 불구하고 실시간 표시방

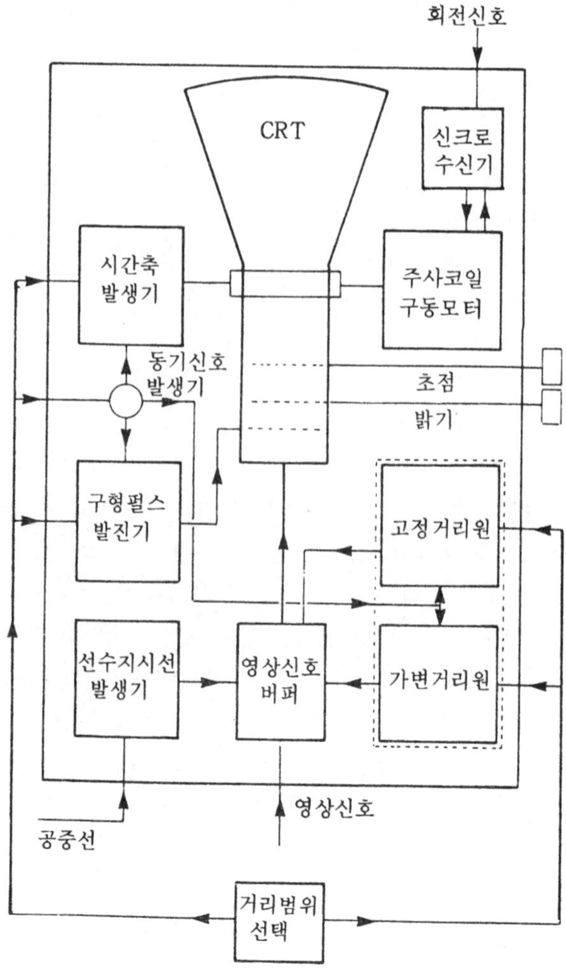

그림 2-22 실시간 화면의 블록선도

식이 대단히 많으며 또 앞으로 상당히 오랫동안 이용될 것이다.

종래의 지시방식을 아날로그 지시방식이라 부르거나, 아날로그 영상신호를 만든다고 말하고 표시되는 반사파의 강도는 수신반사파의 세기와 비슷한 것을 의미한다. 다시 말하면 이것은 표시기의 반사파는 잡음레벨과 포화레벨 사이에 있으며, 그 범위 안에서 지시기상의 물표의 밝기는 수신신호의 세기에 비례하여 선형으로 증폭된다는 것을 의미한다.

CRT 화면은 시간 관련 순서에 있는 많은 신호들의 조합으로 만들어진다 이 신호들의 일부는 송신기, 수신기, 그리고 공중선 장치에서 오며 또 다른 것들은 지시기 내부에서 만들어진다. 그림 2-22 에서 지시기 안에 있는 신호들을 나타내었는바 회전신호, 동기신호, 선수지시선 신호와 영상신호 등 4개이다. 동기신호는 송신기에서 나오며 레이더 시간의 기준을 나타내고 송신기와 지시기를 동기시키고 시간축과 게이트 신호의 시작을 만든다. 휘점이 송신의 순간에 소인의 중심을 출발한다. 이 동기신호는 고정거리원과 가변거리원의 시작점을 송신시간과 일치시켜 주는 일을 한다.

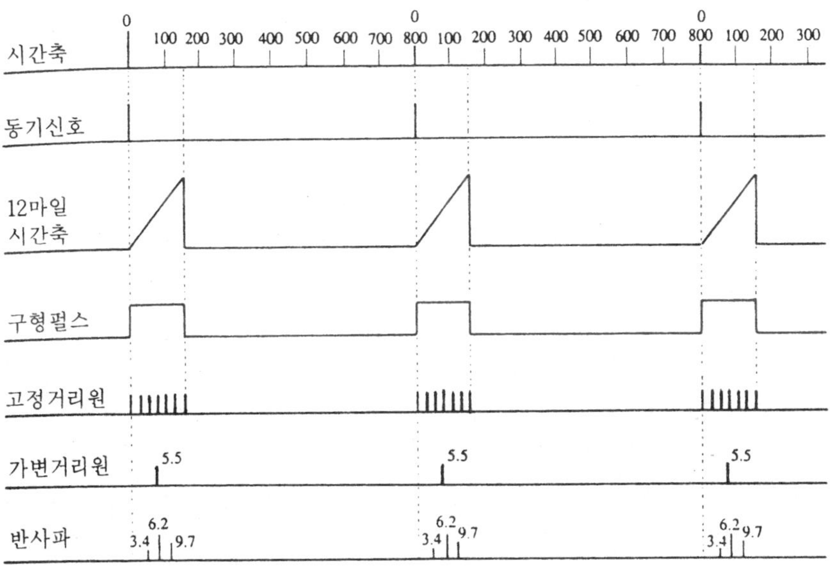

그림 2-23 시계열 PRF=1250 거리범위=12마일

영상신호는 수신기의 여러 단계에서 처리되는 반사파 신호를 말한다. 이 신호는 CRT의 음극에 인가되어 탐지된 반사파의 밝기에 관계한다. 이 영상신호에는 선수지시선 신호와 거리 보간 신호가 포함된다.

2.5.3 방위안정

IMO 성능기준에는 지시기에 방위안정장치를 두도록 되어 있고, 방위송신장치의 정열에 의한 방위오차는 컴퍼스의 2rpm의 회전속도에서 0.65도 이내의 오차를 갖도록 규정하고 있다.

앞에서 설명한 시간 관련 신호의 조합들은 원래 불안정 화면을 만든다. 이것은 헤드업 지시방식일 때만 적합하다. 노스업 지시방식의 경우에는 방위안정을 시키기 위해서 추가의 신호가 필요하다. 스위치를 넣으면 이 신호가 주사코일을 다시 정렬하고, 선수지시선 신호가 고정방위 눈금의 진침로와 일치하는 방향으로 선수 방위 지시선을 만들도록 할 것이다. 결과적으로 빔의 축이 진북을 통과하는 순간에 고정방위 눈금의 000도에 소인선을 그리게 한다.

코스업 지시방식에서도 방위안정신호가 필요하다. 그러나 공중선의 방위와 관련해서 맨처음 주사코일을 정열하는 경우에 빔의 축이 배의 진침로를 통과하는 순간에 눈금의 000도 쪽으로 소인선을 그리게 한다.

방위안정을 시키는 방법을 이해하기 위하여 이와 관련된 3가지의 각도에 대하여 생각해 본다(그림 2-24 (a)). 공중선의 방위(α)는 빔축의 방위를 진북에서 시계방향으로 잰 값이며 지시기상의 고정방위 눈금에서 각 위치로 표시된다. 어떤 순간에 000도에 대한 소인선의 각 위치는 두 종류 각의 합이다. 그 중의 하나는 빔의 축이 선수지시선 이후 회전한 공중선 각 θ이다. 이 각도는 공중선/소인선 서보시스템에 의해 계속해서 갱신된다. 그 다음의 것은 선수방위의 값이며, 이 각도는 안정지시방식인 경우 반드시 공급되어야 하고 선수방위가 바뀔 때마다 갱신되어야 한다.

이 과정을 그림 2-24(b)에 나타내었다.

차동신크로는 선수방위를 공중선 각도에 더해서 주사 권선 서보장치에 공중선의 각도 대신에 공중선 방위의 입력을 만들도록 한다. 안정신호는 리피터 모터를 이용해서 자이로컴퍼스에서 빼낸다.

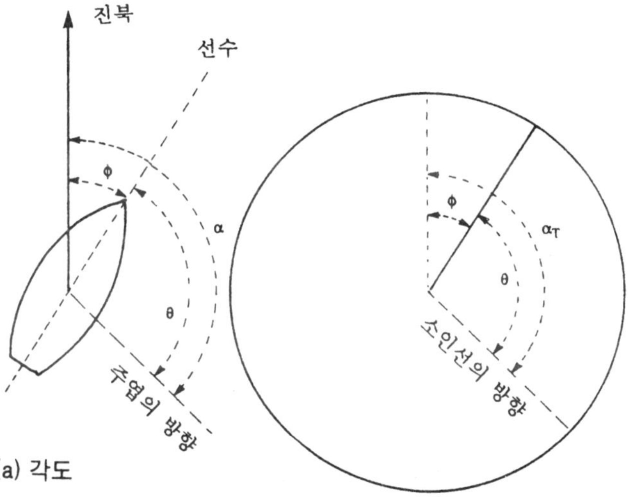

(a) 각도

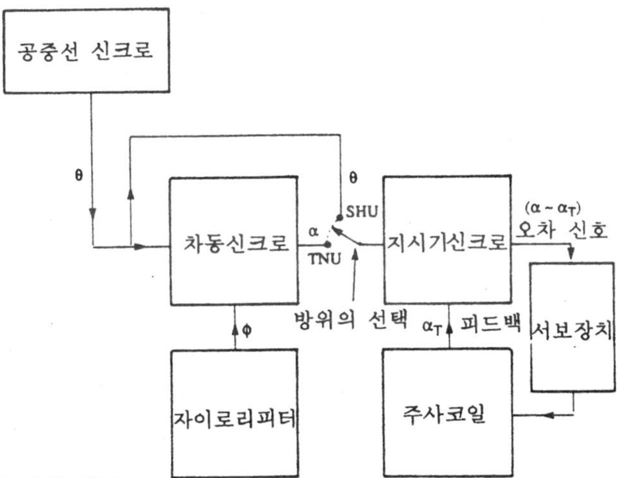

(b) 블록선도

그림 2-24 방위의 안정

2.5.4 진운동 표시장치

진운동 표시를 나타내려면 화면상에서 소인의 중심을 관측선의 대수 속력 또한 대지 속력으로 침로를 따라 움직이도록 하는 장치가 필요하다. CRT의 목 부분에 이심코일을 장치하여 이를 가능케 한다. 이 코일의 동작은 편향코일의 원리와 같은 전자계의 원리를 이용하며, 움직이는 범위는 전체 화면의 중심으로부터 반경의 60~75% 정도이다. 관측자가 효과적으로 이용할 수 있도록 재조정 스위치가 붙어 있다. 진운동 컴퓨터라 불리는 장치가 이심코일의 조정을 맡고 침로와 속력의 값에 따라 소인 중심의 위치를 갱신한다. 소인의 중심이 화면에서 움직일 때 선수방향의 정보가 제한을 받으므로 재조정이 필요하다.

1) 아날로그 진운동 컴퓨터

진운동 컴퓨터는 관측선의 진운동 침로와 속도를 남북과 동서 성분으로 분해하여, 이 분해된 성분으로 이심코일을 움직이게 하는 역할을 한다. 1950년대 후반에 개발된 진운동장치에서는 기어 박스를 이용한 기계적인 방법으로 이러한 성분들을 분해하였다. 이러한 것들은 순기계식에서 전기 기계식으로 대체되었다. 그 대표적인 것을 그림 2-25에 나타내었다. 이러한 전기 기계식은 아날로그 컴퓨터를 갖고 있지만, 오늘날 합성화면과 관련하여 보편화되고 있는 마이크로프로세서와 혼동해서는 안된다.

진운동 컴퓨터의 중심 부분은 극좌표와 직각좌표의 함수변환장치인 리졸버(resolver)이다. 즉 방향과 거리를 위도차와 경도차로 변환하는 장치이다. 해수안정표시에서 리졸버에 들어가는 입력은 관측선의 침로와 속도이고, 출력은 소인 중심의 남북방향과 동서방향을 조정하는 신호이다. 육지안정표시에서는 조류에 관련된 추가의 입력이 필요하다.

리졸버에서 두 개의 출력이 나오는데, 그 중 하나는 속도 × Cos(침로)에 비례하는 값이고, 다른 하나는 속도 × Sin(침로)에 비례하는 값이다. 이 값들은 두 개의 병렬 채널을 통해 항주거리 적분기에 들어간다. 이 적분기는 짧은 시간 간격으로 순간적으로 분해된 속도 성분을 빼내서 항주거리에 따라 바뀌는 출력신호를 만든다. 만약에 침로가 제1상한에 있으면, 두 개의 적분기에서 나온 출력은 항주거리에 따라 증가한다. 적분기에서 나온 출력은 증폭기로 처리되어 연결되어 있는 편향코일의 전류를 조정하는데 사용되어, 그 코일에 의해 전자계 편향력이 생긴다. 이같이 소인의 중심이 코일에서 나온 상호 직각인 힘에 의하여 결정되고, 소인 중심의 움직임은 이 값들의 점차적인 변화에 따라 조정된다.

보통 너무 먼거리 범위에서와 근거리 범위에서는 이 진운동방식이 적합하지 않다. 왜냐하면 원거리 범위에서는 소인의 중심이 너무 천천히 움직이고, 근거리 범위에서는 재조정을 너무 자주 하게 되어 영상 판독에 혼란이 생기기 때문이다.

IMO의 성능기준에는 진운동장치의 설치를 요구하지 않으나 설치했을 경우에는 정확도나 분해능에서 다른 것과 똑같아야 한다고 규정하고 있다. 또 이심의 움직임은 수동의 경우를 제외하고 화면 반경

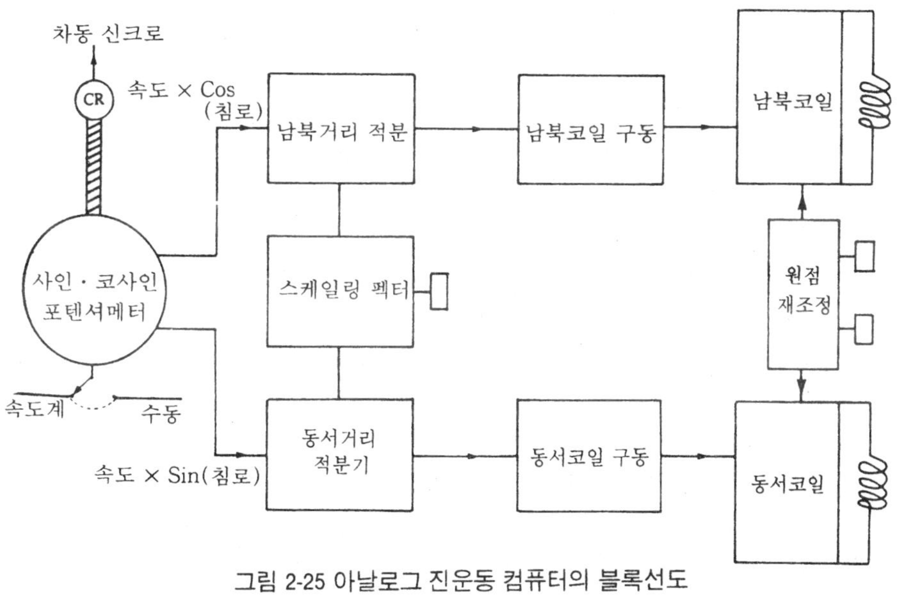

그림 2-25 아날로그 진운동 컴퓨터의 블록선도

의 75%를 넘지 않도록 하고 있다.

2) 방위입력

방위입력은 자이로컴퍼스 리피터로 주어지고 적당한 기어를 통해 입력을 리졸버의 입력 샤프트로 보낸다. 리피터는 방위안정표시에 쓰이는 것과 같은 것이 쓰인다.

3) 속도입력

속도는 로그에서 빼내거나 관측자가 수동으로 입력한다. 대부분의 진운동 컴퓨터는 일정한 크기를 가지며, 속도에 비례하는 반복률을 가진 전압 펄스열을 만드는 로그와 함께 작동하도록 설계된다. 펄스열이 속도의 아날로그 값을 만드는데 사용되는 방법은 여러 가지가 있다. 그 중 한 가지는 평활 회로를 쓰는 것이다. 이것은 여러 가지 값이 다른 입력을 받아들여 그 양들이 평균값이 되도록 출력신호를 만든다. 그래서 그 긴 펄스들은 일정한 진폭을 갖고, 평균 진폭은 펄스 반복 주파수에 비례한다. 이와 같이 주어진 Log 속도에 대해 출력신호는 속도에 비례하는 일정한 전압이 된다. 이 신호는 필요하면 개량되어 리졸버의 속도입력으로 사용된다.

4) 조류입력

육지안정표시를 만들기 위해서는 조류의 영향을 나타내는 추가의 입력이 필요하다. 입력을 취하는 형태는 제조자마다 다르지만, 원리적으로 유향과 유속이 직접 또는 간접적으로 주어지느냐에 따라 두 범주 중의 하나이다.

직접입력을 하는 장치에서는 관측자는 유향과 유속의 형태로 조류정보를 입력한다. 유향조정기는 2차 리졸버(조류 리졸버)의 샤프트 입력을 조정하고, 유속조정기는 같은 리졸버에 수동으로 유속을 입력한다. 그 리졸버는 조류의 동서와 남북 성분을 나타내는 두 개의 출력 성분을 만든다. 이 동작은 관측선의 침로와 속도의 분석과 매우 흡사하다. 그리하여 선박의 물에 대한 남북방향의 움직임과 물의 육지에 대한 남북방향의 움직임이 남북 적분기에서 합쳐져 배의 육지에 대한 성분의 아날로그 값인 출력을 만든다. 똑같은 과정이 동서

채널에서도 일어난다.

다른 장치에서는 조류 정보가 speed-made-good 조정기나 course-made-good 조정기를 이용하여 간접적으로 주어진다.

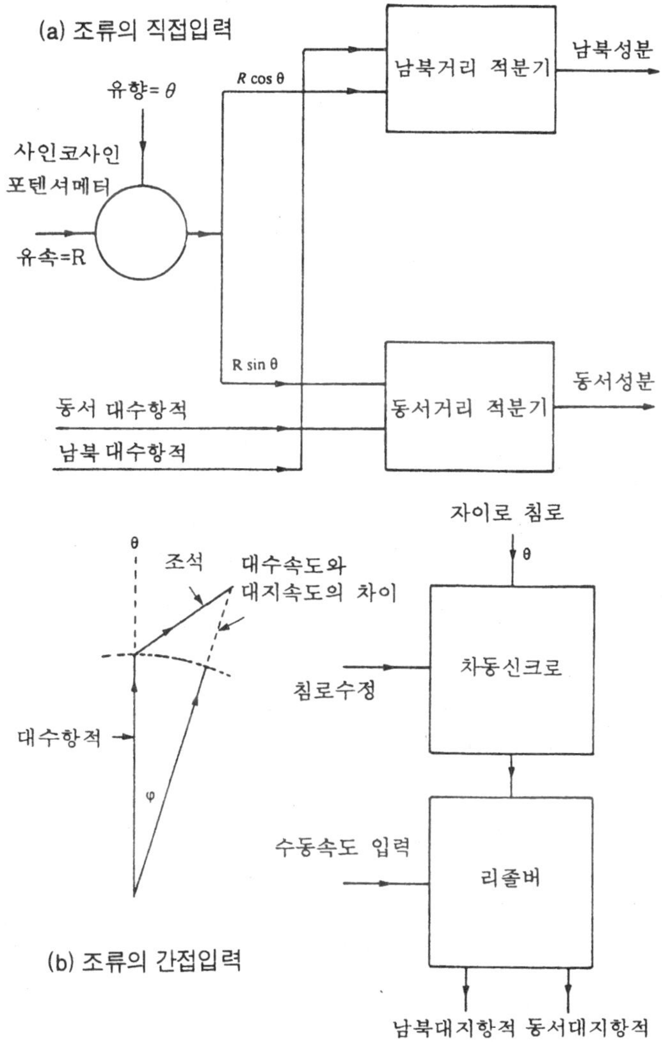

그림 2-26 육지안정 표시에서 조류입력

course-made-good 수정값은 대수침로와 대수침로의 좌우로 측정한 대지침로와의 각으로 정의한다. 각도 눈금과 차동 기어에 들어가는 두 개의 입력 중에 하나의 형태인 샤프트와 연결되어 작동하는 조정기로 수정한다. 다른 또하나의 입력은, 기어 박스의 출력 샤프트가 진운동 컴퓨터의 리졸버를 구동하는 동안 컴퍼스 리피터에 의해 구동되는 샤프트이다. course-made-good 조정기 위치의 편차는 자이로 리피터가 가리키는 어느 한쪽으로 분해각을 돌린다. 그리하여 소인의 중심이 선수지시선이 가리키는 방향과 어떤 각도를 가지고 엇비슷하게 움직이게 한다. speed-made-good의 수정값은 대수속력과 대지속력의 차이 값이다. 조정기가 보통 분리되어 있지 않아서 수동속도입력을 선택하여 속도조정기를 대수속력 대신에 대지속력으로 맞춰서 조정한다.

2.5.5 영상의 표시법(echo paint)

점물표를 예로 들어 설명한다. 점물표란 레이더 전파 에너지를 반사하지만 크기를 갖지 않는 물표를 가정한 이론적 개념이다. 이것은 실제로는 있을 수 없으나, 많은 실제의 물표는 거의 점물표와 같은 방법으로 나타난다. 그림 2-27에 레이더 빔이 점물표를 주사하고 영

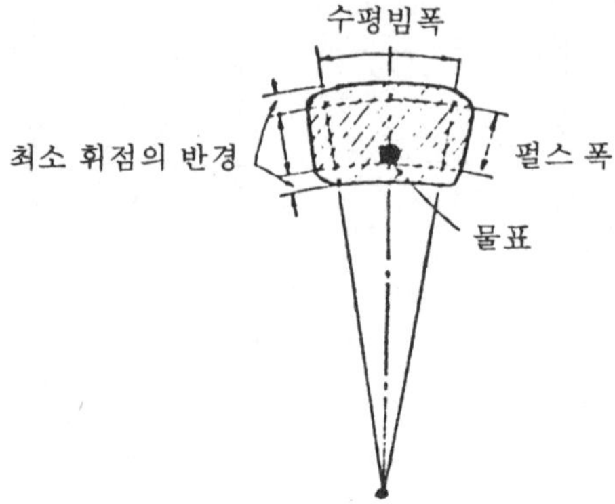

그림 2-27 점물표의 영상표시

상을 어떻게 표시하는가를 보였다. 표시된 반사파의 크기와 모양에 영향을 미치는 레이더 장치의 특성은 휘점의 크기, 펄스폭, 수평빔폭이다.

1) 휘점의 크기

CRT 화면의 휘점은 레이더 화면을 그리는 연필의 점으로 간주된다. 휘점이 하나의 조그만 점으로 초점이 맞춰질지라도 빔 안의 전자들의 상호작용으로 휘점의 크기에 한계가 생긴다. 선박용 레이더에서는 이 최소 한도가 0.5mm의 범위 안에 있고(0.3mm와 0.6mm 사이가 보통) 화면에서 만들어질 수 있는 최소 크기를 나타낸다. 휘점의 지름에 해당하는 실제의 거리는 화면의 크기와 선택한 거리범위에 따라 달라지게 마련이다. 예를 들면 340mm 화면에서 휘점의 지름이 0.5mm일 때 12마일 거리범위에서는 실제거리는 65.36m이고, 1.5마일 거리범위에서는 8.17m에 해당한다. 250mm 화면에서는 각각의 경우 88.9m와 11.11m이다.

2) 펄스폭

탐지된 반사파는 휘점을 밝게 하고 빛을 내고 있는 시간은 반사파가 수신되는 시간 동안이며, 그것은 펄스폭과 관계가 있다. 이같이 점물표에 부딪쳐 탐지된 펄스는 화면에 휘점의 지름의 폭을 갖고 펄스폭만큼 원주방향으로 확대된 그림을 그린다. 시간축의 원리에 따라 이 확대된 양은 펄스폭의 반에 해당된다. 레이더를 12마일 거리범위에 맞추면, 이것은 펄스가 24마일 달리는 시간을 의미하기 때문이다. 펄스폭이 1μs이라면 펄스의 길이는 300m이고 화면에서 150m로 나타난다.

3) 수평빔폭

IMO 성능기준에서는 수평빔폭을 최대 2.5°까지 하고 있다. 빔이 점물표를 주사할 때, 수많은 펄스들이 부딪친다. 점물표의 영상의 각폭은 수평빔폭에 달려 있고, 원주방향 성분은 PRF와 스캐너의 회전수와 관계가 깊다. 영상의 좌우 확대는 반사파 위치에서 양쪽으로 빔폭의 1/2 만큼 확대되기 때문에 빔폭의 1/2 만큼 왜곡이 생긴다. 빔폭의 각도는 일정하지만 이 각도를 자르는 호의 길이는 거리가 멀어지면 증가한다. 이 때문에 물표의 거리가 멀수록 화면의 왜곡이 심해진다

(예제) 레이더 화면의 지름이 250mm, 휘점의 지름 0.5mm, 수평빔폭 2°, 펄스폭 1μs인 경우 12마일 거리범위로 맞추었다. 10마일 떨어진 점물표의 원주방향의 거리와 각폭을 구해 보자. D : 휘점의 지름, P : 펄스폭에 의한 원주방향의 영향, A : 수평빔폭에 의한 각 확대, Tr : 원주방향의 전체길이, Ta : 전체 각폭

위의 예에서 이 점물표가 차지하는 면적(238m × 736m)을 분해요소(resolution cell)라 한다. 물표의 거리와 방위를 측정할 때 영상의 앞단 중앙을 취하여 어느 정도의 정확도를 가질 수 있으나, 영상의 크기와 모양은 물표의 크기와 모양과 관련이 별로 없다. 레이더 반사기는 크기는 매우 작지만 위의 예에서 점물표의 위치에 있다면, 수척의 대형선이 차지하는 영상과 같게 된다. 그래서 물표가 반사면적이 분해요소보다 큰 경우에만 반사파의 크기와 모양에 영향을 미친다. 매우 가까운 거리범위를 제외하고, 배는 점물표와 비슷한 반사파를 만든다. 만약 적은 물표가 10마일에서 2마일로 가까워지면 영상은 각폭이 더 큰 반사파에서 각폭이 적어지는 쪽으로 변화할 것이다.

레이더를 충돌예방의 용도로 사용할 경우에, 레이더의 주된 한계는 배의 반사파의 모양이 그 배의 선수방향을 나타내지 않는 것이다. 반사파의 모양만으로 판단한 선수방위는 위험하다. 익숙하지 않은 관측자에게 화면의 바깥에 위치한 물표는 좌우로 확대 현상이 심하게 나타나므로 옆으로 움직이는 것처럼 보일 것이며, 화면의 중앙에 위치한 물표는 화면의 중심으로 움직이는 것처럼 보일 것이다. 반사파의 표현에 있어서 겉모양의 특징을 이해하는 것이 중요하다.

5) 거리분해능(range discrimination)

거리분해능은 같은 방향에 있으면서 매우 가까이에 있는 두 물표

의 반사파를 분리해서 나타낼 수 있는 능력을 말한다. 이 분해능은 보통 두 물표의 반사파가 화면에서 겹치지 않도록 하려면 떨어져야 할 거리로 나타낸다. 분해능을 알아볼 때 두 물표로부터 반사파가 공히 도착하는 것이 전제가 되어야 한다. 왜냐하면 뒤의 물표가 앞의 물표에 의해 가려져 있다면 당연히 나타나지 않을 것이기 때문이다. IMO 성능기준에도 이 거리분해능을 50m로 규정하고 있다. 그림 2-28에 펄스폭이 거리분해능에 영향을 미치는 모양을 나타내었다. 두 물표가 펄스폭의 1/2만큼 떨어져 있으면, 뒤에 있는 물표의 반사파의 전단이 앞에 있는 물표의 반사파의 후단에 연결되어 화면에서 마치 하나의 물표처럼 나타난다. 이와 같이 이론적으로는 펄스폭의 1/2의 길이를 m로 계산하여 거리분해능으로 한다. 그러나 실제로는 분해요소의 크기에 대한 휘점의 크기의 영향은 가까운 거리범위에서 영향을 더 적게 미친다. 펄스폭의 영향은 화면의 크기와는 무관하다. 이론적으로 거리범위와도 무관하지만 실제로 근거리범위에서는 펄스폭이 짧아진다.

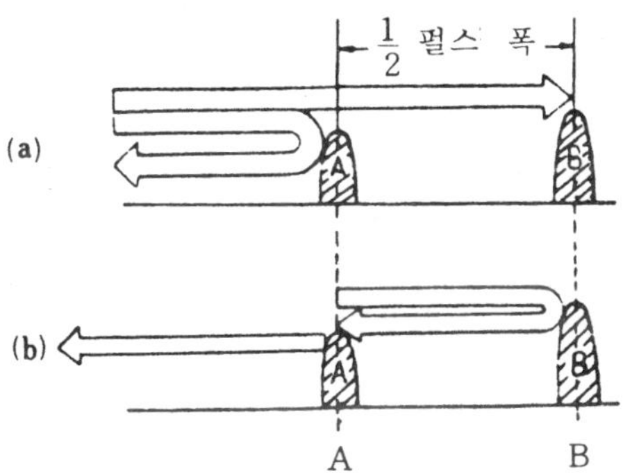

그림 2-28 거리 분해능

(예제) 레이더 화면의 지름이 250mm이고, 휘점의 지름은 0.5mm이다. 12마일과 1.5마일 거리범위에서 펄스폭은 각각 1㎲와 0.05㎲이다. 주어진 거리범위에서 거리분해능을 구하라.

먼거리 범위에서는 펄스폭이 더 크게 영향을 미치고 근거리에서는 휘점의 크기가 더 크게 영향을 미친다. 거리분해능을 좋게 하기 위해서는 펄스폭을 짧게 하고 초점을 잘 맞추어야 한다.

6) 방위분해능(bearing discrimination)

두 개의 물표가 같은 거리에 가까이에 있을 때 화면에 두 개의 반사파로 나타낼 수 있는 능력을 말한다. 방위분해능은 보통 거리(m)로 나타낸다. IMO의 성능기준에는 50m로 정하고 있고, 1.5마일과 2마일 거리범위에서는 2.5° 이내로 정하고 있다.

만약 두 개의 물표가 같은 거리에 가까이 있을 때, 이 두 물표를 분리해서 나타낼 수 있으려면 레이더 전파의 수평빔폭보다 더 떨어져 있어야 한다. 이론적으로 레이더는 두 물표가 수평빔폭보다 더 떨어져 있어야 그 반사파들을 분리해서 나타낼 수 있다. 그러나 실제로는 휘점의 크기 때문에 물표가 좌우로 더 확대되므로 그 이상이 된다. 이와 같이 방위분해능은 분해요소의 각도폭에 의해 제한을 받는다 수평빔폭이 나타내는 길이는 거리가 증가함에 따라 커진다. 스크린이 더 크거나 거리범위가 더 짧을 때 휘점의 영향은 줄어든다.

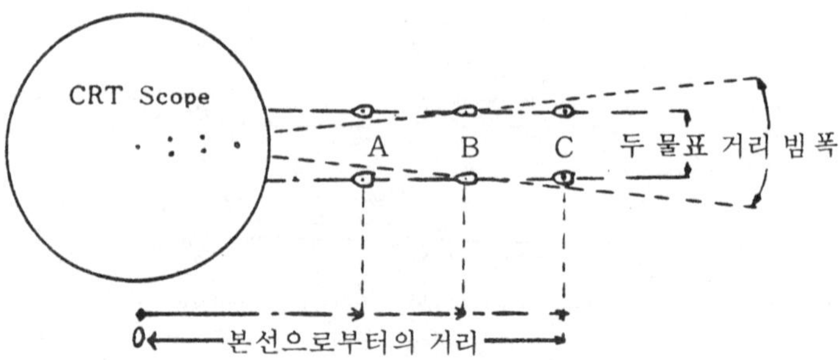

그림 2-29 방위 분해능

(예제) 화면의 지름이 250mm이고 휘점의 지름이 0.5mm 수평빔폭이 1.5°이면 12마일 거리범위의 10마일 떨어진 곳에서 방위분해능을 구하라. 또 1.5마일 거리범위의 1마일 떨어진 곳의 방위분해능은 얼마인가?

위의 예제에서 수평빔폭이 방위분해능에 더 크게 영향을 미치는 것을 알 수 있다. 선박용 레이더를 충돌예방에 사용하고자 할 때, 상대선의 선수방향을 나타내 주지 못하는 것이 큰 단점이다. 이것은 빔폭에 의한 영상의 왜곡 때문이다. 이것은 또한 갑문의 입구나 만(bay) 등 해안선을 정확히 그리지 못해 항해에 이용하는 데도 한계가 있다.

2.5.6 방사상 주사 합성표시 (radial-scan synthetic display)

1970년대에 시작하여 1980년대에 급진전을 보인 마이크로프로세서의 값이 떨어짐으로 해서 컴퓨터 기술이 선박용 레이더에 응용되기 시작하였다. 그리하여 합성표시가 개발되고, 디지털 컴퓨터가 그 중심 부품이 되었다. 실시간 아날로그 신호가 처리되기 전에 기억장치에 저장되고 화면을 만드는 데 사용되었다. 이 합성표시는 1970년 후반에 대형 상선용으로 설계되었고, 1980년까지 PPI의 방사상 주사에 사용되었다. 무관심한 관측자들에게는 별 변화가 없는 것처럼 보일지도 모른다. 그러나 내부를 자세히 보면, 화면의 특성에 많은 변화가 일어난 것을 알 수 있다.

1980년대 중반에 IMO의 성능기준을 만족시키는 래스터스캔 레이더가 개발되어 새로운 국면을 맞게 되었다. 레이더를 충돌예방이나 항법용으로 사용하는 경우 화면을 만드는 데 걸리는 처리지연 시간은 극히 작아서 거의 무시될 정도이다. 그러나 그 짧은 시간에 일어나는 처리의 영향은 무시할 수 없다. 레이더 신호 데이터를 기억장치에 저장하므로 표본화하거나 조작하거나 분석이 가능하다. 이러는 과정에서 여러 가지 이점이 생긴다. 화면 전체의 밝기를 증가시키거나 원치 않는 반사파를 억제할 수 있다.

데이터를 저장함으로써 물표의 자동추적을 가능케 하고 물표의 운동에 관한 데이터를 계산한다. 상대선 운동을 계산할 수 있기 때문에 상선용 레이더에 이 합성표시방식이 도입되고 급속하게 개량되었다. 이러한 여러 이점들이 있을지라도 실시간 아날로그 표시와 비교해서 화면의 특징을 바꾸는데 처리에 한계가 있다는 것을 알아야 한다. 합성화면에서 조정기에 의한 조정의 결과가 아날로그 표시와 다르다는 것에 주목해야 한다.

1) 디지털 저장

레이더 신호는 숫자로 저장되어 데이터로서의 정보가 처리되고 재생된다. 2진 숫자의 형태로 데이터가 저장된다. 2진수는 0과 1로 된다. 이 2진법에서 0과 1은 하나의 전자 스위치를 이용하여 나타낼 수 있다. 'off' 상태는 0을 나타내고, 'on' 상태는 1을 나타낸다. 기억장치의 각 요소들을 기계적인 on/off 스위치로 생각하면 도움이 된다. 그러나 이 스위치는 두 가지 상태를 갖는 전자장치이고, 상태의 변화는 순간순간 일어난다. 디지털 저장을 이해하기 위해서 어떤 숫자든지 일련의 스위치로 나타낼 수 있다는 것을 알아야 한다. 즉 어떤 것은 on으로, 어떤 것은 off로 하는데 이것이 디지털 컴퓨터의 기억장치에 채용된 방식이다. 레이더 신호도 이러한 형태로 저장된다. 1과 0들의 조합이 어떤 숫자를 나타내고, 어떤 방위에 대해 반사파의 유무를 나타낸다. 기억장치의 각 요소를 비트(bit)라 하며 이는 'binary digit'의 축약어이다. 각 요소들은 8개의 비트로 이루어지며 이것을 바이트(byte)라 한다. 방사상 주사표시에 사용되는 전체 기억용량은 수천 비트에 달한다. 실제의 기억장치를 레지스터, 또는 스위치 레지스터라 부른다.

2) 한계 검파기(threshold detector)

반사파 저장의 간단한 원리는 반사파가 있으면 1로, 반사파가 없으면 0으로 저장하는 것이다. 그러기 위해서 영상신호 증폭기에서 나온 아날로그 신호는 반사파의 유무를 나타내는 두 가지 레벨의 신호를 만들기 위해 바뀌진다. 이러한 동작은 한계 검파기에서 이루어지며 그림 2-30에 나타내었다.

한계 검파기는 두 가지의 입력을 갖는 특수한 형태의 증폭기인데 그 하나는 입력신호이고 하나는 한계레벨이다. 한계 검파기의 출력은 어떤 크기를 갖는 것 하나와 0 두 가지뿐이다. 증폭기의 회로는 입력신호가 한계레벨을 넘을 때만 높은 출력이 나오도록 되어 있다. 이와 같이 한계 검파기의 출력은 반사파의 유무를 나타내고 그 데이터는 컴퓨터 기억장치에 들어간다. 한계 검파의 과정에서 반사파의 강도에 대한 정보는 무시된다. 이 점이 관측자에게 특히 중요하다. 처음에는 설계 과정에서 이러한 반사파의 강도에 관한 정보가 무시되었지만, 그 후에 반사파 강도를 구별하기 위해 한계치를 여러 단계로 구별하는 장치를 도입하였다.

이득조정기의 증가는 잡음의 기선과 한계레벨을 서로를 향하여 움직이게 한다. 한계 검파기는 반사파가 있는가 없는가를 결정하는 것 같이 보인다. 그러나 이러한 결정은 한계레벨의 값(설치시 미리 조정됨)과 관측자가 설정한 이득조정기의 값에 좌우된다는 것을 알아야 한다. 이상적인 경우는 모든 반사파에 대해서는 출력이 나오도록 하지만, 모든 잡음의 출력은 안나오게 하는 것이다. 그러나 실제로는 잡음의 출력이 안나오게 하는 것은 잡음의 값이 큰 폭으로 변동하기 때문에 불가능하다. 만약 한계레벨을 잡음이 안나오게 설정한다면, 잡음레벨과 비슷한 약한 반사파는 탐지가 안될 것이다. 물론 잡음이 한계값 이상이면 반사파와 똑같은 출력이 나온다.

수신기 이득과 잡음의 양과 한계레벨 사이의 관계는 이 합성표시에서 특히 중요한 사항이다.

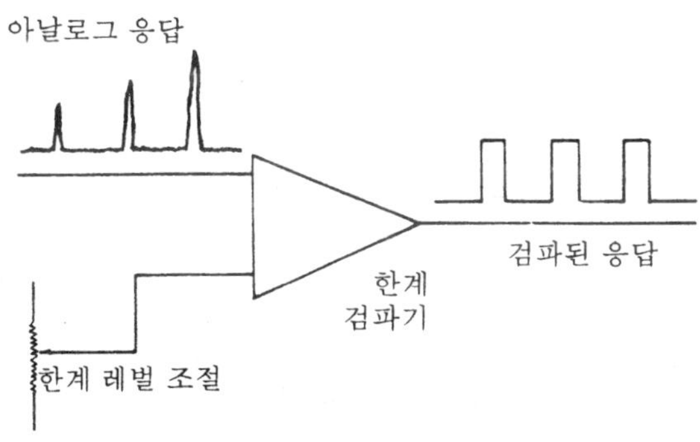

그림 2-30 한계 검파기

3) 거리정보의 저장

거리정보의 저장에 대해서는 앞에서도 설명했지만 좀더 자세히 알아본다. 우선 하나의 소인선 위에 있는 반사파의 저장에 대해 알아보고 전체 화면을 구성하는 전체 방사선을 생각하는 것이 좋을 것이다.

영상신호는 한계 검파기에서 나온 출력을 1초당 수백만 번 표본화(sampling)하여 그 결과를 RAM으로 알려진 스위치 레지스터에 저장된다. 이 장치는 컴퓨터의 조정하에서 데이터가 저장되고 읽혀지기 때문에 이렇게 불린다.

한계 검파기에서 나온 출력은 때때로 논리파형이라 불린다. 이것은 논리 요소로 알려진 수많은 두 가지 상태의 전자장치로 되었으며, 표본화와 비교의 논리 기능을 광범위하게 자동적으로 수행할 수 있다. 그림 2-31에 그 예를 보였다.

그림 2-31의 논리 요소는 두 개의 입력이 모두 high(1)가 아니면 출력이 항상 low(0)가 나오는 특성을 가진 AND 게이트이다. 한계 검파기에서 나온 논리파형이 하나의 입력이 되고 다른 입력은 전자시계에서 나온다. 전자시계에서 나오는 신호는 송신 순간에 시작하는 매우 빠르고 일정한 속도의 극히 짧은 펄스열이다. 그림 2-31에 표본화 게이트는 레이더 반사파가 시계 펄스와 같은 순간에 존재하면 high(1) 출력만을 만들어 내는 것을 보인다. 그리하여 표본화 과정의 출력은 극히 짧고 일정한 시간 간격으로 반사파의 유무를 나타낸다.

표본화한 결과는 RAM 안에 있는 수많은 별도의 기억 장소의 하나에 저장된다. 데이터의 저장은 실시간으로 이루어진다는 사실을 아는 것이 중요하다. 즉 12마일 거리범위에서 소인선 하나에 대한 데이터는 12마일의 시간축에 해당하는 148.16㎲ 이내에 저장된다. 데이터가 거리와 함께 순차적으로 읽혀지도록 논리 회로를 통해 컴퓨터 기억조정기가 이 저장 과정을 통제한다. 표본화 값이 물표의 존재를 나타내면 2진수의 1이, 저장된 물표가 없으면 0이 저장된다. 이와 같이 탐지물표의 거리는 저장되어 있는 기억소자의 수에 내재한다.

예를 들면 만약 1200개의 기억소자가 12마일 시간축을 나타낸다면, 6마일에 있는 물표는 600번째 기억소자에 1로 저장될 것이다. 반지름 하나를 나타내기 위해 할당된 기억소자의 수는 표본추출률에 따라 달라지고 제조자마다 다르지만 일반적으로 1000에서 1200 사이이다. 물표가 크면 여러 개의 거리기억소자에 1이 저장될 것은 자명하다. 보통의 RAM은 전체 기억장치의 수가 2의 누승(예를 들면 2^{10}=1024bit)의 형태를 갖는 블록으로 생산된다. 대체로 1kilobit의 두 블록이 하나의 소인선을 나타내는데 사용된다. 진운동 표시를 나타낼 수 있으려면 70% 이심이 가능해야 한다. 이래서 1 kilobit의 두 블록 2 × 1024, 곧 2048비트가 레이더 스코프 반지름의 170%를 나타내게 된다. 반지름당 비트의 수는 2048 × 100 / 170 =1204, 곧 약 1200으로 주어진다.

만약 클럭 펄스들간의 간격이 너무 넓으면 반사파 탐지가 안되거나 거리의 정도나 거리분해능이 나빠진다.

그러므로 표본추출률과 클럭 펄스의 주파수가 이런 일이 일어나지 않도록 충분히 높아야 한다.

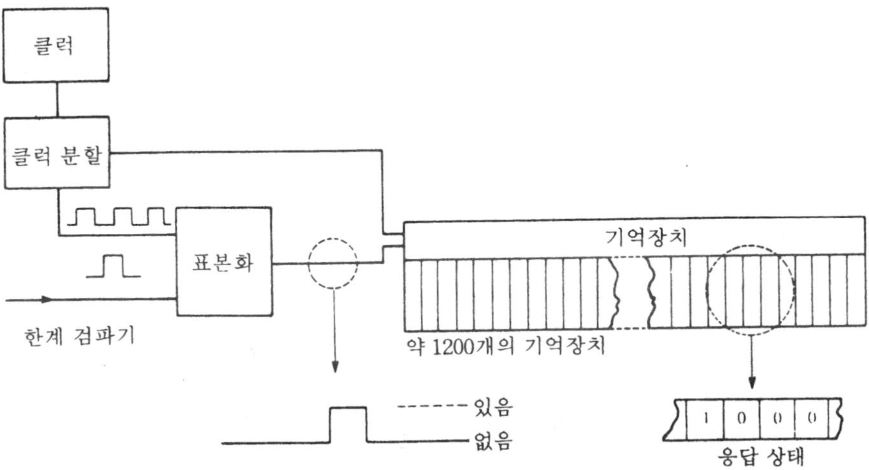

그림 2-31 영상신호의 표본화와 저장

예제 어떤 레이더에서 1.5마일 거리범위를 쓸 때 펄스폭이 0.05μs라고 한다. 적당한 표본추출률을 계산하고 거리의 정도와 분해능에 대한 영향을 알아보시오.

(a) 펄스폭과의 관계

되돌아오는 펄스를 놓치지 않기 위해서는 적어도 펄스폭 사이에 1번은 표본화가 이루어져야 한다.

최소 표본추출률 = 1 / 펄스폭
= 20MHz

(b) 거리 정도(accuracy)

만약 하나의 기억장치 위치가 각 표본화 값에 할당되면 기억소자의 개수 N은 다음과 같다.

N = 시간축 / 표본화 간격
= 371

각 기억소자가 차지하는 거리범위는 다음과 같다.

$I = 1.5 \times 1852 / 371$
$= 7.5\ \text{m}$

어떤 물표까지의 저장된 거리는 7.5m의 정수배가 될 것이 당연하다. 그림 2-32에 48.75m에 있는 물표가 45m의 거리로 저장되는 것을 보였다(B물표). 이것은 표본화 거리 간격의 반인 오차의 최대치를 나타내며 IMO의 성능기준인 70m보다 적다. 만약 물표가 관측선에 대해 이동하고 있다면 그 거리는 단계적으로 변할 것이다. 이것을 거리의 양자화오차라 하고 자동추적의 경우에 특히 중요하다.

(c) 거리분해능에 대한 영향

그림 2-32에서 7.5m 떨어져 있고 거리분해능의 한계에 있는 물표 C와 D의 반사파가 서로 인접해 있는 기억소자에 기억되기 때문에 분리되어 나타나지 않고 하나의 물표로 나타나는 것을 보인다.

그 물표들은 표본화 간격의 1.5배 이상 증가해야 서로 분리된다. IMO의 성능기준에는 50m로 규정하고 있다. 표본추출률이 20MHz 이면 펄스당 하나의 표본을 만드는 데 적당하고, 양자화 오차도 IMO 의 규정의 허용 한도 내에 있다. 그러나 실제로는 자동추적을 위한 고분해 저장을 위해서 클럭 주파수를 2~3배인 40MHz~60MHz로 하고 각 반경에 더 많은 수인 1000~1200개의 기억소자를 배치한다. 실제로 클럭은 가장 가까운 거리범위/펄스폭에서 요구하는 것과 같은 주파수를 만든다. 거리범위가 넓어지고 펄스폭이 길어지면 분주기에 의해 주발진 주파수의 약수에 해당하는 주파수를 얻는다. 이것

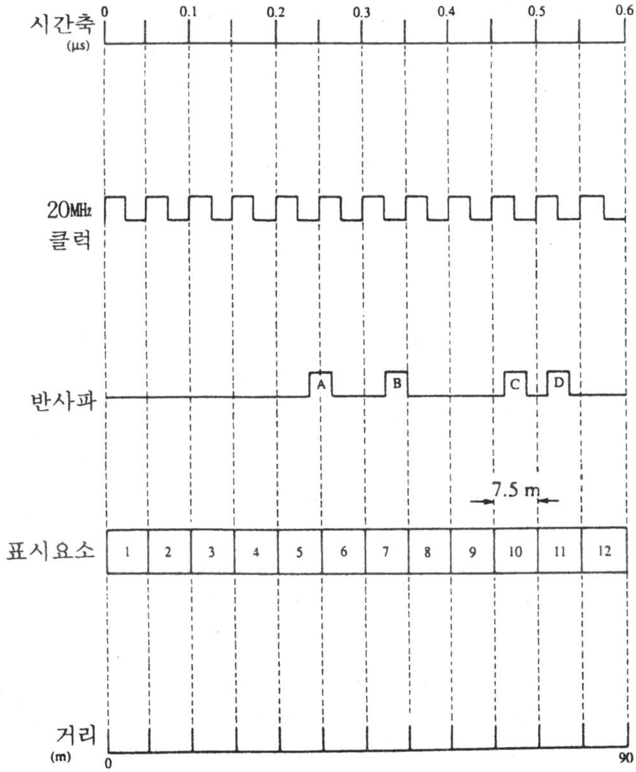

그림 2-32 표본화율

들은 교대로 들어오는 각 입력 펄스에 대한 출력펄스를 만드는 논리 장치이다. 만약 표본추출률을 높이면 점물표의 기억 장소가 하나 이상이 될 것이다. 여기서는 하나의 소인선 위에 있는 데이터의 실시간 저장에 관하여 알아봤다. 그렇게 해서 얻어진 1과 0의 배열을 거리어(range word)라 한다. 이러한 과정을 반복하여 전체 화면을 그리기 위한 각 소인선에 대한 거리어가 저장된다. 방사상 주사 합성화면을 만들기 위해 각 거리어는 저장되자마자 읽혀진다.

4) 방위의 저장

스캐너의 방위를 나타내는 아날로그 신호를 방위어(bearing word)라 부르는 디지털 신호로 바꿔서 저장한다. 스캐너의 방위는 스캐너가 회전함에 따라 점차로 0도에서 360도로 바뀌고, 그리하여 같은 시간에 같은 속도로 0에서 어떤 값으로 증가하는 2진수로 나타낼 수 있다. 대형선의 대부분의 레이더는 12비트를 쓴다. 12비트의 1들의 열은 십진수의 4095를 의미한다. 12비트는 0도와 360도 사이에 4096개의 각을 나타낼 수 있게 된다. 이 말은 각도가 360/4096, 곧 각도의 1/10 이하의 값을 단계적으로 저장할 수 있다는 것을 의미한다.

그림 2-33에 보인 바와 같이 방위어의 각 증분은 거리어와 함께 기억행렬(memory matrix)에 저장된다. 어떤 물표의 거리와 방위가 표본화하는 행과 열에 의해 정의된다. 어떤 물표의 거리는 연속되는 거리기억소자의 수와 기억소자 간격의 곱으로 나타난다. 똑같이 방위는 2진수 0으로부터 나타난 증분의 수로 나타낸다. 만약 head-up 지시방식이면, 주엽이 정선수를 향하는 순간에 공중선의 방위를 0으로 맞추고, north-up 지시방식에서 진북일 때 0으로 맞추면 된다.

회전신호는 신크로에 의해 지시기에 전달되고 디지털의 형태로 변환된다. 0°와 360° 사이의 공중선의 각 위치에 대해서, 지시기에 유용한 신크로 신호는 진폭과 극성이 다른 것과 구별되는 값을 갖는다. 신크로/디지털 변환기가 공중선이 회전함에 따라 매우 짧은 간격으로 신크로 신호를 표본화하고 0에서 4096까지의 2진으로 증가하는

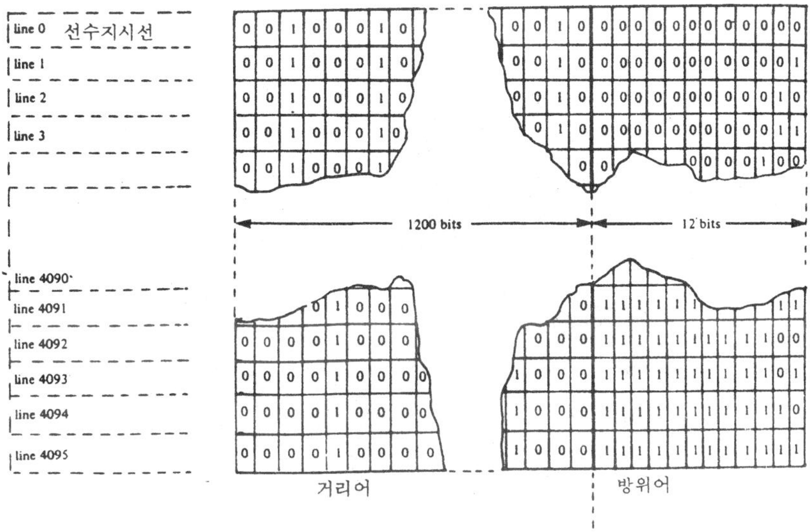

그림 2-33 기억행렬

공중선의 각도를 계산한다.

또 다른 방식은 전자 기계식인 샤프트 인코더(shaft encoder)인데 공중선과 1 : 1로 돌아간다. 선박용 레이더에서는 앞의 것보다 덜 사용하지만 A/D 각도 변환기의 좋은 예이다. 그림 2-34에 샤프트 인코터의 요소가 같은 깊이의 동심원으로 되어 있는 디스크로 되어 있음을 보인다. 각 원은 같은 수의 섹터로 나뉘어져 있다. 각 원에 해당하는 섹터의 수는 중심에서 바깥으로 갈수록 2진수, 곧 n번째 원은 2^n개의 섹터를 갖는 방법으로 증가한다. 어떤 주어진 원에서 어떤 섹터든지 인접한 각도와도 논리레벨이 다르다. 여러 개의 접촉부가 각 원에 할당된 것 중 하나의 접촉부를 갖는 반경을 따라 놓여 있다. 디스크가 회전하면서 공중선의 각을 나타내는 2진수의 열이 취해지고 그것이 방위어로 저장된다. 인코더가 만든 단어의 수는 바깥 원의 구획수와 같다. 그림 2-34에서 6개의 원을 갖는 인코더(곧 6비트 인코더)를 예를 들어 설명을 덧붙인다. 그것은 맨 바깥의 원에 2^n개인 64개

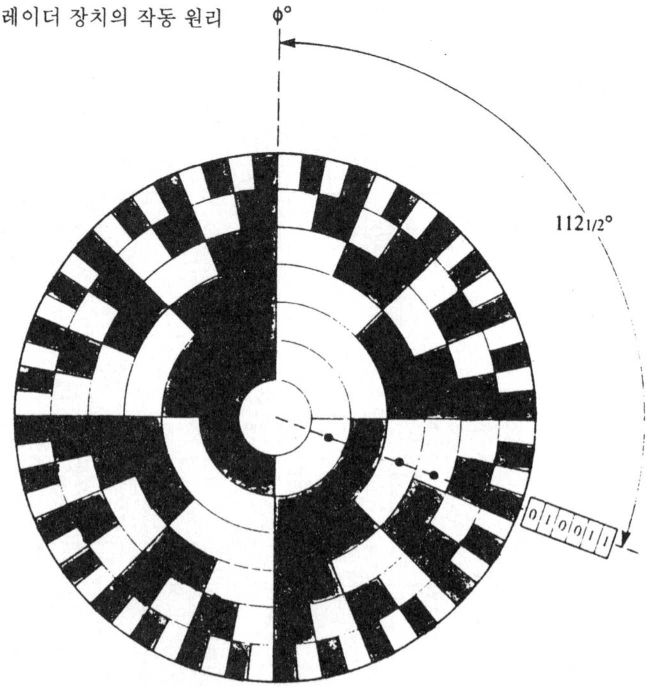

그림 2-34 샤프트 인코더

의 구획을 갖고, 그래서 디지털 각도는 360/64, 곧 5.625°씩 증가한다.

실시간 화면에서는 각 송신 펄스당 하나의 소인선을 만드는 데 대략 3600개의 소인선이 사용된다. 그렇게 하기 위하여 공중선 각도는 맨 바깥 원이 3600개의 구획을 갖는 인코더에서 001°/10마다 계수화되어야 하고 12비트 인코더가 더 적당하다.

5) 합성화면(synthetic picture)

다음에 아날로그 영상신호와 스캐너 회전신호가 실시간으로 계수화되고 저장되는 것을 보인다. 거리와 방위 데이터가 기억장치로부터 어떻게 읽혀지고 방사상 주사 합성화면을 그리는 데 어떻게 사용되는가를 알아본다. 그림 2-35에 데이터를 읽는 기능을 나타내고 데이터를 저장하는 장치도 함께 보였다. 데이터를 저장하고 읽는 이 두 기능은 그림 2-36에서 보인 바와 같이 밀접하게 연결되어 있다.

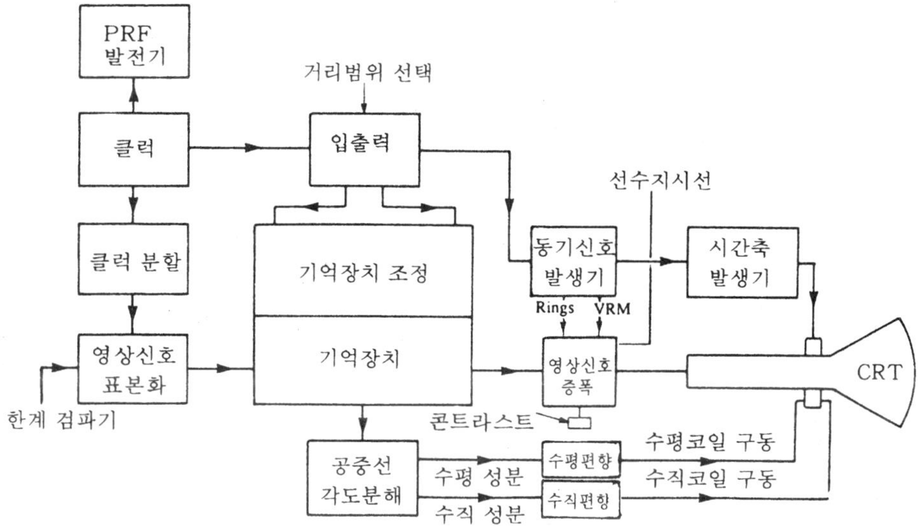

그림 2-35 합성화면 방식의 블록선도

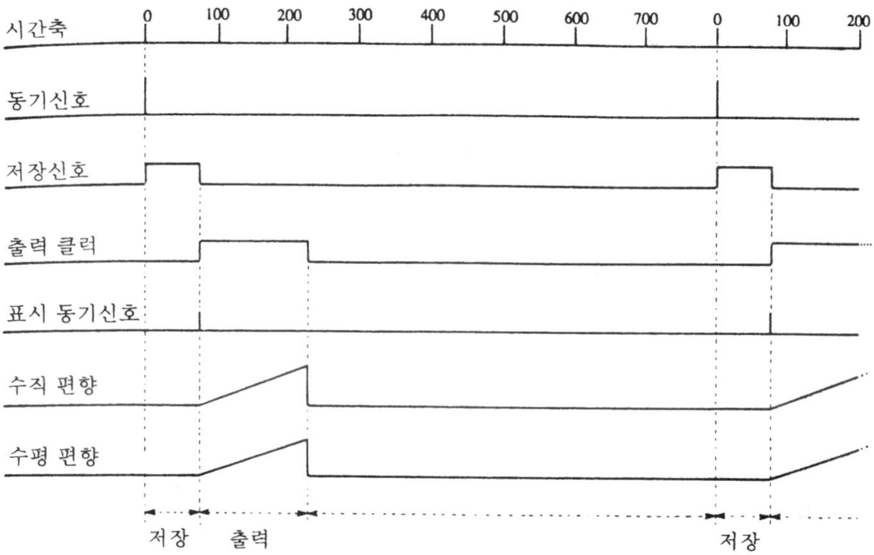

그림 2-36 합성화면 표시의 시계열

어떤 소인선에 관련된 거리 데이터의 마지막 요소가 저장되는 즉시 그 데이터를 읽어내기 시작한다. 읽혀진 데이터는 처리되거나 직접 회로에 들어가 선수지시선과 눈금 표시와 합쳐져 합성화면 신호를 만든다. 어떤 방사선에 해당하는 데이터가 실시간 곧 거리범위의 시간축에 해당하는 시간에 기억장치에 저장되는 것이 중요하다. 이 같이 데이터를 기억장치에 저장하는 데 걸리는 시간은 선택한 거리범위에 따라 달라진다.

그러나 데이터는 휘점이 화면의 중심에서 가장자리로 가는 데 걸리는 시간이 같으면 기억장치로부터 일정한 속도로 읽혀진다. 방사상주사 합성화면에서, 데이터를 읽고 소인하는 시간은 모든 거리범위에서 똑같고 보통 6마일이나 12마일 중 어느 한쪽의 시간축과 일치한다. 이것은 가까운 거리범위에서는 소인 시간이 실시간 표시의 경우보다 더 느리다는 것을 의미한다. 이 때문에 몇 가지 이점이 생긴다. 각 거리범위에 따라 시간축 회로를 따로 만들 필요가 없기 때문에 공학적인 면과 생산적인 관점에서 이롭다. 또 근거리 범위에서 소인 시간을 매우 빨리 할 필요도 없다. 만약에 데이터를 읽어내는 시간을 148.16μs(12마일 거리범위에 해당하는 시간축)라 하면, 12마일 이하의 모든 거리범위에서 휘점이 화면을 가로지르는 시간은 실시간 표시에서 요구하는 것의 배수가 될 것이다.

휘점의 움직이는 속도가 느리면 그만큼 화면이 밝아진다. 실시간 화면은 밝은 곳에서 후드 없이 볼 수 없다는 것이 오랫동안 인식되어 왔다. 실시간 합성화면은 후드 없이 관측하는 시간을 연장시키는 효과가 있다. 12마일 이상의 거리범위에서는 휘점의 속도가 실시간에서보다 더 빨라진다. 이것이 화면의 밝기를 떨어뜨리는 원인이 되지만 소인을 한번 더하는 고감도 합성방법으로 화면을 밝게 한다. 반사파의 밝기에 대하여, 실시간 화면에서 반사파의 밝기는 반사 신호 강도에 따라 다르지만 합성화면에서는 모든 반사파는 콘트라스트 조정기에 의해 맞춰져 똑같은 밝기이다. 그 과정을 그림 2-37에 보였다. 더 먼거리 범위에서 시간축을 더 빨리 하면 적은 물표를 원주 쪽으로 길게 하고 물표를 확실하게 표시하여 탐지에 도움이 된다. 방사상 주사 합성화면은 그 영상신호가 기억장치에 저장하는 속도와 같은 속도로 읽지 않기 때문에 재조정된 영상신호(retimed video)라 부른다. 먼저 개발된 합성화면에서는 관측자가 실시간 화면과 합성화면을 선택할 수 있었으나 요즈음은 만들지 않고 있다. 거리어(range word)가 기억장치로부터 읽혀지는 것과 같이 그에 대응하는 방위어(bearing word)도 마찬가지이다. 디지털 컴퓨터가 순간적인 공중선 각도의 사인과 코사인 값을 계산하여 두 개의 아날로그 편향신호의 양을 조정하는 데 사용한다. 이 두 개의 편향코일은 CRT의 목 부근에 서로 직각으로 감겨져 있다. 그 두 개 코일의 하나는 수평방향으로 다른 하나는 수직방향으로 편향시키기 때문에 X 코일과 Y 코일로 부른다. 휘점의 편향은 그 양이 공중선 각도의 사인 값과 코사인 값에 따라 변하는 두 개의 힘에 의해서 이루어진다. 그러기 때문에 코일은 회전하지 않아도 소인선은 공중선과 함께 회전하게 된다.

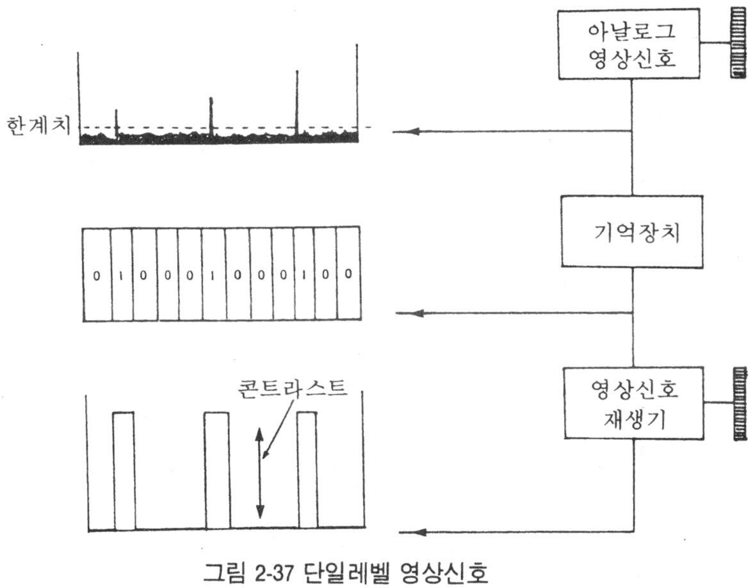

그림 2-37 단일레벨 영상신호

진운동 표시기에서도 아날로그 침로와 속도입력을 분해하고 계수화하여 이심코일 장치를 작동시킨다. 합성표시와 전래의 실시간 표시에는 기술적으로 상당한 차이가 있다는 것을 확실히 인식해야 한다. 이 사실을 모르면 화면을 정확히 해석하기가 어렵고 조정기의 사용에도 지장이 있을 것이다.

6) 신호처리

수신신호가 기억장치에 저장되면서 그것은 여러 가지 방법으로 처리된다. 선박용 방사상 주사 표시장치에서는, 간섭 억제와 잡음 제거와 반사파 확장의 기술을 사용한다.

7) 다단계 합성 영상신호

한 단계 한계 탐지에서는 신호강도에 관련된 정보가 처리 과정에서 놓칠 수 있다는 사실에 유의해야 한다. 그림 2-37에 강도가 다른 신호가 밝기가 같은 합성반사파가 되는 것을 보였다. 여기에는 명백히 매우 약한 반사파를 강조하는 장점이 있다.

아날로그 표시에서는 탐지하기 어려운 그런 물표가 한계치만 넘으면 명백한 반사파로 나타난다. 이러한 이점은 반사파의 강도를 나타내지 못하는 사실과 상쇄되고, 이러한 사실을 심각하게 생각해야 한다. 아날로그 수신기에서는 수신기 잡음으로부터 포화레벨까지 계속되는 범위에 걸쳐 어떤 값을 갖는다. 한 단계 저장과 관련된 실제적인 문제는 어떤 잡음이 한계치를 넘으면 가장 강한 물표의 반사파와 같은 밝기로 나타나는 것이다. 이러한 점은 잡음의 밝기가 강반사파의 일부분에 지나지 않는 아날로그 화면과 비교할 수 없다.

방사상 주사 합성화면이 개발되면서, 설계자들은 반사파의 밝기 레벨의 수를 증가시키기 위하여 둘 또는 그 이상의 한계치를 설정하여 이 문제를 해결하려고 시도하였다. 그림 2-38에 2단계 저장의 원리를 나타내었다. 고저의 두 가지 한계치가 사용되고 거리어가 각 한계치에 분리되어 할당된다. 고 한계치를 넘는 물표는 물론 저 한계치를 넘고 양쪽 거리어에 2진으로 저장된다. 저 한계치만 넘는 물표는 하나의 거리어에만 저장되고, 저 한계치 이하의 물표는 양쪽에 모두

0으로 저장된다. 신호강도에 관한 정보가 보존되고 신호들은 고레벨과 저레벨로 분류되고 지시기에서 두 가지의 밝기로 나타나는 것은 당연하다. 한 단계 한계치가 너무 높으면 약한 반사파는 나타나지 않을 것이며, 너무 낮으면 강한 잡음이 나타나서 약한 반사파를 탐지하는 데 지장을 줄 것이다.

모든 물표의 반사파는 나타나게 하고, 모든 잡음은 안나타나게 해야 하는데 현실적으로는 불가능하다. 한계치의 간격을 좁히고 표시레벨의 차이는 크게 하여 이 문제를 어느 정도 해결하였다. 이 경우 낮은쪽의 한계를 회색레벨(grey level)이라 한다. 근래의 방사 주사 합성표시는 고레벨과 회색레벨의 영상신호를 사용하지만, 3 또는 4 단계의 레벨을 쓰는 레이더도 있다.

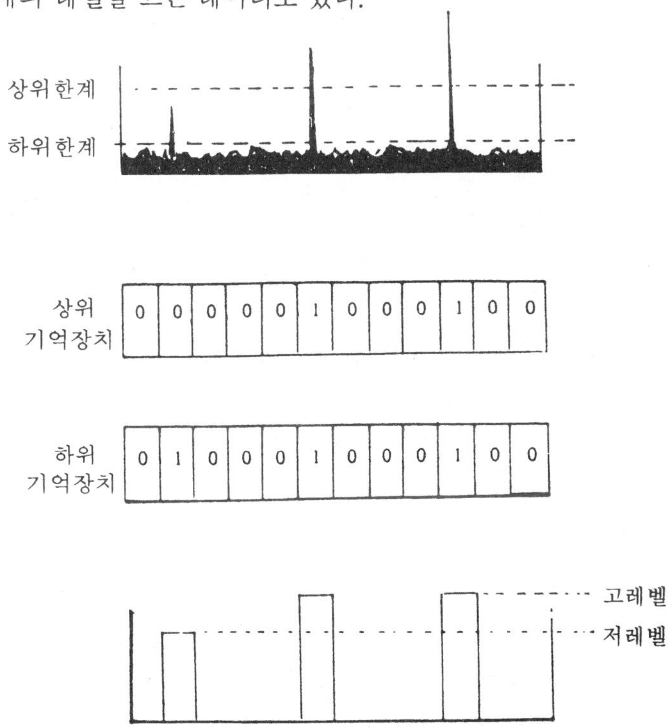

그림 2-38 이단계 한계검파의 원리

2.5.7 래스터스캔 합성 표시(raster-scan synthetic display)

이 형태의 표시에서는, 레이더 화면이 텔레비전 화면에 만들어지고 래스터로 알려진 수많은 가로방향의 선으로 이루어진다. 이것은 방사상 주사 합성표시를 논리적으로 발전시킨 것이지만, 훨씬 더 복잡하고 대용량의 기억장치를 필요로 한다. 래스터스캔은 종래의 방사상 주사에 비해 사용자나 설계자에게 모두 이로운 점이 많으나 몇 가지 결함도 있다. 관측자의 입장에서 보면 래스터스캔의 가장 큰 이점은 화면이 밝기 때문에 밝은 곳에서 여러 사람이 볼 수 있다는 것이다. (그림 2-39)

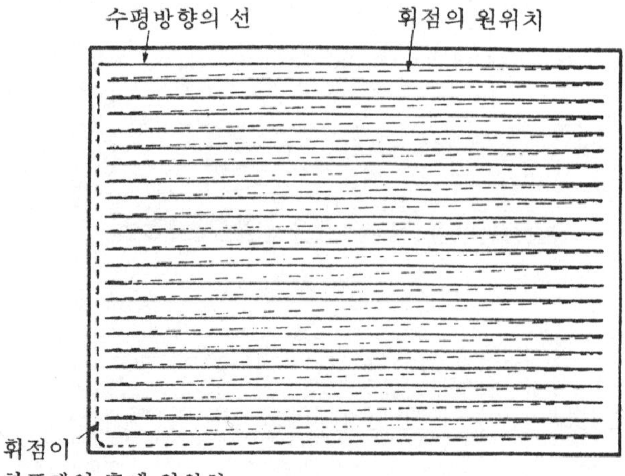

그림 2-39 TV 래스터

1) 단색 TV CRT

1980년대 중반에 이러한 형태가 처음으로 소개되었다. 종래의 레이더 CRT와 현저한 차이는 TV CRT가 직사각형이라는 점이다. 화면의 크기는 대각선의 길이로 나타내고, 화면의 폭과 높이의 비는 대략 4 : 3이다. 화면의 왼쪽 위 모서리에서 시작하여 휘점은 오른쪽 방향으로 소인하며 위에서 아래로 내려온다(그림 2-39). 각 선이 그려지면서 휘점의 밝기는 휘도 조정기로 조정되며 영상신호에 의해 변경된다. TV진공관은 대량 생산되며 통상 가로 선의 수가 525~625개인 것들이 생산된다. 대부분의 단색 래스터스캔 방식에서 녹색 인광물질이 많이 사용되는데 이것은 아마도 이 색의 CRT가 많이 생산되기 때문일 것이다.

보통 TV 진공관의 수명이 종래의 레이더 CRT보다 더 긴 것도 하나의 이점이다. TV 수상기가 더 싸긴 하지만 신호처리가 더 복잡하기 때문에 레스터스캔 표시의 값이 더 비싸다. 소인선을 회전시키는 진공관에 비해서 TV 화면은 잔광성이 극히 짧은 인광물질을 쓴다. 잔광성이 길면 좋지만, 화면을 매우 빠른 속도로 다시 그리므로 화면의 세세한 변화에 대해 방해가 된다.

어떤 CRT에서나 휘점의 지름은 화면에 그림을 그릴 수 있는 빛의 가장 적은 면적을 결정한다. 각각의 가로선을 따라 pixels이라고 부르는 화소(picture elements)의 수가 있게 된다. 그 화소의 전체 수는 화면의 가로폭당 휘점의 지름의 수로 결정된다. 휘점의 지름을 0.5mm라 하고 584mm의 진공관(이 크기는 340mm PPI를 만드는 최소 크기)이라 하면 하나의 선당 대략 940pixels이 된다. 그래서 전체 화면은 625열과 940행으로 구성하는 pixel의 4각 행렬로 표시되는 것을 알 수 있다. 레이더 화면을 TV 화면에 그리기 위해서는 저장되어 있는 레이더 데이터가 거리와 방위의 형태가 아닌 X와 Y좌표 값의 형태로 읽혀져야 한다. 래스터스캔 표시에서는 디지털 컴퓨터로 좌표 변환을 하며 이를 디지털 주사변환 (DSC, Digital Scan Conversion)이라 한다.

2) 디지털 주사변환

레이더 화면의 각 요소는 원점으로부터의 거리와 선수지시선, 또는 진북으로부터의 방위의 형태로 저장된다. 이렇게 저장된 양을 극좌표의 형태라 한다. 또는 원점으로부터 북거(northing) 또는 동거(easting)로 나타내는 직각좌표로 저장된다. 레이더는 극좌표 형태의 데이터를 만들고, 디지털 주사변환기는 그에 해당하는 직각좌표값을 계산한다. 그림 2-40에 이 과정을 그림으로 나타내었다. 직각

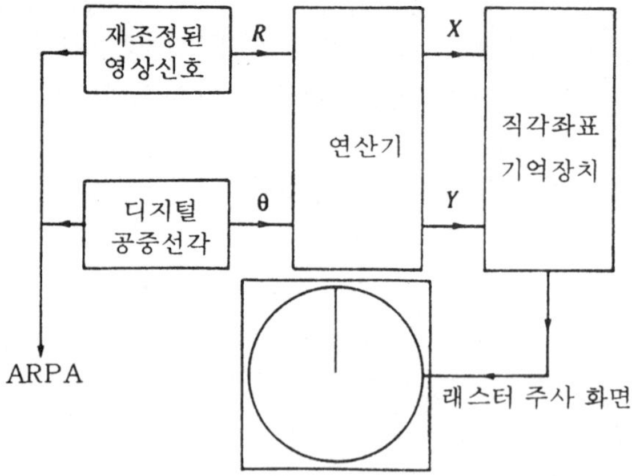

(a) 블록선도

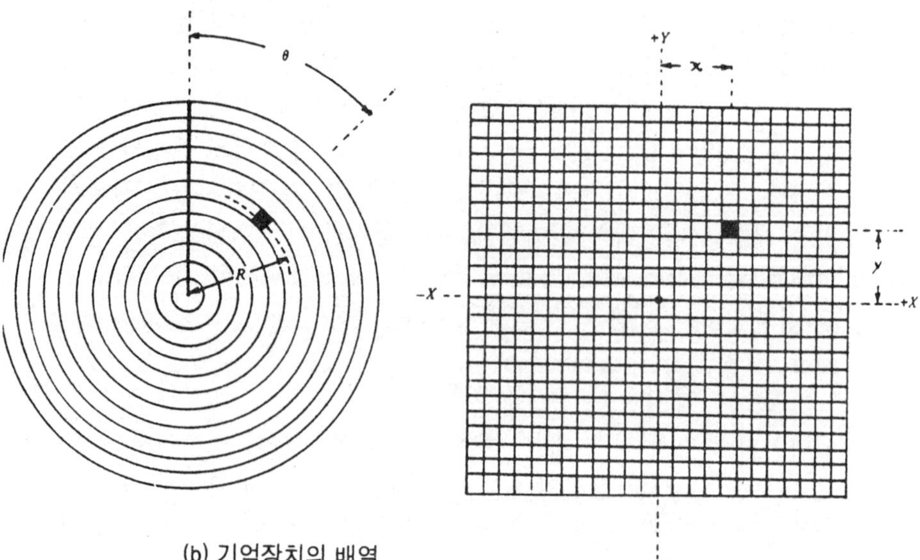

(b) 기억장치의 배열

그림 2-40 디지털 주사변환

좌표계의 기억장치는 원점으로부터 X축과 Y축을 따라 양쪽으로 12개를 갖고 있는 것으로 한다. 또 그림 2-40에서 DSC장치에 들어가는 입력은 조정된 영상신호와 디지털 각이다.

거리 R와 각 θ로 주어지는 극좌표상의 어떤 위치에 대해 직각좌표의 값은 다음과 같이 계산된다.

$$X = R \times \sin\theta$$
$$Y = R \times \cos\theta$$

디지털 컴퓨터의 연산장치는 레이더 데이터인 R와 θ로부터 X와 Y값을 계산하고 , 그 값들은 2진수로 변환되어 저장된다. 스캐너가 1회전한 후 직각좌표계 기억장치는 하나의 완전한 레이더 화면을 그리는 데 필요한 모든 데이터를 갖게 된다. 디지털 컴퓨터는 이 데이터들을 읽어내서 공중선 회전과 무관하게 TV 화면의 그림을 반복해서 만들어 낸다. 이와 같이 래스터스캔 방식에서는 1초에 약 50~60번씩 화면을 다시 그린다. 이것은 방사상 주사표시에서 공중선 1회전(약 3초)에 150~180번 화면을 다시 그리는 것과 같다. 여기서 화면을 다시 그리는 것과 갱신하는 것에 차이가 있음을 알아야 한다.

실시간 방사상 주사표시에서는 공중선이 1회전 하면 화면을 갱신하여 다시 그린다. 래스터스캔 표시에서는 TV 프레임(frame)마다 다시 그리며 공중선의 1회전마다 갱신한다. 왜냐하면 새로운 데이터가 직각좌표계의 기억장치에 저장되어야 갱신되기 때문이다.

주사변환 과정에서 화면의 분해능력을 나쁘게 한다. 그 이유는 만약 레이더 분해요소가 직각좌표계 기억장치에서 부분적으로 겹치면 그에 해당하는 부분이 다 밝게 빛나기 때문이다.

3) 래스터스캔 PPI

IMO의 성능기준에서는 PPI 스코프의 유효 지름은 배의 크기에 따라 180mm, 250mm, 340mm 이상이어야 한다고 규정하고 있다.

TV 화면의 형태에서 종래 방사상 화면의 지름을 적용하기 위하여 사각형의 안에 적당한 크기의 원을 어디에 그릴 것인가를 결정해야 한다. 그림 2-41에 2개의 대표적인 예를 보였다. 스크린의 나머지 부분은 데이터 숫자나 조정 상태를 나타내는 데 사용하면 된다. 이와 같이 여러 가지 보조 데이터를 화면 안이나 주위에 쓸 수 있는 것이 래스터스캔 표시의 크나큰 이점이다(기계적인 눈금이 필요없다). 최근의 어떤 장치에서는 TV 화면에 접촉 감응 특성을 이용하여 관측자가 화면의 해당 위치에 손가락 등으로 눌러서 간단히 작동시킬 수 있게 되어 있다. 이것은 도전율이 손가락의 압력에 대단히 민감한 수많은 화소(elemental area)의 행렬이 사이에 들어 있는 두 개의 플라스틱 층으로 된 얇은 오버레이(overlay)를 이용한 것이다. 또 다른 방법은 적외선 원격조정기를 이용하여 작동하는 것이다.

화면을 그리기 위해서 기억장소의 할당에 대하여 생각해 보기로 한다. 그림 2-40에는 12개의 기억장소만이 PPI의 반경을 나타내기

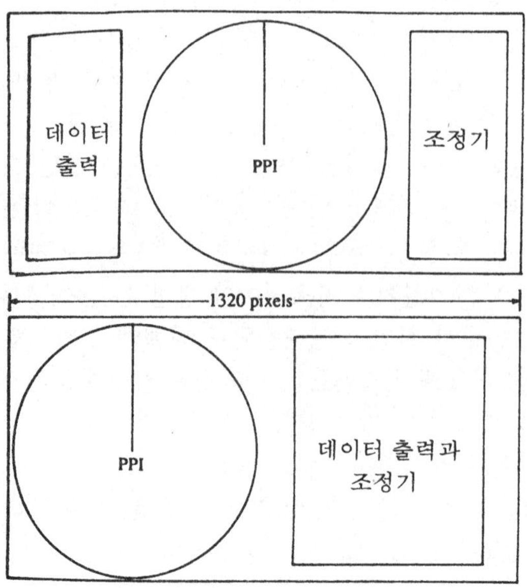

그림 2-41 래스터스캔 PPI

위해 할당되었다. 앞에서 340mm PPI를 나타낼 수 있는 TV 화면의 최소 크기는 대략 940 × 625 pixels의 행렬인 것을 보였다. 명백히 각 pixel에 대하여 적어도 하나의 기억장소가 필요한 것이다. 실제로는 기억소자의 수가 pixel의 수보다 더 많아 나머지 유효한 화면을 완전히 이용할 수 있다. 기억장소의 배열에는 평면 기억장치(memory plane)가 이용되고 이것들은 일반적으로 적당한 크기의 한정된 수로 생산된다. 보통의 형태는 수평 또는 수직방향의 크기가 512, 768, 1024, 1360의 기억소자를 갖는다. 이러한 값들로부터 대략 4 : 3의 비율을 갖는 4각형의 행렬이 만들어진다. 그림 2-41에 대표적인 pixel의 할당을 보였다.

4) 다층 기억장치(multi plane memories)

그림 2-41과 관련된 평면 기억장치는 어떤 기억 숫자에 1 또는 0의 2진수로 등록한다. 이렇게 하여 그것이 단지 물표의 유무만을 나타내도록 한다. 대부분의 래스터스캔 장치에서는 3개 또는 4개의 층을 갖는 다층 기억장소가 사용된다. 그림 2-42에 3개의 기억층을 갖고 각

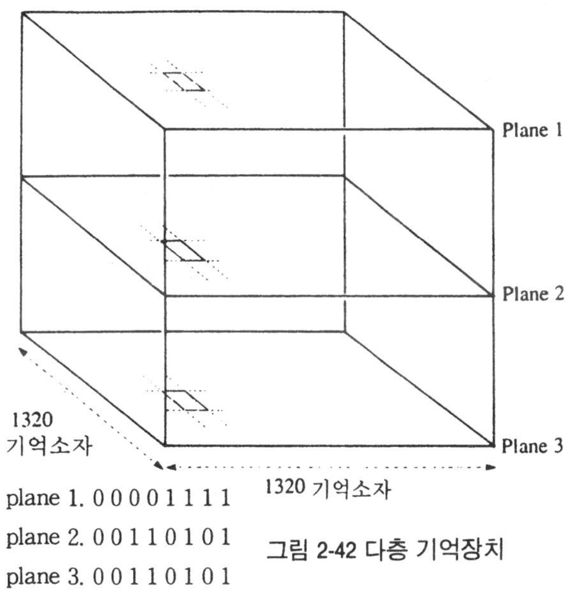

그림 2-42 다층 기억장치

화면 위치에 대해 3가지 정보를 저장할 수 있으며, 1 또는 0이 수직행을 갖는 3개의 기억소자의 각각에 나타나는 것을 보였다. 이렇게 하여 8개의 순열이 만들어지고, 물표의 밝기를 8가지로 다르게 만들어 내는 데 이용할 수 있다. 다층 기억장치는 또 합성 잔광을 만들 수 있고 신호처리 기술을 다양하게 구사할 수 있다.

5) 인공 잔광

방사상 주사 레이더 CRT의 인광물질의 잔광성이 길기 때문에 화면 위의 움직이는 물표의 반사파에 확실한 흔적을 만든다. 이러한 흔적은 레이더 관측자가 마주치는 선박을 조기에 평가하는 데 도움을 주긴 하지만 판단할 때 주의해야 한다.

래스터스캔 진공관의 인광물질은 잔광성이 짧아 흔적을 만들지 않으므로 일부러 인공 잔광을 만든다. 인공 잔광은 물표의 존재를 주평면 기억장치뿐만 아니라 과거 평면 기억장치에도 저장하여 만들어 낸다. 물표가 평면 기억장치에서 새로운 위치로 옮겨가고 과거 평면 기억장치가 없으면 그 이전의 위치는 0으로 바뀌고 pixel은 빛나지 않는다. 그러나 과거 평면 기억장치의 데이터가 물표의 반사파가 떠난 후 얼마만큼 빛을 점차 더 약하게 빛나게 조정한다. 관측자가 그 흔적이 사라지는 시간을 조절할 수도 있고, 미리 조정되어 있는 경우도 있다. 또 인공 잔광을 만드는 기능을 선택할 수 있는 것도 있다.

컬러 CRT를 사용하면 이 흔적을 반사파와 다른 색으로 표시할 수도 있다. 모든 물표의 흔적이 어떤 정해진 시간 동안 만들어지기 때문에 그 길이는 물표가 화면에서 움직이는 속도와 직접 관련된다. 이것은 실시간 화면에서 흔적과 비교하면 매우 중요한 향상이다. 후자는 반사파의 움직이는 속도뿐만 아니라 반사파의 강도와 인광물질의 감도에도 영향을 받는다. 이 점을 인식하지 못하면 항해사는 심각한 잘못을 저지를 수도 있다. 만약 침로와 속도가 적절하게 입력되면 지시기 컴퓨터가 관측자가 선택한 화면 표시방식에 관계없이 상대 운동 흔적이나 진운동의 흔적을 계산해 내는 것이 이론적으로는 가능하다.

화면을 주위가 밝은 곳에서 볼 수 있기 때문에 잔광을 인위적으로 만들어 잡음이 많은 곳에서 물표를 탐지하기가 쉬어진다. 그러나 모든 반사파가 과거 평면 기억장치로 옮겨지기 때문에 열잡음과 해면반사 등의 잡음이 많이 생길 수 있다. 이 기능을 사용하면서 배경을 진짜 반사파의 탐지를 저해하지 않는 레벨까지 올리면 잔광은 확실해진다.

6) 신호처리

앞에서 알아본 바와 같이 레이더 신호 데이터를 저장함으로써 생기는 이점은 그 데이터를 표본화하고 조작하고 분석할 수 있는 능력이다. 방사상 주사장치에서는 화면의 일부분만이 기억장치에 남으므로 이것이 일반적으로 방해파 억제, 잡음 제거, 반사파 확대 등의 처리 기술에 한계를 둔다. 래스터스캔 장치에서는 필요한 데이터가 저장되므로 처리 방법이 많아진다. 이러한 처리 기술은 주로 해면반사 또는 우설반사 속에서 물표를 탐지할 수 있는 확률을 높이는 데 이용된다.

7) 컬러 TV CRT

빛의 3원색인 빨강·녹색·파랑 세 가지 색을 적당한 비율로 섞으면 대부분의 색을 만들 수 있다. 컬러 TV 진공관에 사용되는 인광 물질은 빛의 삼원색인 3가지 요소를 가지고 있는데 그림 2-43에 보인 것처럼 특별한 방식으로 배열되어 있다. 컬러 진공관은 단색 진공관과 달리 빨강·녹색·파랑으로 지정된 3개의 전자총을 가지고 있으며 각각은 인광물질 중 자신에 해당된 부분만 동작시킨다.

그림 2-43에 보인 바와 같이 인광물질은 3원색의 인광물질로 이루어진 미세한 조각으로 된 모자이크이다. 이러한 세 개의 요소 그룹을 트라이어드(triad)라 한다. 모든 그룹에 각 원색의 띠가 하나씩 있다. 매우 얇으며 구멍이 뚫린 차폐장치가 있어서 그 구멍을 통해 해당 전자총이 해당 색깔만 동작시킬 수 있도록 되어 있다. 전자총과 인광물질과 구멍의 위치를 기하학적으로 정확히 배치하면 가능하다.

전자총에서 발사된 빔의 강도는 입력 영상신호에 의해 조정되고

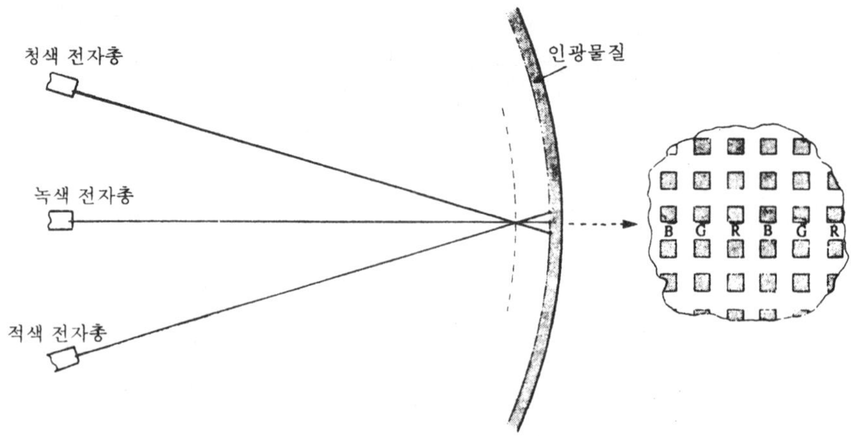

그림 2-43 컬러 TV CRT

어느 트라이어드에 의해 발사되는 색은 각각 빔의 강도 사이의 순간적인 비율에 따라 좌우된다. 래스터는 앞에서 설명한 편향의 원리에 의해 그룹으로 화면을 따라 세 개의 빔을 주사하여 만들어진다. 위의 설명은 원리적으로 매우 간략화한 것이다. 근래의 컬러 진공관은 위의 원리를 개선하여 밝기와 초점과 색의 질을 향상시켰다.

단색 진공관에서는 최소 분해화소인 광점은 휘점의 지름으로 결정된다. 컬러 CRT에서 최소 분해화소는 각 빔의 휘점의 지름과 트라이어드의 기하학적 배치에 의해 결정된다. 이래서 컬러 진공관의 분해능은 단색의 경우보다 더 나빠진다.

2.6 각부의 위치

앞에서는 레이더 장치의 4부분 곧 송신부, 공중선, 수신부, 지시부의 원리적인 측면을 다루었다. 이론적인 원리를 알아볼 때는 앞의 방법이 도움이 되나 선박에 설치된 장치는 그렇게 나눠지지 않는다. 실제로 송신기와 수신기의 일부가 송수신기(transceiver)라 부르는 하나의 장치에 들어 있다. 선박 위의 레이더 각부의 이상적인 위치는 항해상의 여러 가지 표준에 의해 정해져 있으나, 그런 이상적인 생각이 현실화되는데는 공학적인 측면 때문에 한계가 있다. 일반적으로 열이나 연기 때문에 작동이나 관리 보수에 지장이 없는 곳에 설치해야 하고, 선박의 진동에 의해 성능이 떨어지지 않도록 충분히 단단하게 설치해야 한다. 각 부분을 설치하는 데 고려해야 할 항해상 또는 공학적인 측면을 알아보고 인터스위칭(interswitching)에 관해서도 설명한다.

2.6.1 공중선

공중선의 위치를 잘못 잡으면 여러 가지 이점이 없어지므로 공중선에 관하여 먼저 알아본다. 공중선은 스캐너와 회전신호를 지시기에 보내는 장치와 선수지시선 발생기로 되어 있다. 이 세 가지가 하나의 덩어리로 되어 있다. 또 어떤 다른 형태는 공중선부에 송신기와 수신기의 일부를 포함하고 있는 것도 있다. 일반적으로 스캐너는 방위오차를 만들지 않고 뒤틀리지 않도록 단단히 설치되어야 한다. 스캐너는 레이더 장치의 눈과 귀에 해당되므로 그 설치 위치는 매우 중요하다. 그러나 설치할 때 수많은 요소들을 생각해야 되고 서로 보완할 필요가 생긴다. 대부분의 경우에 관측자는 이 절충안에 대해 할 말이 없지만 최적의 결과에 영향을 미칠 요소들을 파악하는 것이 중요하다.

1) 맹목구간과 차영구간

맹목구간과 차영구간은 레이더 전파가 선체의 구조물에 의해 차단되기 때문에 생긴다. 그림 2-44에 그 영향을 나타내었고, 그것은 광원이 차단될 때 광학적 그늘과 비슷한 것을 볼 수 있다. 엄밀하게 말하면 레이더 전파는 빛보다 파장이 길기 때문에 광파보다 회절현상이 심하다. 맹목구간은 전파의 복사 에너지가 전혀 도착되지 않는 부분이고, 차영구간은 장애물이 없을 때보다 복사 에너지가 줄어든 지역을 말한다.

안테나의 크기와 장애물의 크기와 공중선까지의 거리가 맹목구간

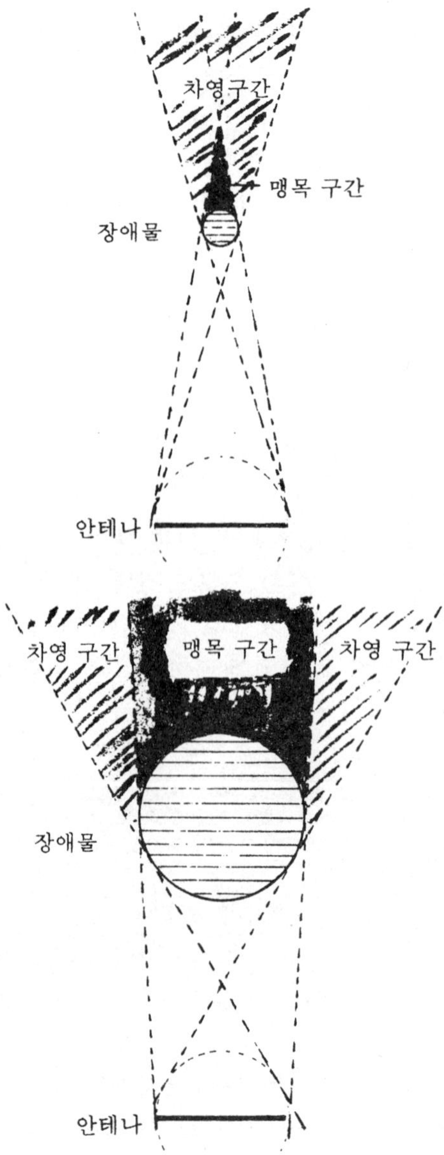

그림 2-44 맹목구간과 차영구간

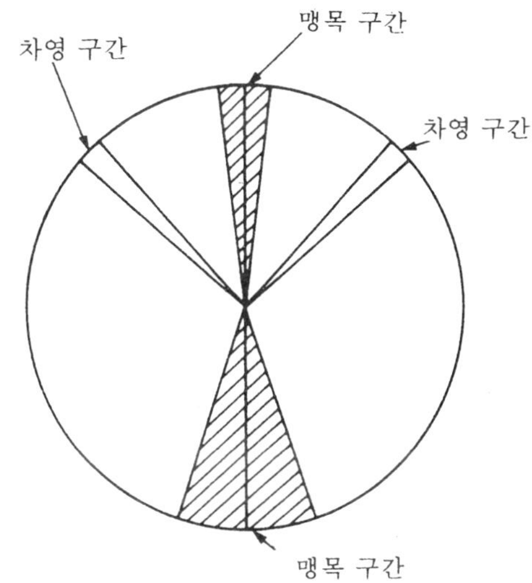

그림 2-45 맹목구간과 차영구간의 기록의 예

과 차영구간의 각도 폭을 결정한다. IMO의 성능기준에는 안테나의 주위에 지시기의 성능을 떨어뜨리지 않는 범위에 안테나를 설치하도록 규정하고 있다. 특히 선수방향 쪽에 맹목구간이 안생기도록 해야 한다. 안테나를 모든 장애물보다 충분히 위쪽에 설치하는 것이 가장 좋은 방법이라고 생각하기 쉽다. 어떤 배에서는 가능할지 모르나, 공중선을 너무 높게 하면 레이더의 성능을 떨어뜨리는 불리한 점을 감수해야 한다.

공중선의 수직방향 위치만으로는 맹목구간과 차영구간을 없애는 것이 불가능할지라도 수평방향의 위치에 대해서 적당히 주의를 기울이면 이 영향을 조금은 줄일 수 있을 것이다.

충돌예방규칙은 맑은 날씨에 횡단이나 추월시 책임한계를 정하고 있으나, 시계가 좁아 서로 상대선을 보고 있지 않을 때는 유지선과 피항선의 책임한계는 적용되지 않는다. 양선 모두 급박한 상황을 피하기 위한 행동을 취해야 한다. 모든 레이더 관측자는 승선중인 배의 차영구간의 성질을 알고 그 크기를 알아둬야 한다. 그림 2-45에 보인 바와 같이 자선의 차영구간을 측정하여 그림으로 그려두면 큰 도움이 된다. 추가로 이에 관련된 여러 가지 정보를 레이더 로그에 기록해 두는 것도 좋은 방법이다. 어떤 배에서는 트림이나 흘수에 의해 차영구간이 바뀌는 경우가 있으므로, 공선시와 만선시 두 차례 측정하는 것이 좋다.

차영구간을 측정하는 방법은 반사기를 부착하지 않은 부이와 같이 따로 고립되어 있는 물표를 약 1마일 정도 떨어져 관측하여 측정하면 좋다. 또 배를 360° 회전시키면서 물표가 사라졌다 나타나는 각도를 측정하면 된다. 감도가 떨어진 지역을 효과적으로 확인하기 위해서 반사파가 약한 물표를 선택하는 것이 중요하다. 해면반사나 동요 때문에 물표가 사라지는 경우가 있으므로 잔잔한 날씨에 하는 것이 좋다. 또 다른 방법은 해면반사가 있을 때, 해면반사가 나타나지 않는 구간을 측정하는 것이다. 해면반사가 너무 심할 때를 피하고 해역이 너무 좁은 곳을 피하는 것이 좋다. 간접반사 때문에 차영구간을 덮을 수 있기 때문이다.

차영구간을 측정한 후, 어떤 차영구간에 있는 방위 불변의 접근하고 있는 물표가 위험하다는 것을 아는 것이 무엇보다 중요하다. 충돌이 이런 경우에 일어난다. 시계가 불량할 때 선수방향을 최대 차영구간의 1/2 만큼 좌우로 변침해 봄으로써 충돌의 위험 여부를 파악해야 한다.

2) 간접반사

공중선 가까이 있는 장애물에 의해 레이더 전파가 반사하여 간접반사로 알려진 거짓상을 만든다.

3) 공중선 높이

앞에서도 살펴본 바와 같이 안테나의 위치를 모든 장애물보다 위에 설치하는 것은 간단한 문제가 아니다. 공중선의 위치를 가능한 높이는 것은 이점도 있고 결점도 있다. 차영구간에 관하여, 만약 마스트에 크로스트리(crosstree)나 그와 유사한 반사체가 있다면 그보다 위에 설치한 공중선은 수면에 차영구간을 만들 것이다. 만약 그보다 낮으면 차영구간이 공중에 생길 것이다.

공중선의 위치를 높이면 레이더 수평선의 거리를 증가시켜 물표의 탐지거리를 증대시킨다. 최소 탐지거리도 공중선의 높이에 달려 있다. 안테나를 높게 하거나 낮게 하면 이 최소 탐지거리를 크게 하기도 작게 하기도 한다. 일반적으로 가까운 거리의 측정 정도는 안테나의 높이가 낮을수록 향상된다.

어떤 배에서는 높은 안테나와 낮은 안테나를 인터스위치를 연결하여 각 이점을 취한다. 안테나의 위치를 너무 높게 하면 해면반사의 양과 거리에 영향을 미친다. 해면반사의 양과 탐지되는 최대 거리는 공중선의 높이와 함께 증가한다. 이 때문에 화면의 중심 부근에 반사파를 만들어 매우 강한 반사파까지도 차단할 수 있다.

해면반사 때문에 물표를 잃어버릴 수 있는 위험이야말로 선박용 레이더의 가장 심각한 한계 중의 하나이다. 안테나의 높이를 너무 높게 설치하면 이러한 기본적인 문제를 더욱 악화시키므로 레이더를 설치할 때 충분히 고려해야 한다. 안테나의 높이와 관련하여 안테나가 높으면 따라서 도파관이 길어져 송신펄스와 수신펄스의 에너지가 손실된다. 송신기와 공중선이 분리되어 있을 때 최대한도의 도파관 길이를 21m로 본다. 안테나의 높이는 선형이라든가 크기에 따라 다르지만 경험상 수면으로부터 13m와 20m 사이가 된다.

4) 손상

안테나의 위치는 기(旗)를 거는 로프라든가 리깅(rigging)과 멀리 떨어져 회전하는 스캐너와 엉키는 일이 없도록 해야 한다. 그래서 레이돔(radome)을 설치하여 스캐너를 보호하기도 한다. 레이돔의 표면은 항상 깨끗이 유지되어야 한다. 소금이나 먼지 등이 레이돔의 표면에서 레이더 전파 에너지의 통과를 방해하기 때문이다. 보통 이 레이돔은 스캐너의 길이가 1m 이하를 쓰는 소형선에 한정한다.

5) 방사 위험

공중선이 회전하고 있으면 선박에 있는 사람에게 방사의 위험은 없는 것으로 믿어진다. 공중선의 회전 반경 밖에서의 방사레벨은 안전하다는 데 근거한다. 그러나 정지해 있는 공중선에서 전파가 방사

될 때 가까이 있으면 특히 눈에 상처를 입는 일이 있다. 그 거리는 송신출력에 따라 다르지만 보통 상선용의 경우 0.3~0.6m 정도이다. 대부분의 정부는 제조자에게 안전거리를 결정할 수 있는 방사레벨 양을 정하도록 요구하고 있다. 이 거리는 작동 설명서의 경고문으로 넣고 공중선에도 붙이도록 하고 있다. 만약 사람이 정지해 있는 공중선의 안전거리 이내로 접근하고자 하면 송신중 또는 송신상태가 되지 않도록 하는 조치를 취하는 것이 중요하다.

안테나 일을 하고자 할 때는 자격있는 기술자로 하여금 송수신과 공중선 회전장치의 퓨즈를 제거하고, 지시기 위에 경고문을 붙이는 것이 좋다. 레이더 전파 송신중에 도파관을 들여다보면 완전히 실명하게 된다. 안테나와 도파관 작업은 경험있고 숙련된 기술자가 해야 한다.

6) RDF에의 영향

RDF의 루프 안테나 가까이에 있는 금속체는 RDF의 방위오차의 원인이 된다. 레이더 안테나 위치 결정시 이 점도 고려해야 한다.

2.6.2 송수신부

송신부와 수신부가 함께 있기 때문에 이렇게 부른다. 수신부는 혼합기와 중간주파 증폭기를 포함한다. 송신기와 수신기의 앞부분은 안테나에 가까이 있는 것이 이상적이다. 이것은 강한 송신파와 약해진 반사파의 감쇄를 적게 하기 위함이다. 송수신기를 공중선에 가깝게 함으로써 어쩔 수 없이 이 지시기와는 떨어지게 된다. 그러나 송수신기 안에서 수신기 이득을 충분히 하여 신호가 동축 케이블을 따라 수신기에서 지시기로 가도록 적당한 레벨까지 증폭된다. 도파관이 비싸기 때문에 송수신기를 공중선 가까이 설치하면 전체 설치 비용을 줄일 수 있다. 도파관의 단면의 크기는 정확한 전파(傳播)를 위해 매우 중요하며 만곡부와 뒤틀리는 부분에서는 도파관의 왜곡을 막기 위해 특별한 주의가 필요하다.

도파관이 길면 그만큼 손상의 위험이 커진다. 물이나 먼지가 들어가면 성능에 심각한 영향을 미치므로 어떤 도파관은 가스를 봉입하여 건조한 상태를 유지하고, 압력 지시기에 의해 도파관의 손상 여부를 알기도 한다. 어떤 장치에서는 송수신기를 공중선과 한 유니트로 한 것도 있다. 이렇게 하면 도파관의 회전부가 필요없게 되므로 도파관을 없애고 신호의 감쇄를 최소로 한다. 이것은 날씨가 좋지 않을 때 수리를 어렵게 하는 단점도 있다.

일반적으로 선박용 레이더는 다른 전파기기보다 심각한 방해현상은 없다. 그러나 레이더 장치 중 특히 송신기는 다른 전파 통신 장비와 가까이 설치하면 안된다. 근래의 송수신기는 비교적 조용하지만 당직자를 성가시게 하는 소리가 날 가능성이 있으므로 이 점 또한 송수신기 설치시 고려 사항이다.

송수신기 안에 있는 마그네트론도 도파관과 관련하여 방사 위험이 있다. 그러나 수리할 때 그런 위험에 직면하게 되므로 충분한 훈련이 필요하다.

2.6.3 지시부

지시부에는 중간주파 증폭기의 일부분과 영상신호 증폭기와 수신기의 일부를 포함한다. 송수신기에 적당한 이득이 있으면 지시기는 송수신기와 꽤 멀리 떨어져도 괜찮다. 수신기는 지시기와 송수신기에 나눠져 있기 때문에, 어떤 수리는 송수신기의 조정을 필요로 하는데 그 효과는 지시기를 보면서 판단해야 한다. 만약 두 개의 유니트가 너무 멀리 떨어져 있으면 통신 연결이 되어야 수리를 원활하게 할 수 있다. 즉 휴대용 VHF 송수신기를 사용하면 된다.

지시기가 하나만 설치되어 있는 경우는, 관측자가 레이더를 보고 견시할 수 있도록 하기 위하여 조타실에 설치하는 것이 좋다. 지시기가 두 개인 경우는 둘 다 조타실에 설치하든지 그 중 하나는 해도실에 설치해도 좋다. 래스터스캔 표시가 발명되어 여러 개의 지시기를 설치하는 문제가 쉬워졌고 긴 케이블로 연결된 분리된 판넬 또는 원격조정기로 스코프(scope)를 조정할 수 있게 되었다. 전통적인 아날로그 표시에서는 밝은 곳에서의 관측이 항상 문제가 되었는데 후드(hood)를 사용하거나 커튼 등으로 가려진 곳에 설치하여 이를 해결하였다. 방사상 주사 합성표시가 이 문제를 다소 해결하였으나 래스터스캔 표시가 발명되면서 밝은 곳에서의 관측은 전혀 문제가 없게 되었다.

2.6.4 컴퍼스 안전거리

대부분의 행정 관청은 모든 레이더 부품은 그것의 자석 영향 때문에 마그네틱 컴퍼스로부터 떨어져야 하는 안전거리를 결정하기 위해 검사받을 것을 요구하고 있다. 영국에서는 각부에 부착된 검수판에 컴퍼스 안전거리를 표시하도록 하고 있다. 레이더 예비품 중 특히 마그네트론은 강력한 자력을 가지고 있다. 거기에는 반드시 자석 안전거리가 표시되어야 하고, 그렇지 않으면 마그네틱 컴퍼스로부터 적어도 7m 이상 떨어진 곳에 보관해야 한다.

2.6.5 노출 장비

공중선과 같이 밖에 노출된 장비는 날씨에 견디도록 설계되어야 한다.

2.6.6 전원 공급

일반적으로 선박용 레이더는 배의 주전원으로 직접 작동하도록 설계되어 있지 않다.

보통 전원부가 있어서 레이더 장치가 원하는 전원을 공급하기 위해 전압과 주파수를 바꾼다. 예전의 장치에서는 동작의 기계적 특성으로 인하여 시끄러운 회전 변류기(rotary converter)를 쓰는 것이 보통이었다.

좀더 현대화된 장치에서는 정적 변환기(static inverter)를 쓴다. 움직이는 부분은 없을지라도 매우 거슬리는 소리를 낸다. 따라서 이 장치는 당직자나 비번에게 방해가 되지 않는 장소에 설치해야 한다.

2.6.7 고전압 위험

선박용 레이더 장치의 여러 곳에 치명적인 고전압이 존재한다. 고압 축전기에 의한 전하는 장치의 전원을 끊은 후에도 방전하는 데 수분이 걸린다. 정비할 때 충분히 자격있는 사람이 장치의 커버를 벗겨야 하다.

2.6.8 인터스위칭(interswitching)

IMO의 성능기준에는 10,000 G/T 이상의 선박은 두 대의 레이더를 설치하도록 규정하고 있다. 여기서 정한 한계 이하의 선박들도 많은 이점이 있기 때문에 두 대를 설치한다. 두 대의 레이더를 설치하여 높은 신뢰도와 융통성을 유지하기 위하여 인터스위치로 연결하여 지시기의 어느 한쪽 또는 양쪽을 다 이용할 수 있게 한다. 이렇게 하여 사용할 수 없는 부분을 고립시킬 수 있고, 전체 장비와 활용에 지장을 주지 않고 보수가 필요한 부분을 수리할 수 있게 한다. IMO의 성능기준에는 인터스위치가 되어 있을 때 어느 한쪽 레이더의 고장이 다른쪽 레이더의 전원 공급에 방해가 되면 안되도록 규정하고 있다. 인터스위칭에서는 공중선이 같은 파장에 대해 설계된 송수신부에만 연결할 수 있는 한계가 있다. 곧 X밴드 공중선은 S밴드 송수신부와 같이 쓸 수 없는 것이다.

그림 2-46에 예를 보였다. 각 부분의 특성을 적당히 선택하면 여러 가지 상황과 조건에 대처하여 전체적으로 장비의 능력을 확대할 수 있다.

1) 주파수의 선택

S밴드와 X밴드 장치의 특성을 어느 정도 서로 보완적이며, 두 가지 중에서 선택하도록 하는 인터스위치 장치는 제안할 것이 많다. 그것은 관측자로 하여금 특별한 용도에 가장 적합한 주파수를 선택하도록 한다. 해면반사나 우설반사의 영향이 공중선의 크기에 비해 S밴드의 경우에 더 적다. 한편 X밴드의 경우는 일반적으로 방위분해능이 더 좋다.

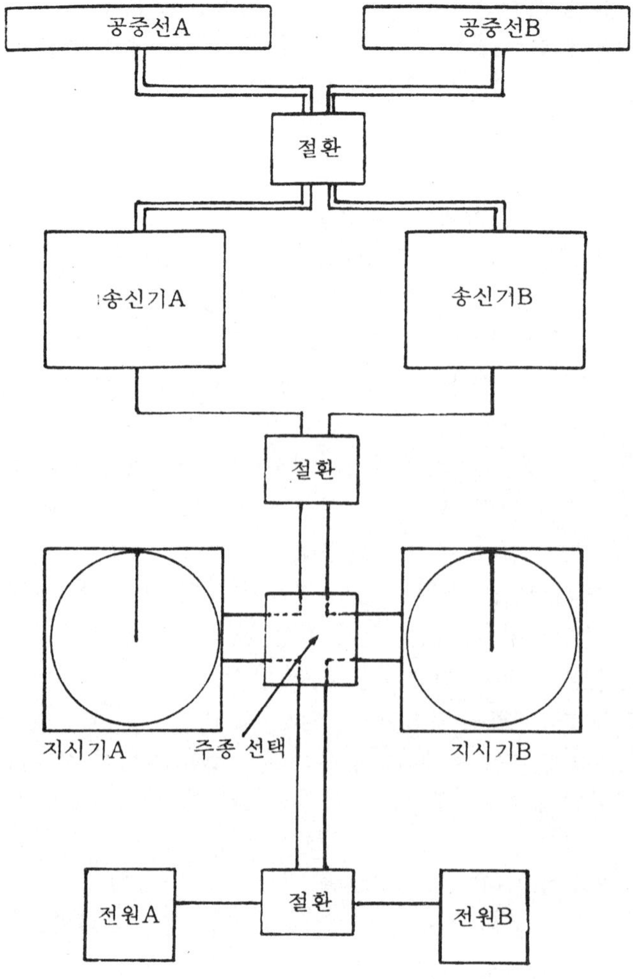

그림 2-46 인터스위칭

2) 화면 표시방식의 선택

인터스위치가 되어 있는 장치에서는 동시에 다른 화면표시가 가능하다. 특히 상대운동 지시방식과 진운동 지시방식은 서로 보완적이며 관측자는 이점을 이용할 수 있다.

3) 공중선 위치의 선택

앞에서 공중선의 위치에 대하여 살펴보았는데, 공중선이 하나인 경우는 여러 요인을 감안하여 그 위치는 하나의 절충안이 된다. 그러나 두 개의 안테나를 인터스위치로 연결하여 그 위치를 주의 깊게 선택하면 그 위치에 해당하는 이점이 있다(예를 들면 하나는 높게 다른 하나는 낮게 설치하는 것이다). 선박이 종사하는 일의 특성에 맞게 공중선의 위치를 선택할 수 있다.

4) 부분 인터스위칭

돈을 조금 적게 들여 부분 인터스위칭을 하여 융통성을 조금 낮출 수 있다. 예를 들면 하나의 공중선과 하나의 전원부를 두 개의 송수신기와 두 개의 지시부에 연결하는 것이다. 또 공중선 송수신기 전원 각 하나에 두 개의 지시부를 연결하여 하나는 주(master)로 하고 나머지는 부(slave)로 하는 것이다.

5) 스위치의 보호

장치는 보통 스위칭하는 동안 stand-by 상태에 의해 보호된다. 어떤 장치에서는 수동으로 행해지고, 인터스위칭 조정에 대한 접근이 인터록(inter lock)에 의해 보호되는 것도 있다.

6) 주조종과 부조종(master and slave controls)

하나의 송수신기에 두 개의 지시기가 연결되면 하나는 주(master)로 다른 하나는 부(slave)로 지정한다. 이것은 작동조정기의 사용에 영향을 미치는 의미를 갖는다. 주지시기는 수신기의 튜닝을 조정할 것이다. 보통 주지시기는 펄스 반복 주파수와 펄스폭을 조정하고, 각 지시기에서 거리범위를 선택한다. 결과적으로 펄스폭과 펄스 반복 주파수는 부지시기에서 선택한 거리범위와 맞지 않을 수도 있다.

이 문제를 극복하기 위하여 적어도, 하나의 장치가 거기서 선택된 거리범위의 표시를 부지시기에 나타내 준다. 관측자는 최소 탐지거리, 거리분해능, 포화 등에서 일어날지도 모르는 작동상의 한계를 알고 있어야 한다. 휘도 조정기, 고정거리원, 가변거리원, 전자방위선, 우설반사 억제기 등 순수한 지시기 기능을 각 지시기에서 다 유용하다. 서로의 간섭을 없애기 위해 송신 동기회로가 인터스위칭부에 들어 있다.

제3장
물표의 탐지

3.1 레이더 방정식

물표를 탐지하여 표시하는 레이더의 능력은 여러 가지 요인에 의하여 영향을 받는다. 레이더 방정식은 물표가 탐지될 수 있는 최대 탐지거리와 그 거리에 영향을 미치는 요소들과의 관계를 나타내는 식이다.

등방성 안테나로부터 R만큼 떨어진 곳에서의 전력밀도는 다음과 같이 표현된다.

$$Pr_1 = \frac{Pt}{4\pi R^2} \quad \cdots\cdots\cdots(1)$$

안테나가 지향성으로 G의 이득을 가지고 있다면 식(1)은 다음과 같이 다시 쓸 수 있다.

$$Pr_1 = \frac{G \cdot Pt}{4\pi R^2} \quad \cdots\cdots\cdots(2)$$

유효반사면적(σ)을 갖는 물표에서 다시 전파가 발사된다고 생각하고 안테나로 수신되는 전력밀도는 다음과 같이 표현된다.

$$Pr_2 = \frac{G \cdot Pt \cdot \sigma}{(4\pi R^2)^2} \cdots\cdots\cdots (3)$$

안테나가 A의 유효면적을 가지고 있다면 식(3)은 다음과 같이 다시 쓸 수 있다.

$$Pr = \frac{G \cdot Pt \cdot \sigma \cdot A}{(4\pi R^2)^2}$$

R에 관하여 정리하면 다음과 같다.

$$R_{max} = \sqrt[4]{\frac{Pt \cdot G \cdot A \cdot \sigma}{(4\pi)^2 Pr}}$$

또는

$$= \sqrt[4]{\frac{Pt \cdot G^2 \cdot \lambda^2 \cdot \sigma}{(4\pi)^3 Pr}}$$

단, Pt : 송신 첨두 전력
Pr : 탐지 가능한 최소 수신전력
R : 탐지거리
G : 안테나 이득($G=4\pi A/\lambda$)
A : 안테나의 유효면적
σ : 물표의 유효반사면적

위의 식에서 탐지거리에 영향을 미치는 요소들이 어떤 것인가를 엿볼 수 있다. 위 식에서 물표의 요인은 유효반사면적뿐이다. 이 유효반사면적은 그 물표의 반사강도가 그와 동일한 효과를 나타내는 도체로 된 구의 대권면적으로 표시된다. 이 레이더 방정식은 레이더와 물표가 공히 자유 공간에 있다고 가정한 것이다.

실제로는 여러 가지 특성이 다른 표면의 곡률을 갖는 지구 표면에 있으며 기후가 변하는 대기에 둘러싸여 있다. 위의 식은 다른 요인들은 정량화하기가 극히 어렵기 때문에 레이더 펄스가 전파한 매질에 대한 요소는 고려에 넣지 않았다.

여러 요소들의 각각을 교대로 알아보겠지만 레이더의 물표탐지능력을 평가하는 데는 모든 요소가 고려되어야 하고, 각 요소들의 상대적인 특성은 주위 환경과 함께 변한다는 사실을 알아야 한다. 또 수신신호강도는 반사체의 거리의 4승에 반비례하여 변하는 것을 보여준다. 이 말은 거리가 조금만 멀어져도 수신신호강도는 현저하게 약해진다는 것을 의미한다.

3.2 레이더의 특성

3.2.1 송신기 특성

예상한 대로 원거리 물표를 탐지하려면 송신출력을 높여야 한다. 대형선 레이더의 송신출력은 제조자에 따라 다르지만 10kW에서 50kW 사이이다. 그러나 출력을 5배로 올리면 탐지거리는 겨우 50% 정도 늘어난다. 레이더 방정식에서는 펄스폭에 관한 요소가 없는데 이는 최소 수신전력에 내재되어 있다. 원거리 범위에서는 펄스폭이 긴 쪽을 써서 탐지능력을 높이고 있다.

3.2.2 안테나 특성

레이더 방정식은 최대 탐지거리에 안테나의 이득과 안테나의 유효면적이 영향을 미치는 것을 보여준다. 분명히 이 두 개의 값은 밀접한 관련이 있다. 어떤 주어진 4각형의 면적에서 어느 한쪽을 줄이고 다른쪽을 증가시키면 더 커진 쪽으로 공중선의 이득을 크게 할 것이다. 안테나 이득 G는 안테나의 면적에 비례하므로 식에서 A를 대입하면 G는 G^2가 된다. 그래서 예상되는 최대 탐지거리는 안테나 이득의 평방근에 따라 변한다.

이와 같이 안테나 이득은 원거리 탐지능력에서 송신전력보다 더 큰 영향을 미친다. 송신출력의 경우와 같이 레이더가 1대일 때 관측자는 공중선 이득을 선택할 수 없으나, 두 대인 경우나 인터스위칭되어 있으면 관측자가 경우에 따라 선택하여 이롭게 쓸 수 있다. 또 레이더 방정식에서 파장에 관한 내용이 없는데 이는 공중선 이득과 물표의 유효반사면적에 내재되어 있다.

3.2.3 수신기 특성

모든 물표의 반사파를 나타나게 해야 하므로 반사파의 탐지 기준은 물표의 반사파가 수신기의 첫 단계에서 생성된 열잡음보다 더 강해야 한다는 것이다 이와 같이 최소 수신전력 Pr는 수신기 감도를 나타낸다. 이론적인 최대 감도는 레이더 설계가 첫번째 수신 단계에서 만들어진 잡음의 양을 얼마나 줄이느냐에 달려 있지만, 관측자가 튜닝이나 이득조정기를 잘못 조정하여 감도를 떨어뜨릴 수도 있다는 것을 알아야 한다. 수신기에서 만들어진 잡음의 레벨이 얼마이든지 간에 지시기까지 오는 잡음의 양은 수신기의 대역폭에 달려 있다. 이 대역폭은 펄스폭이 좁으면 넓어져서, 이 상태에서 수신기 감도는 나빠진다. 수신기 감도 곧 어떤 물표가 탐지될 수 있는 최대 거리는 관측자가 선택한 펄스폭과 밀접한 관계가 있다.

레이더 방정식을 더 자세히 들여다보면, 수신기 감도가 식의 분모에서 적은 수를 나타내는 반면, 송신전력은 분자에서 큰 양을 차지하는 것처럼 보이는 것을 알 수 있다. 레이더 설계자들은 잡음 성능을 조금 개선하는 것이 송신출력을 많이 올리는 것과 같은 효과가 있음을 알고 있다. 결과적으로 최근에는 수신기 성능을 향상시키는 데 중점을 두고 있다.

이 원리는 관측자들에게도 매우 중요하다. 왜냐하면 튜닝이나 이득조정기를 조금만 잘못 조정해도 송신출력을 많이 잃는 것과 같기 때문이다. 탐지하고자 하는 물표가 해면반사나 우설반사와 같은 원치 않는 신호들 사이에 나타나는 곳에서 수신기 감도를 충분히 이용할 수 없다. 왜냐하면 최소 수신전력은 잡음의 양뿐만 아니라 원치 않는 신호의 양에 의해서도 결정되기 때문이다.

유용한 수신기 감도는 레이더 지시기가 잘 맞춰져 있고 조정기들이 변화하는 상황에 맞게 조정되어 있다면 충분히 이용할 수 있다는 것을 알아야 한다. 어떤 조정은 일상적이기도 하지만 해면반사와 같은 상황에서 물표를 찾기 위해서는 상당한 기술과 숙련이 필요하다. 정량화하기는 어렵지만 레이더 관측자의 기술이 레이더 방정식의 한 요소가 될 것은 의심의 여지가 없다.

3.2.4 최소 탐지거리

최대 탐지거리도 중요하지만 수로 안내 등 특수한 상황에서는 최소 탐지거리도 매우 중요하다. IMO의 성능기준에는 특수한 형태의 물표가 최대한 50m에서 탐지되어야 한다고 규정하고 있다.

그림 3-1에 최소 탐지거리에 영향을 미치는 것들을 보였다. 펄스송

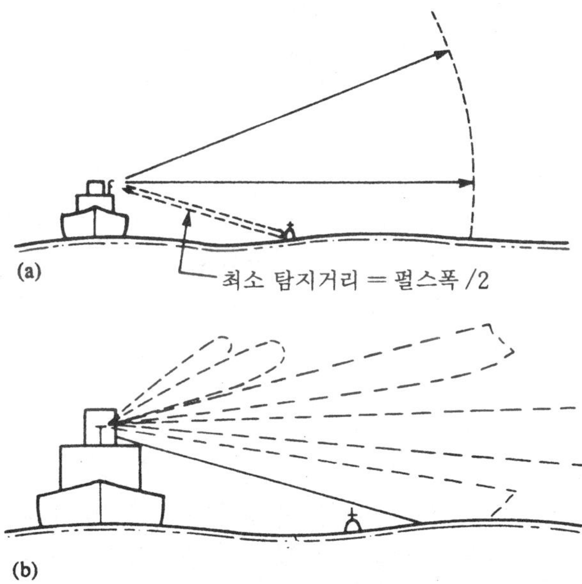

그림 3-1 최소탐지거리에 영향을 미치는 요소

신 중에는 반사파를 수신할 수 없는 것은 명백하다. 이 한계가 이론적인 최소 탐지거리를 결정한다. 안테나는 송신펄스의 후단이 지난 직후에 수신이 가능해진다. 이 순간은 공중선으로부터 펄스폭의 1/2 거리에 놓여 있는 반사체로부터 온 반사파의 도착하는 시간과 일치한다.

이와 같이 이론적인 최소 탐지거리는 송신펄스폭의 1/2 동안에 레이더 전파 에너지가 전파하는 거리로 계산한다.

(예제) 어떤 레이더의 펄스폭은 1.0, 0.5, 0.1μs의 3가지라고 한다. 이론적인 최소 탐지거리를 구하라.

실제로 최소 탐지거리는 다음 원인들에 의해서도 영향을 받는다.

① 가까이에 있는 물표는 수직빔폭의 아래로 들어가게 되어 놓치기 쉽다. 빔이 선체 구조물에 의해 차단되지 않는다면 그 거리는 안테나의 높이가 높아지면 증가한다.

② 레이더 전파가 선체 구조물에 의해 차단되면 물표를 탐지하기 어렵다. 안테나의 높이가 높으면 차단될 가능성이 적어질 것이다. 위의 요인들에 의해 최소 탐지거리에 제한이 있는 것은 레이더 안테나의 위치에 크게 좌우된다.

③ 송·수신 절환장치로 쓰이는 TR관은 송신펄스 에너지에 의해 방전함으로써 송신시 수신기 측을 막아 수신기를 보호하는데, 방전 후 원상태로 되돌아가지 않으면 수신에 방해가 된다. 이러한 회복시간이 최소 탐지거리에 영향을 미친다.

3.3 물표의 특성

물표에 부딪친 펄스 에너지는 안테나로 되돌아오고 수신 상태인 수신기에 들어온다. 안테나로 되돌아오는 에너지의 양은 다음에 설명하는 물표의 5가지 성질에 따라 달라진다.

3.3.1 애스펙트(aspect)

레이더 전파의 에너지 반사는 빛이 평면 거울에 부딪쳐 일어나는 현상과 같이 생각하면 된다. 애스펙트는 레이더 전파의 입사와 거울면이 이루는 각을 말한다. 애스펙트가 90도일 때 반사가 좋고 그 외는 좋지 않다.

3.3.2 표면의 결

반사되는 양은 물표 표면의 결 곧 매끄러우냐 거치냐에 따라 달라진다. 표면이 거치냐 매끄러우냐 하는 것은 부딪치는 전파의 파장과도 관계가 있다. 표면이 빛의 파장과 같은 크기로 울퉁불퉁하여 빛은 잘 반사시키지 못하는 물표라 할지라도 파장이 긴 레이더 전파에는 매우 매끄럽게 될 것이며 반사가 잘 일어난다. 어떤 물표가 레이더 전파에 대해 거칠어서 전파의 많은 부분을 흐트러 버리므로, 원래 애스펙트가 좋지 않은 물표의 반사파를 향상시키는 경우가 있다. 즉 울퉁불퉁한 정도가 파장보다 작으면 매끄럽게 반사하고, 파장보다 크면 산란한다.

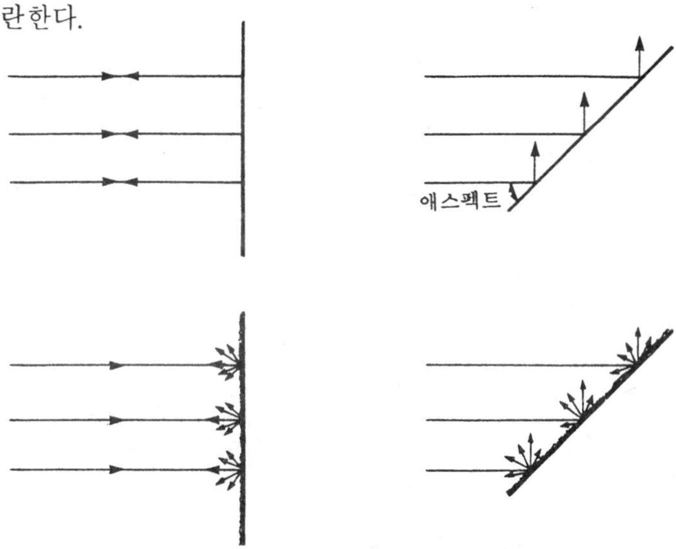

그림 3-2 애스펙트와 표면의 결에 의한 영향

3.3.3 물질(materials)

일반적으로 양도체로 된 물질이 레이더 전파를 잘 반사한다. 이것은 단순한 반사가 아니고, 전파를 흡수하고 수신된 전파의 파장과 같은 전파를 재복사한 결과이다. 또 전파를 흡수하고 재복사는 거의 하지 않는 물질도 있고(이때 수신 전파 에너지가 열로 변해 온도가 올라감), 단순히 전파 에너지를 통과시키는 물질도 있다(GRP). 이 때문에 같은 크기 같은 모양이라 할지라도 목선의 반사파는 약하고 철선의 반사파는 강하다.

3.3.4 모양

모양은 물표의 여러 가지 애스펙트로 고려되어야 한다고들 하는데 이것은 사실이다. 그러나 특정한 물표로부터 예상되는 반사의 정도를 평가하고자 할 때, 그 애스펙트가 바뀔 수 있으나(예를 들면 항로에서 롤링하고 있는 원추형 부이) 고정된 모양의 물표로 생각하는 것이 편리하다.

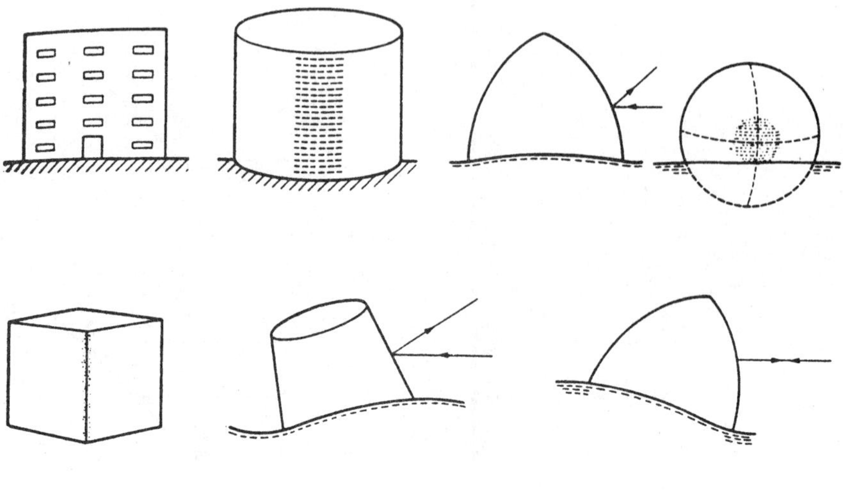

그림 3-3 물표의 모양에 의한 영향

3.3.5 크기

보통 많은 에너지가 물표에 부딪치면 반사는 그만큼 좋아진다. 곧 반사는 빔에 의해 부딪친 물표의 면적과 관계가 있다. 이것은 물표의 본래 크기와 같을 필요는 없다. 레이더 빔은 수평방향으로보다 수직방향으로 더 넓으므로 물표가 높으면 그 만큼 강한 반사파를 만든다(다른 요소는 같다고 하면). 물표의 반사 크기는 실제물표의 크기와 같지 않다는 것을 확실히 알아두어야 한다. 화면에서 밝기와 그 크기가 실제로 차지하는 면적과는 비례하지 않는다. 물표의 3차원 크기와 관련하여 분해요소(resolution cell)를 고려할 필요가 있다. 그 분해요소는 송신펄스폭과 수평빔폭과 수직빔폭으로 결정된다. 어떤 순간에 분해요소 안에 있는 물표의 부분만이 반사에 기여한다. 보통 빔이 작은 물표를 조인할 때 그 물표들은 전부 분해요소 안에 들어온다. 큰 물표에 대해서는 가까운 거리에 있을 때는 모든 에너지가 물표에 부딪치지만, 거리가 멀어지면 분해요소는 확대되고 물표는 수평빔폭보다 넓어지지만 수직빔폭은 채우지 못할 것이다.

3.3.6 유효반사면적

물표의 유효반사면적은 그와 동일한 효과를 나타내는 도체로 된 구의 대권면적으로 표시한다. 만약 물표의 반사에 어떤 지향성이 있다면 실제의 크기보다 유효반사면적은 커진다. IMO의 성능기준에 항해용 부이는 약 $10m^2$의 유효반사면적을 갖도록 규정하고 있다.

3.3.7 특수 물표의 반사

1) 얼음

그린란드의 동쪽 해안에서 만들어져 북대서양 항로 쪽으로 떠내려오는 큰 빙산은, 레이더 반사파의 강도가 매우 크게 바뀌는 것으로 알려져 있다. 11마일 정도에서 탐지될 수 있는 빙산이라도 관측되는 방위에 따라 반사파의 세기가 크게 달라진다. 레이더로 얼음을 탐지하는 것이 어렵기 때문에 특별한 주의를 요한다. 가장 주의해야 할 것은 선박에 위험한 것으로 알려진 작은 빙산(growler)이다. 작은 빙산이 예상되는 해역에서 레이더를 가장 효과적으로 사용하는 방법이 이론 및 경험적으로 연구되었다.

① 작은 빙산은 녹고 있기 때문에 표면이 매우 매끄러우므로 반사체로서 모양이 매우 좋지 않고 애스펙트도 나쁘다. 그것들은 수면 위에 나와 있는 면적이 매우 작고, 되돌아오는 신호 강도는 작은 빙산이 나타나는 해역에서의 잘 나타나는 파도의 반사파보다 더 약하다.

② 작은 빙산이 예상되는 해역에서 레이더에 너무 의존하면 안된다. 특히 저녁이나 시계가 나쁠 때는 더욱 그렇다. 이 점을 감안하여 속도를 정하고 견시를 철저히 해야 한다. 이러한 상황에서 다음과 같은 점에 유의하여 레이더를 사용해야 한다.

(a) 한 사람의 관측자를 지정하여 레이더를 감시시킨다.

(b) 일정한 간격으로 거리범위를 바꿔 멀리에 있는 정보를 빨리 입수하고 해면반사 억제기능을 적절하게 사용하여 물표를 찾는 데 노력한다.

(c) 해면반사가 약할 때는 긴 펄스를 사용한다.

(d) 파장이 긴 S밴드 레이더를 작동한다.

2) 현저한 물표

레이더에 현저하게 나타나는 물표는 빨리 파악할 수 있으면 좋다. 이전엔 이러한 물표는 해도 위에 눈에 띄게 표시하고 'Radar Conspic'이라고 써놓았었으나 요즈음은 중단되었다. 관측자들은 특히 이러한 경우에 해도에 표시를 해주거나 레이더 로그에 기입하여 놓으면 후임자들에게 도움이 될 것이다.

3) 선박

배의 구조는 자연적으로 된 많은 코너 리플렉터로 되어 있어서 상대선이 롤링하거나 피칭할 때 예상한 것보다 반사파의 강도가 바뀌지 않는다.

VLCC 등은 만선시 건현이 적어 그 크기에 비해 원거리에서 탐지되지 않는다.

3.4 수동적인 반사파의 증대

부이, 유리 섬유로 만든 선박, 목선 등은 레이더 반사파가 매우 약하지만 적당한 거리에서 레이더에 탐지되어야 하는 것은 당연하다. 레이더 개발 초기부터 반사파의 증대의 필요성이 인식되었다.

3.4.1 코너 리플렉터(corner reflector)

코너 리플렉터는 입사된 모든 전파 에너지를 입사된 방향으로 되돌려보내는 아주 단순한 장치이다. 즉 입사된 에너지는 입사된 각도에 관계없이 들어온 반대방향으로 되돌려보낸다. 가장 간단한 형태는 그림 3-4(a)에서 보는 바와 같이 금속판 두 장을 서로 90° 각도가

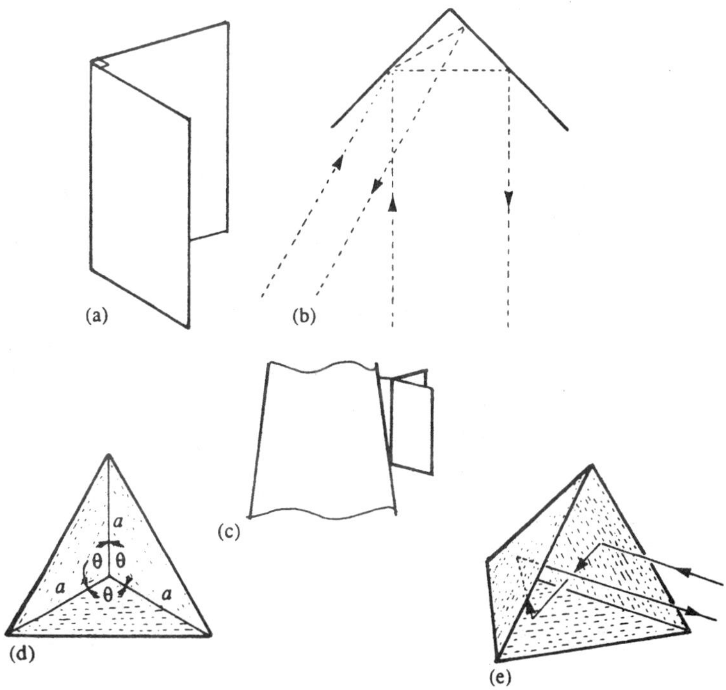

그림 3-4 코너 리플렉터

되게 붙인 형태이며, 이것을 항해용 물표에 부착하면 레이더 전파를 많이 반사하게 될 것이며 더 먼거리에서 탐지할 수 있게 된다.

반사파 증대의 기본원리는 예비이득(reserve gain)을 제공하는 것이다. 이것은 우설반사나 해면반사가 심할 때 이들보다 더 강한 반사파를 보내서 해면반사나 우설반사 내에서 물표의 탐지를 가능하게 하는 것을 의미한다.

코너 리플렉터의 반사강도는 애스펙트에 따라 일정하지는 않다.

3.4.2 반사판의 배열

코너 리플렉터 하나로는 360°를 커버할 수 없다. 여러 개의 코너 리플렉터를 배열하여 관측되는 방향이나 높이에 관계없이 반사파를 어느 정도 일정하게 유지해야 한다. 그 배열은 그림 3-5에 보인 바와 같이 항해물표에 합쳐져 있다.

그림 3-5 항해물표 위의 코너 리플렉터

1) 배열의 형태

2면배열(dihedral array) 코너 리플렉터는 그림 3-5와 같이 육상의 항해용 물표에 부착하는 경우가 많다. 이는 고정되어 있어서 수직방향의 변화에 따른 반사파 강도의 변화는 별 문제가 안되기 때문이다.

8면배열(octahedral array) 코너 리플렉터(그림 3-6(a))가 대부분의 경우에 표준으로 되어 있다.

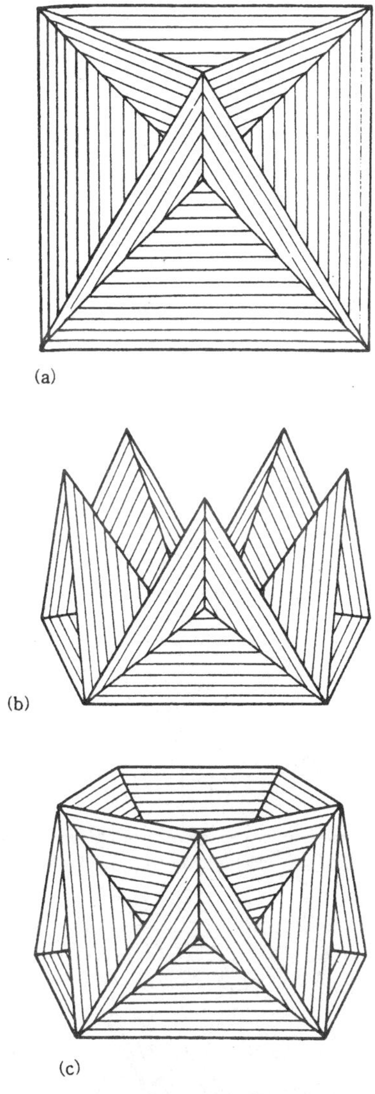

그림 3-6 (a) 8면배열 코너 리플렉터
(b) 5면배열 코너 리플렉터
(c) 2중 5면배열 코너 리플렉터

5면배열(pentagonal array) 코너 리플렉터는 5개의 리플렉터를 그림 3-6(b)와 같이 배열한 것이다. 리플렉터 사이사이에서 반사파의 감쇄가 심하다

2중 5면배열(double pentagonal array) 코너 리플렉터는 5면배열 코너 리플렉터의 단점을 보완하여 리플렉터 사이에 리플렉터를 거꾸로 하여 채워 넣어 만들어 수평방향의 반사강도를 비교적 고르게 향상시켰다.

굴뚝형(stacked arrays) 코너 리플렉터는 위의 코너 리플렉터들에서 수평방향의 반사강도가 고르지 못하고 좋지 않은 부분이 있는 것을 보완하기 위해 고안된 것이다(그림 3-7). 하나의 코너 리플렉터의

그림 3-7 굴뚝형 코너 리플렉터

강도가 떨어지기 시작하는 부분에서 다른 리플렉터의 강도가 증가하도록 배열하여 반사강도가 360° 방향에서 고르게 되도록 하였다.

3.4.3 루네부르그 렌즈(Luneburg lens) 리플렉터

루네부르그 렌즈는 수년 동안 항해 물표와 소형선에 사용되어 왔다. 이것은 굴절률이 다른 여러 개의 동심의 구각으로 되어 있다. (그림 3-8)

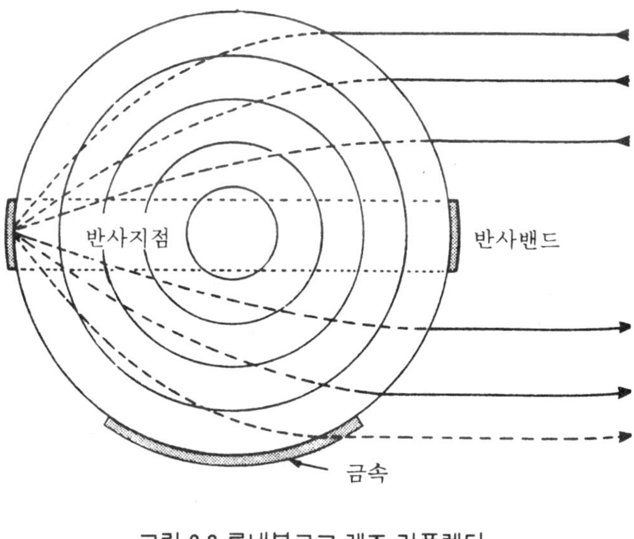

그림 3-8 루네부르그 렌즈 리플렉터

평행광선이 구의 표면에 부딪치면 각 구각의 경계면에서 조금씩 굴절하여 반대편 구면에 초점을 만든다. 이 초점에서 에너지는 금속띠에 의해 반사되어 입사 에너지가 들어온 반대방향으로 되돌아간다.

수평방향의 ±15° 정도의 경사에도 지장없이 360° 방향에 같은 양의 반사강도를 나타낸다. 수직방향으로는 ±35°의 경사에도 지장이 없다.

3.5 적극적인 반사파의 증대

3.5.1 레이콘(racon)

선박으로 발사되어 온 레이더 펄스가 항해물표에 있는 레이콘의 송신기를 작동시켜 즉시 펄스를 응답한다. 이 펄스는 선박의 레이더 펄스보다 더 길고 더 강력하다.

레이콘 신호는 그림 3-9에 보인 바와 같이 1°~2°의 폭을 갖고 방사상으로 빛난다. 그 길이는 레이콘 펄스폭에 따라 다르며 여러 가지이다. 펄스의 길이는 레이더 화면에서 1.5~3마일에 해당하는 20㎲에서 40㎲ 사이이다.

레이콘의 신호는 특별한 부호로 나타내기도 한다. 한 지역에 여러 개의 레이콘이 있을 때 구별할 수 있도록 모스 부호로 나타내기도 한다.

레이콘이 설치된 등선에 가까이에 있을 때, 레이더 빔의 측엽에 의해서 작동하여 여러 개의 신호가 들어오는 경우도 있다.

레이콘은 탐지거리를 증대시키기 위하여 설치하였기 때문에, 거리가 멀어지면 물표는 탐지 안되고 레이콘 신호만 나타나게 된다. 이런 때 물표까지의 거리를 측정하기 위하여 레이콘 신호의 맨 앞끝을 측정하는데 여기에는 레이콘 신호의 지연시간 때문에 몇백 야드의 오차가 생긴다. 근처에 위험물이 있을 때 이처럼 멀리 떨어진 레이콘 신호를 이용하여 위치를 결정할 때는 특별히 주의해야 한다.

레이콘 신호는 워낙 세고 동조된 수신기 주파수에 관계없이 나타나므로 튜닝을 맞출 때 이것을 이용하면 안된다.

레이콘 신호가 영상에 나타났다면 비콘에서는 선박 레이더의 송신주파수와 같은 전파를 송신했을 것은 자명하다. 선박의 교통량이 많고 제한된 시계에서 여러 가지 범위의 주파수가 레이콘의 응답을 요구해 올 것이다. 예를 들면 X밴드 레이더의 주파수는 9300MHz에서 9500MHz이다. 각 수신기의 대역폭은 2MHz에서 20MHz의 범위이며, 모든 요구에 응답하여 탐지될 수 있으려면 레이콘 송신기의 발진

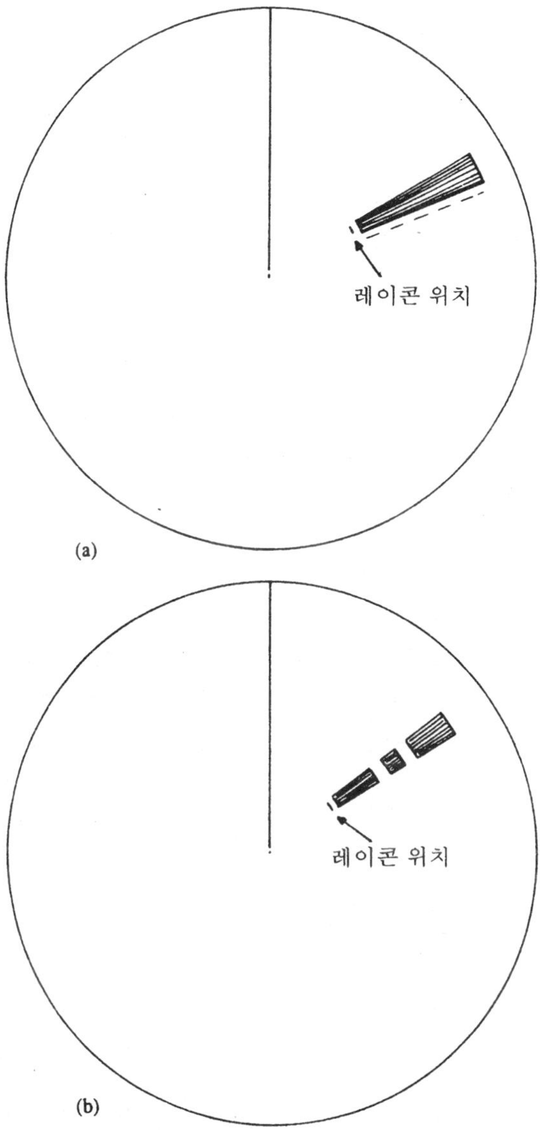

그림 3-9 레이콘 신호

기는 조정이 가능해야 한다. 이와 관련하여, 레이더 공중선의 주사마다(매3초) 탐지될 필요는 없다는 것이다. 이렇게 함으로써 레이콘 영상에 방해되어 물표가 탐지 안될 가능성을 줄일 수 있다.

오늘날 S밴드로 작동하는 레이콘의 수는 많지 않으나 그 수는 증가하고 있다. 어떤 종류의 레이콘은 수신된 S밴드 주파수를 X밴드로 바꾸고 송신할 때 다시 S밴드로 바꿔 송신해 주기도 한다.

또 레이콘 신호는 수평편파이므로 수직편파를 사용하는 레이더는 레이콘 신호를 수신하지 못할 것이다.

1) 저속 소인 레이콘(slow sweep racons)

배의 레이더 펄스가 수신될 때마다 응답하지 않고 레이더 주파수 범위에 걸쳐 비교적 천천히 소인하는 것이 저속 소인 레이콘이다. 이 레이콘의 소인시간은 보통 60~120초이다. 수신기 대역폭과 스캐너 회전속도, 그리고 레이콘의 소인시간을 주의깊게 살펴보면 각각의 레이더의 화면에 나타나는 레이콘 신호가 나타나는 시간과 신호들 사이의 간격을 알아볼 수 있다. 이것은 보통 레이콘이 설치된 항해물표를 확인하거나 레이콘 자체의 방위와 거리를 알아내는 데 충분하다. 레이콘의 소인시간 동안 레이콘의 영상은 레이더의 연속되는 2~4번의 소인에 나타날 것이다. (그림 3-10)

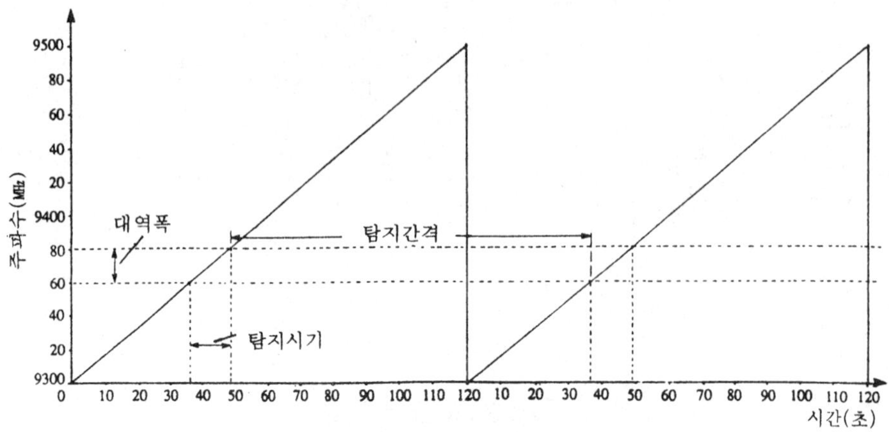

그림 3-10 저속 소인 레이콘

2) 고속 소인 레이콘(fast sweep racons)

고속 소인 레이콘에서는, 레이더 전파를 수신하면 레이콘 송신기는 특정한 주파수 밴드를 매우 빠른 속도(1~10μs)로 주사하여 물표 뒤쪽으로 여러 개의 짧은 영상을 만든다(그림 3-11). 각각의 레이더 송신펄스는 레이콘에 수신되어 레이더 빔의 한 번의 주사에 열 배로 소인하도록 하여 레이콘의 영상이 레이더 화면에 특이한 형태를 갖도록 한다. 이 고속 소인 레이콘의 매 주사마다 나타나지만 출력이 약하기 때문에 잡음, 비나 눈의 반사, 해면반사 등 때문에 나타나지 않을 수도 있다. 오늘날 이런 형태의 레이콘 수는 많지 않다.

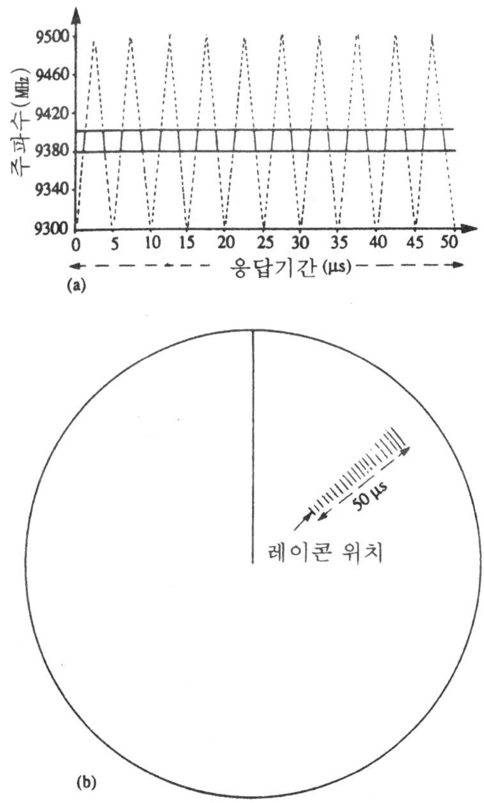

그림 3-11 고속 소인 레이콘

3) 주파수 적응 레이콘(frequency-agile racons)

이 장치에서는 수신되는 레이더 전파의 주파수를 측정하여 레이콘 송신기는 이 주파수로 동조되고 부호화(coded)한 신호를 송신한다. 이러한 과정은 0.4μs가 걸리고 60m의 거리오차를 생기게 한다.

레이콘 신호 때문에 다른 물표의 탐지에 지장이 없도록 매분마다 잠시 동안 발사를 정지하도록 되어 있다. FTC나 방해 제거 스위치를 작동하면 레이콘 신호가 나타나지 않을 수가 있다.

3.5.2 라마크(ramark)

이 라마크는 레이더 등대라고 부르며 본선의 레이더와 무관하게 계속 전파를 발사한다. 그 신호는 레이더에 탐지되어 레이더 스코프에 방사선이나 좁은 폭의 점선으로 나타나서 방위를 측정할 수 있다.

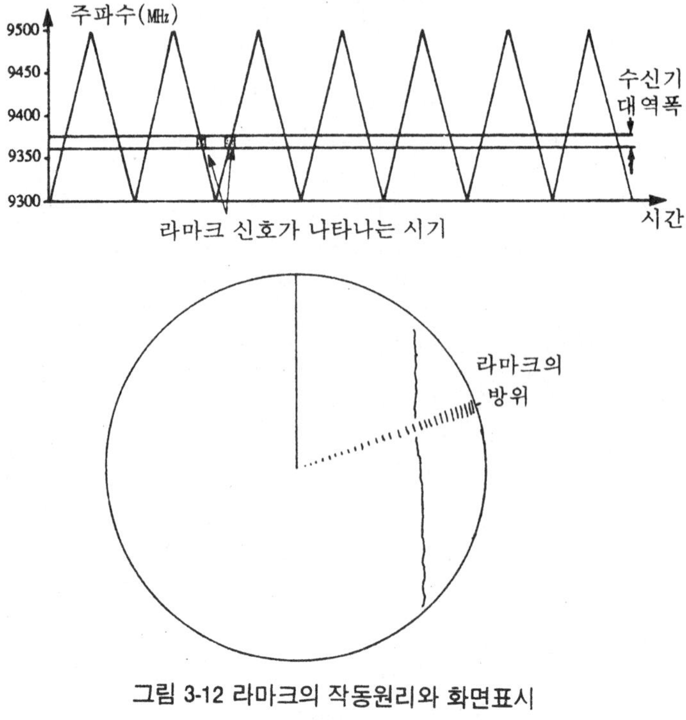

그림 3-12 라마크의 작동원리와 화면표시

이 라마크에서는 어떤 주파수의 레이더에도 탐지될 수 있도록 일정한 주기(1~4분)로 주파수를 바꾸고 있으며, 따라서 레이더 스코프상에서 라마크의 표시가 나타났다 사라졌다 한다. 어떤 라마크는 특정한 주파수로만 발사하기 때문에 이를 수신하려면 별도의 부가 장치가 필요하다. 그림 3-12에 라마크의 작동원리와 레이더 화면에 나타나는 모습을 보였다.

3.5.3 레이더 플레어 (radar flare)

이것은 총으로 쏘아 올려지는 로켓이다. 이것은 400m의 높이에서 강한 빛을 발하며 3cm파(X밴드) 레이더 전파에 잘 반사되도록 조정된 수많은 다이폴(dipoles)로 되어 있다. 날씨에 따라 다소 차이가 있지만 12마일 정도에서도 레이더에 탐지되며 약 15분 정도 화면에 나타난다. 이것은 소형선의 조난 신호용으로 만들어졌다.

3.5.4 트랜스폰더(transponder)

트랜스폰더는 질문을 받았을 때나, 지역 통제소(local command)에서 송신이 시작되면 이를 수신하여 자동적으로 송신하는 수·송신 장치이다. 송신할 때 부호화한(coded) 식별신호와 또는 데이터를 포함시켜도 된다. 응답신호는 신호의 적용과 내용에 따라 레이더 화면 또는 레이더와 분리된 지시장치 또는 양쪽에 표시되어도 좋다.

트랜스폰더는 다음과 같은 곳에 사용되도록 만든 장치이다.

1) 질문한 선박이나 육상국의 레이더 화면에 수동적인 수단으로 얻어진 신호보다 지나치게 강하게 표시되면 안된다는 조건으로 신호의 증강이나 선박의 식별을 위하여.

2) 질문한 선박이나 육상국의 레이더 화면에서 식별을 위한 레이더 물표와 음성 또는 다른 전파 송신과 상관시키기 위하여.

3) 트랜스폰더 응답의 표시를 정상의 레이더 화면에 겹치도록 하거나 또는 다른 물표들의 반사파들과 별도로 나타내도록 하든가 사용자가 선택할 수 있도록 하기 위하여.

4) 충돌회피 또는 다른 위험·조종·조종특성 등에 관련된 정보의 이송을 위하여.

또 트랜스폰더는 전파 항해의 목적이 아닌 응답장치로서 다음과 같은 곳에 사용된다.

1) 선박과 선박 사이의 선종의 식별과 예인장치(towed devices)
2) VTS와 해안 감시를 위한 선박의 식별
3) 수색과 구조작업
4) 개별 선박의 식별과 데이터 이송
5) 수로 측량을 위한 위치의 설정

트랜스폰더는 수색과 구조, 또는 안전을 위해 관련 관청으로부터 특별히 허가된 경우를 제외하고 해상 부유물의 탐지를 증대시키기 위해서 사용할 수 없다. 수색과 구조용의 트랜스폰더는 레이더나 ARPA 화면에 그림 3-13과 같이 일정한 간격의 점들로 나타나도록

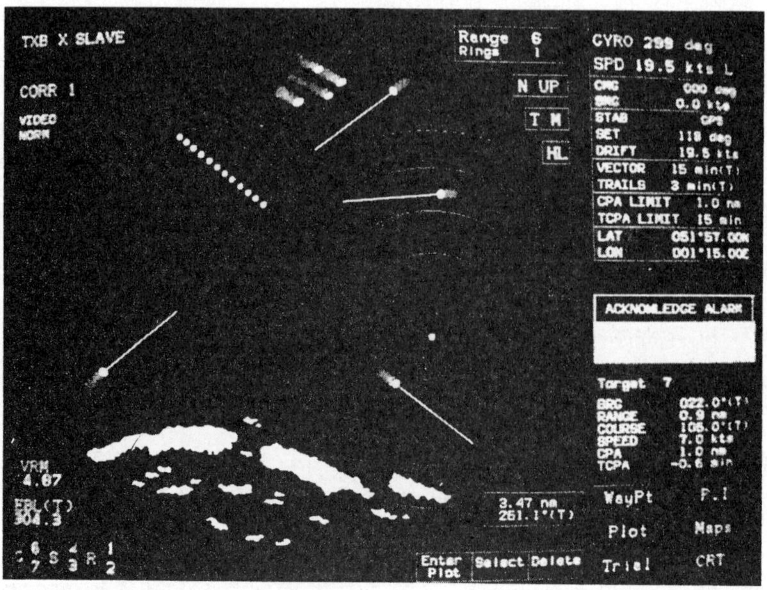

그림 3-13 레이더 화면상의 SART의 영상

송신해야 한다.

특히 수색과 구조용 트랜스폰더(SART, Search and Rescue Transponder)는 9GHz대의 전파로 응답하며 조난중인 선박의 위치를 구조선의 레이더에 나타낼 수 있어야 한다. 구조선 레이더 전파가 SART에 수신되면 소리나 시각으로, 또는 두 가지 수단으로 생존자들에게 경보를 하고 제대로 작동하고 있는 사실을 알리는 장치가 되어 있다.

스탠바이 상태에서는 96시간 작동할 수 있고 1kHz의 펄스 반복 주파수로 계속해서 8시간 작동할 수 있어야 한다. 15m 높이의 안테나의 레이더로 질문받았을 때 적어도 10마일의 거리에서 응답할 수 있어야 한다.

3.6 파도가 있을 때 물표의 탐지

해면반사는 레이더 에너지가 바다 표면에 부딪쳐 되돌아와서 생기는 반사파를 이른다. 해면반사는 물표의 탐지를 어렵게 하거나 불가능하게 하는 레이더 장치의 중요한 한계이다. 관측자는 이러한 현상의 본질뿐만 아니라 이러한 영향을 없앨 수 있는 여러 가지 장치의 원리를 이해해야 한다. 1970년대 중반 이래 디지털 기억장치가 출현하여 해면반사 억제장치가 점점 복잡해지고 있으며 이들의 한계를 알아야 한다.

항상 변하고 있는 바다 표면은 엄청난 레이더 물표의 수가 변하는 것과 같다고 하겠다. 해면의 어떤 요소의 레이더 유효반사면적은 매우 크게 변동하므로 평균 또는 확률로 평가할 수밖에 없다. 해면반사의 양을 결정하는 레이더와 해면의 특성을 알아내는 데, 수많은 기술자들이 통계적인 방법을 써서 해면반사의 메커니즘의 수학적 모델을 얻기 위해 많은 시간과 노력을 기울였다. 문제의 복잡성 때문에 특히 바다의 대조 실험의 어려움 때문에 관측된 현상과 수학적 예측을 완전히 일치시키는 것은 불가능하며, 이 정도로 이 메커니즘은 완전히 이해되지 않은 것이 사실이다.

관측자의 관점에서 보면 해면반사의 실체는 해면반사보다 약한 물표는 탐지될 수 없고, 해면반사보다 강한 반사파도 해면반사가 수신기나 지시기를 포화시키면 차단된다는 것이다.

3.6.1 해면반사의 특징

매우 잔잔한 바다 상태에서는 해면이 거울과 같은 작용을 하여 경면반사가 일어난다. 해면에 부딪친 모든 레이더 에너지는 반사하여 안테나로 되돌아오는 것은 아무것도 없다. 먼바다에서 파도의 높이와 주기는 바람의 속도와 이안거리와 바람이 불기 시작한 시간에 따라 달라진다. 수심이 낮은 바다에서는 파도의 경사가 심하고 파도 사이의 거리는 짧아지는 경향이 있다. 바람이 조류와 반대방향으로 불면 파고와 경사가 예상보다 커진다. 전선이 통과할 때 바람의 방향이 바뀌어 두 바람이 서로 간섭하여 매우 높은 파도를 만들기도 한다. 어떤 이유이든지 파도가 높아지면 파도가 부서져 물의 소용돌이를 만들고 포말을 생기게 한다. 문제가 복잡함에도 불구하고 다음의 세 가지가 반사에 영향을 미치는 것을 생각해 볼 수 있다.

① 레이더 입사 에너지에 좋은 애스펙트가 되는 파도의 경사면으로부터의 경면반사

바람이 부드럽고 경사진 파면을 만들면 이러한 경면반사가 일어난다. 이러한 경우는 조용한 상태에서 스웰이 있을 때이다. 스웰만 있는 경우도 있고 파도가 스웰에 겹치는 경우도 있다.

② 파면으로부터 에너지의 산란

조용한 상태에서 스웰이 있는 경우를 제외하고 바람이 파도의 경사면을 교란시키면서 파면을 매우 거칠게 만든다. 레이더 에너지가 이 거친 파면에서 산란되어 조건이 맞는 반사파만 수신되고 레이더 화면에 영상을 만든다.

③ 파면에 가까이 있는 물방울로부터의 반사

바람의 속도가 세지면 파정으로부터 물방울이 흩날려 레이더 에너

지를 반사한다.

레이더 에너지를 산란시키는 독자적인 물표가 파도 주위에 많이 있다. 이러한 산란으로부터 관측된 응답은 파도와 레이더 장치의 특성에 달려 있다.

1) 파고의 영향

파고에 영향을 미치는 것은 많지만 일반적으로 풍력이 파고를 일으킨다. 파고와 해면반사의 관계를 알아보기 위하여, 가까이에 있는 파도로부터 수신한 신호강도의 증가뿐만 아니라 탐지될 수 있는 신호가 수신되는 거리의 증가도 함께 고려해야 한다.

각 파도로부터의 응답은 어떤 레벨까지는 파고에 따라 증가하고 그 다음에는 평평해진다. 파고가 증가하면서 관측선 가까운 곳의 해면반사 수신기나 지시기를 포화시킨다. 파도가 더 높아지면 해면반사의 나타나는 범위가 넓어질 것이다. 포화시키지 못하는 신호는 거리에 따라 점점 약해진다.

결론적으로 포화 때문에 물표탐지가 차단되는 현상과 싸워야 하는 거리는 파도가 높아지면 더 멀어지고, 어떤 물표의 반사파가 주위의 해면반사보다 약하면 탐지할 수 없는 거리도 늘어난다.

2) 해면반사의 거리에 따른 변동

반사파의 수신 강도는 거리의 4승에 반비례한다는 것은 앞에서 알아본 바 있다.

해면반사는 이 법칙에 따르지 않고 가까운 거리에서는 거리의 자승에 반비례하고 보통은 거리의 3승에 반비례한다. 이것은 해면반사의 유효반사면적이 거리의 함수이기 때문이다(통계수치).

포화가 없으면 거리에 따른 해면반사의 변동은 그림 3-14(a)와 같고, 보통 포화가 일어나는 선형 증폭기에서는 그림 3-14(b)와 같이 파형이 수정된다.

3) 풍향의 영향

해면에서 만들어진 파도를 보면 역방향의 파가 순방향의 파보다 경사가 가파른 것을 알 수 있다. 가파른 파면이 반사파를 더 효과적

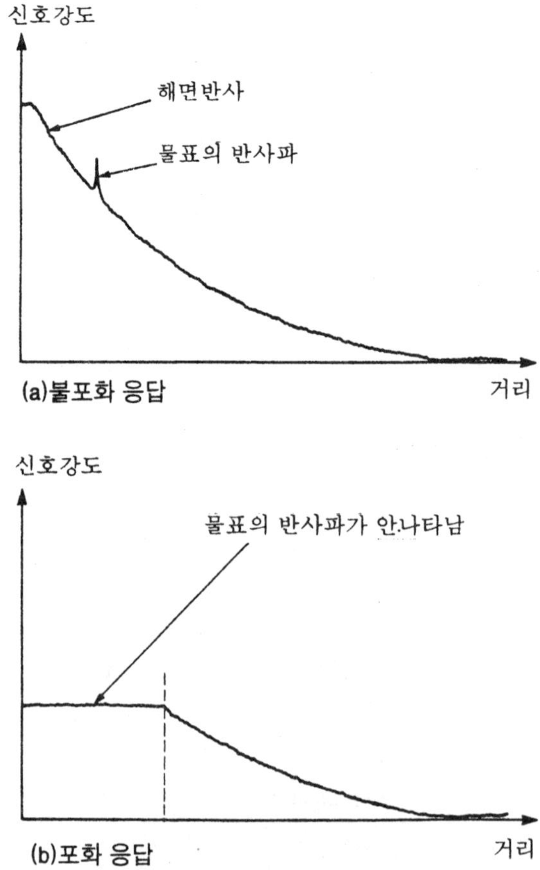

그림 3-14 거리에 따른 해면 반사

으로 보내고 해면반사의 범위가 풍하 쪽보다 풍상 쪽으로 더 넓어진다. (그림 3-15)

연안이나 강어귀에서 해면반사 모양은 둑에 부딪친 파도에 의해 모양이 달라지며, 수심이 낮은 곳이나 바람이 조류와 반대방향으로 불 때 파도가 심해진다.

4) 안테나 높이의 영향

안테나의 높이가 높을수록 해면반사 화면에 나타나는 범위를 확대

시키고 해면반사가 수신기나 지시기를 포화시키는 범위도 증대시킨다. (그림 3-16)

관측선 가까이에 있는 파도의 경사면은 멀리 있는 것보다 레이더 에너지의 좋은 반사체이다. 해면이 잔잔하면 경면반사가 일어날 것이지만, 대부분의 경우 해면이 거칠어 해면이 빔에 대해 직각이 아니더라도 산란에 의해 충분한 반사파가 돌아온다. 배가 직립해 있을 때 수직빔폭의 바깥에서는 레이더 에너지가 억제될 것으로 생각할지 모르지만 실제로는 측엽에 의해 반사파가 상당히 되돌아온다. 거리가 멀어질수록 파의 애스펙트가 점점 나빠진다.

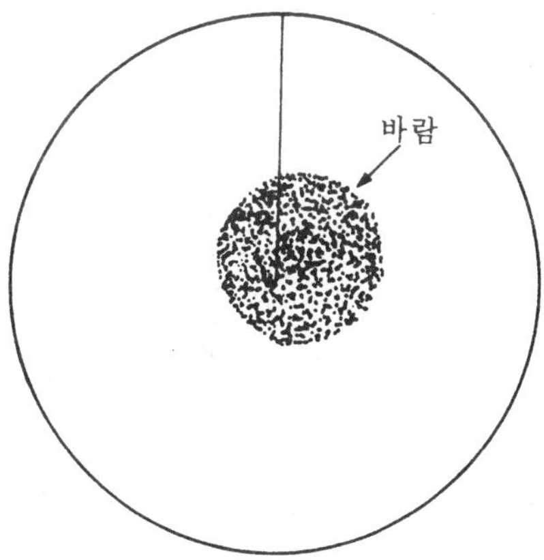

그림 3-15 해면반사의 영상

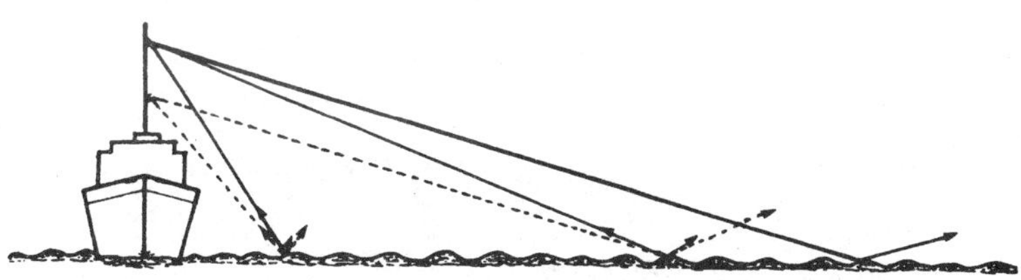

그림 3-16 안테나의 높이에 의한 해면반사

5) 레이더 전파의 파장의 영향

해면반사가 있을 때 레이더 전파의 파장과 해면반사량과의 관계를 경험적으로 정확히 결정하는 것은 대단히 어렵다. 일반적으로 파장이 길면 반사파가 적어진다. 선박용 레이더는 3cm파와 10cm파 두 종류의 파장을 쓰기 때문에 실제로 해면반사는 파장과 반비례한다고 생각하면 된다. 이것은 앞에서 살펴본 물표의 표면의 거친 정도의 개념과 일치한다. 파도의 표면의 거친 정도가 10cm에서보다 3cm에서 더 큰 것이다.

이같이 일반적으로 해면반사는 X밴드에서보다 S밴드에서 더 적게 나타나며 두 개가 함께 설치되어 있을 때는 해면반사가 있을 때 S밴드를 이용하는 것이 좋다.

6) 펄스폭의 영향

일반적으로 포화와 관련하여 펄스폭이 짧은 쪽보다 긴 쪽이 물표의 반사파를 증가시키고 해면반사도 마찬가지다. 만약 원하는 물표가 해면반사에 의해 차단되면 펄스폭을 적당히 선택하여 탐지할 수도 있다. 펄스폭이 짧은 쪽을 선택하면 해면반사뿐만 아니라 원하는 물표의 반사도 줄이고 해면반사 억제를 조금만 해도 해면반사 레벨을 포화레벨 이하 또는 포화레벨까지 낮출 수 있다. 펄스폭이 짧은 쪽을 선택하면 물표의 원주방향으로의 확대도 줄일 수 있다.

7) 편성의 영향

해면반사가 있는 상태에서 수평편파와 수직편파 사이의 응답의 차이는 거의 없다. 레이더 비콘 탐지능력에 관한 IMO의 성능기준에는 3cm로 작동하는 모든 레이더 장치는 수평편파로 작동할 수 있어야 한다고 규정하고 있다. 이와 같이 설계자가 X밴드 레이더를 수직편파로 만들 이유는 없다. 편성은 관측자가 선택할 수 있는 장치의 특성이 아니다.

3.6.2 해면반사에 관한 요약

해면반사는 어떤 물표의 탐지를 불가능하게 한다. 한편 조정기의 숙달된 조종이나 신호처리의 도움으로 탐지되기도 한다. 해면반사 억제 방법을 공부하기 전에 3가지의 확실한 경우를 점검해 본다. (그림 3-17)

① 주위의 해면반사보다 약한 물표

주위의 해면반사보다 약한 물표는 탐지할 수 없다. 왜냐하면 해면반사를 억제하는 모든 기술은 원하는 물표의 반사파도 억제시키기 때문이다. 해면반사파와 거의 비슷한 세기의 반사파는 화면에 규칙적으로 나타나는 것을 보고 알 수 있다. (해면반사는 불규칙)

② 지시기나 수신기를 포화시키지 않는 주위의 해면반사보다 강한 물표

이러한 물표는 탐지 가능하지만, 주위의 해면반사 때문에 명백하

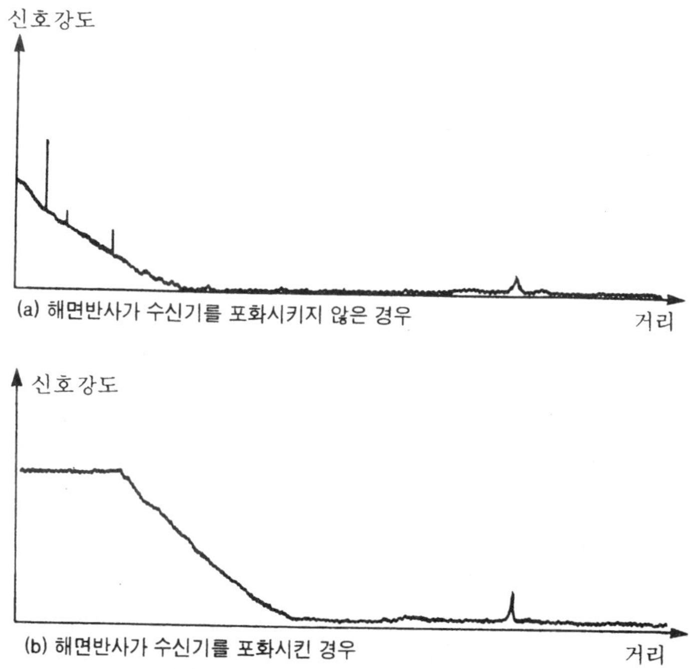

그림 3-17 해면반사와 물표의 반사파

지 않을 수도 있다. 이런 경우 물표의 반사파가 한계치보다 조금 높을 때 문제가 심각해진다. 이런 물표는 해면반사를 억제시키면 확실해진다.

③ 지시기나 수신기를 포화시키는 주위의 해면반사보다 강한 물표

이러한 물표는 주위의 해면반사와 같은 밝기로 표시되기 때문에 해면반사파에 가려진다. 해면반사 억제를 통하여 탐지 가능하지만, 해면반사보다 조금 센 반사파를 탐지할 때는 기술이 필요하다.

3.6.3 해면반사의 억제

앞에서 안테나의 높이, 파장, 펄스폭 등의 적절한 선택이 해면반사를 줄일 수 있음을 보았다. 잔잔한 날씨를 제외하고 그러한 억제가 해면반사를 없애는 것은 충분하지 않으므로 수신기나 지시기에 적극적인 방법을 도입한다.

1) 해면반사 억제기(sea clutter control)

해면반사가 있을 때 물표를 탐지할 수 있는 가능성은 이득조정기를 맞추는 기준으로 사용하는 잡음의 반점과 같이 해면반사 일부가 나타나도록 하여 그 위에 물표의 영상이 나타나도록 조종하여 최대가 되도록 한다. 이는 이득조정기를 낮추면 가능하다.

그러나 그림 3-18에서 보는 바와 같이 그렇게 하면 가까이에 있는 물표에 대해 원하는 만큼 억제하지도 못하고 더 멀리에 있는 물표를 놓칠 우려가 있다.

본질적으로 이득조정기는 시간축을 따라서 진폭을 일정하게 줄이기 때문에 배에서 가까운 곳에서는 강하고 거리가 멀어짐에 따라 약해지는 해면반사는 영향을 미치지 못한다.

해면반사 억제기는 특수화한 이득조정기의 형태로써, 소인의 중심에서 이득을 줄이고 시간에 따라 그것을 원상태로 회복시킨다. 이같이 이 조정기는 억제의 양을 변화시키는 것이다. 처음에 억제하는 양도 여러 가지이고, 관측자가 조정할 수 있으며, 원상회복시키는 속도는 제조자가 미리 맞춰 놓는다. 이 두 가지가 억제효과가 나타나는

범위를 결정한다.

이 조정기는 이득이 시간과 관련되어 변화하므로 STC(Sensitivity Time Control)라고 한다. 이상적으로 억제곡선은 해면반사가 거리에 따라 감소하는 것과 같은 규칙을 좇아야 한다. 정상적으로 억제량은 시간에 따라 지수 함수적으로 변한다. 이것은 매우 일찍 선박용 레이더에 채용되었다. 실제로 이러한 파형은 축전기에서 저항을 통해 방전할 때 얻어지므로 단순하고 신뢰성이 있으며 값도 싸다.

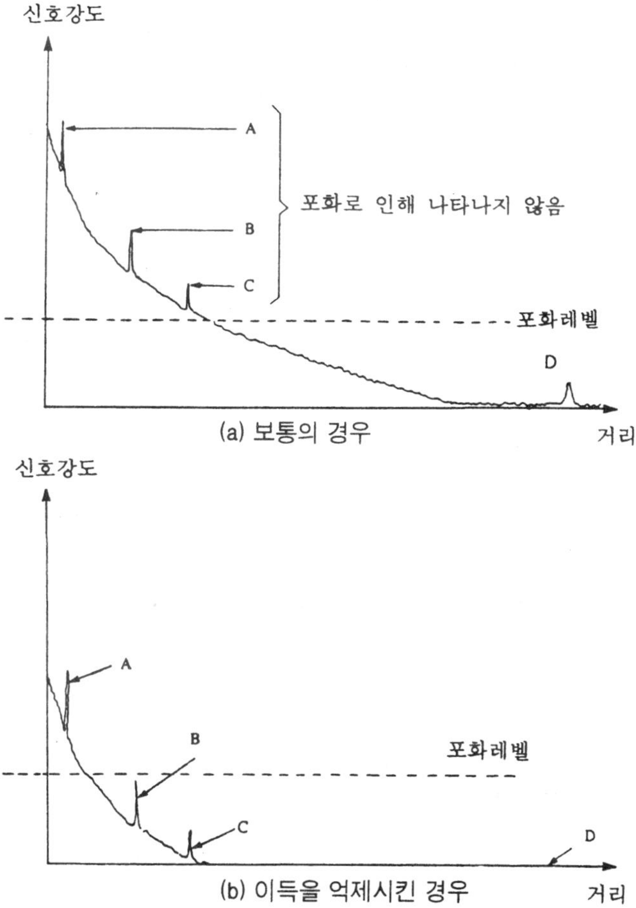

그림 3-18 해면반사 억제

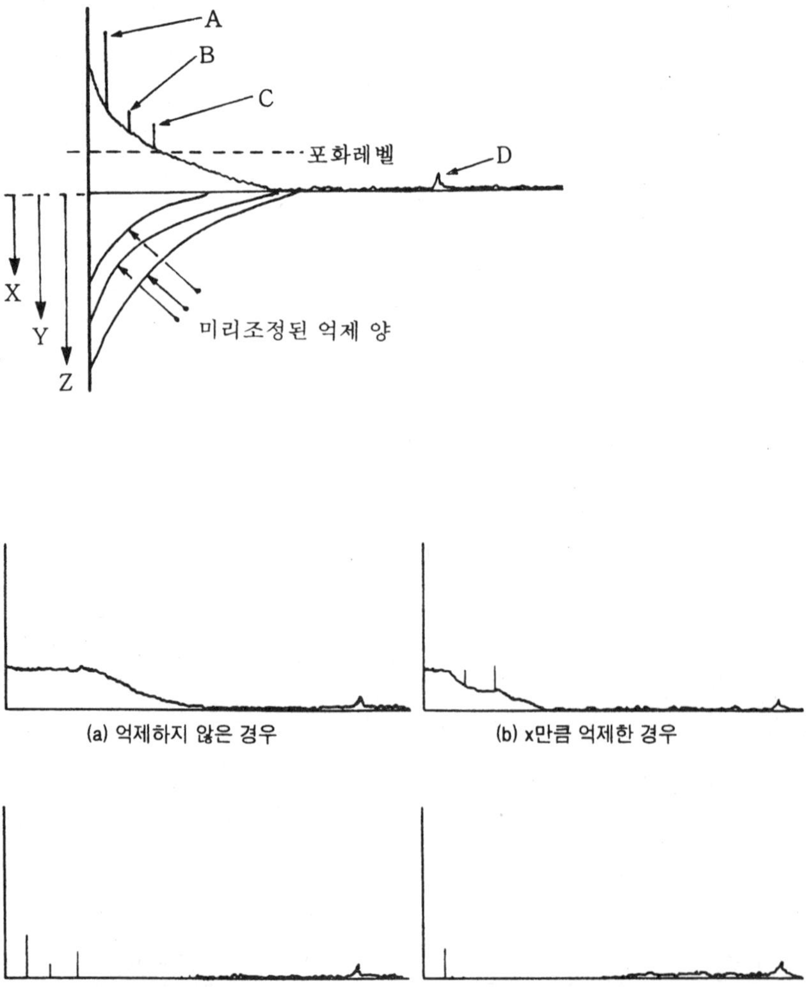

그림 3-19 해면반사 억제원리

이상적으로 관측자들은 해면반사에 맞춰 억제를 최적화하려고 하고 그래서 원하는 물표를 억제된 해면반사의 반점 위에 나타내려고 한다. 해면반사가 있을 때 물표의 탐지 가능성을 최대로 하기 위하여, 관측자는 일정한 간격으로 해면반사 억제조정기를 완전히 억제한 상태에서 0 상태까지 천천히 주의깊게 맞춰야 한다.

2) 수신기 특성의 영향

선형 중간주파 증폭기를 사용하던 종래의 레이더에서는 포화가 증폭기의 앞단에서 효력을 나타낸다. 그런 경우에 해면반사 억제조정기는 수신기 앞에서 억제효과가 나타나도록 설계된다. 해면반사가 심할 때 수신기의 앞단에서 과도한 억제가 필요하다.

대수 증폭기를 사용하는 현대의 레이더에서는 모든 경우에 포화되지 않은 출력이 수신기의 영상신호부에 입력으로 들어가도록 한다. 해면반사로 인한 포화는 영상신호 증폭기 또는 CRT까지에는 효과가 나타나지 않고, 이런 경우에 해면반사 조정기는 수신기의 영상신호부에서 작동한다. 대수 증폭기를 씀으로 해서 해면반사에 의한 물표의 차단이 적어졌고, 해면반사 억제기의 작동은 선형 수신기에서 보다 덜 중요해졌다.

대수 증폭기가 중간주파 증폭기를 포화시키는 신호의 범위를 넓혀놨기 때문에 해면반사에 의한 물표의 차단의 위험을 훨씬 줄였다. 수신기 출력과 입력 사이의 대수적 관계는 해면반사 신호에 대한 이득의 시간 변화 효과도 있어 해면반사가 심한 상태에서 레이더의 성능을 훨씬 향상시켰다.

3) 적응이득(adaptive gain)

이것은 해면반사를 자동적으로 억제하고자 최근에 개발된 기술이다. 수동으로 해면반사를 억제할 때 문제는 이 억제가 각 소인선마다 정확하게 조정되어야 한다는 점이다. 어떤 사람도 이런 일을 할 만큼 빠르지 못하고 기민하지 못하나 전자적인 방법을 써서 할 수 있게 되었다. 이 방법을 적응이득이라 부르고, 수신기 이득을 각 소인선의 어떤 점의 해면반사의 레벨에 계속해서 적응하도록 조정할 수 있게 관련 회로를 설계하였기 때문에 이렇게 부른다. 공학적인 이유 때문에 수신기의 영상신호 단계에서 적응이득이 작동하도록 되어 있고, 해면반사의 아날로그 값을 빼내야 하므로 포화되지 않은 신호에 작동해야 한다. 이러한 기술은 선형 수신기에서는 성공적으로 사용될 수 없음도 명백하다. 결과적으로 이 적응이득은 대수 증폭기가 상선용 레이더에 실용화되기 시작한 1970년대 중반부터 상선용 레이더에 출현하기 시작하였다. 그때 이래 영상합성과 자동추적을 위한 디지털 신호저장을 사용하는 레이더에서 자동적인 해면반사 억제를 효과적으로 하기 위해 점차 보편화되었다. 만약 계수화하기 전에 해면반사 억제가 안되면 물표의 차단 문제가 더욱 악화될 것이다. 그림 3-20에 그 원리를 보인다.

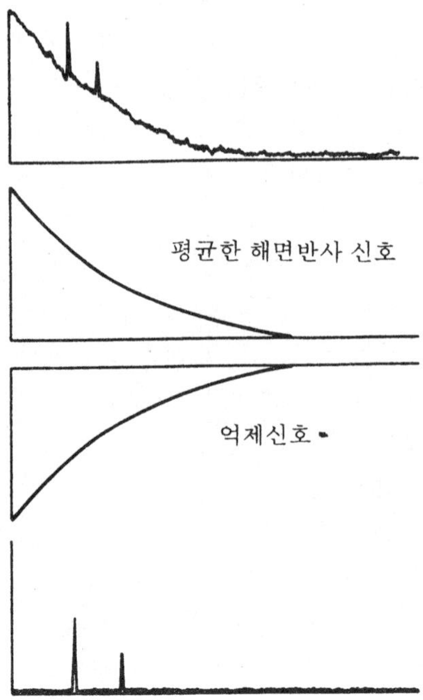

그림 3-20 적응이득의 원리

만약 해면반사 신호의 아날로그 값이 억제신호를 만드는 데 사용되면 해면반사보다 강한 신호만이 나타나게 될 것이다. 그림 3-20에 나타난 합성신호를 보면 그 특징이 두 개의 요소를 갖고 있음을 알 수 있다. 하나는 신호가 해면반사 범위 내에서 원점에서 최대치로부터 0으로 서서히 줄어든다는 것이다. 또 하나는 물표의 존재를 나타내면서 상대적으로 매우 예리한 스파이크로 해면반사파에 중첩되어 있다. 이 전체 신호는 빨리 왕복하면서 천천히 변하는 평균신호로 생각할 수 있다. 적응이득 회로의 검출부의 반응속도는 너무 느려 매우 빠른 왕복에는 따라가지 못하나 천천히 변하는 평균신호 레벨을 따라가는 데는 충분하도록 설계되어 있다. 이같이 검출부는 높은 주파수의 변동을 효과적으로 빼내고 천천히 변하는 평균신호 레벨을 만들어 관측자가 맞춘 전체 이득레벨을 계속적으로 또 순간적으로 수정하기 위한 억제신호로 사용된다.

만약 억제신호가 평균신호 레벨의 믿을 만한 아날로그 값이라면, 표시하는 데 유용한 영상신호는 그 레벨로부터 매우 빨리 왕복하는 신호와 해면반사보다 강한 물표의 존재를 알리는 신호를 포함해야 한다. 해면반사보다 훨씬 강한 물표는 탐지하기 쉬워야 한다. 해면반사 레벨과 비슷한 물표는 탐지하기 어렵고 관측자는 일반 표시 원리에 따라 판단할 수밖에 없다. 적응이득장치가 잔잔한 바다와 폭풍 해면 사이의 전 범위에서 최적의 응답을 줄 수 없다는 것을 알아야 한다.

적응이득회로는 평균하는 기능과 미분하는 기능을 갖고 있기 때문에 레이더 비콘 신호를 억제하므로 IMO의 성능기준에는 레이더 비콘 신호가 나타나는 곳에서 신호처리의 정지가 가능하도록 규정하고 있다.

적응이득장치는 우설반사 억제에도 유용하다. 어떤 레이더 장치에서는 하나의 적응이득장치로 해면반사와 우설반사 억제 두 가지의 역할을 하기도 한다. 이 적응이득의 원리는 두 경우에 다 해당되며 그 차이는, 해면반사 억제시는 미리 정한 한정된 범위에서 유효하고 우설반사 억제시는 전 시간축에 걸쳐서 유효한 점이다. 이러한 역할을 분리하는 주된 이유는 해면반사 적응이득장치는 가까운 곳의 해면반사는 억제하고 더 먼 곳의 레이더 비콘을 탐지할 수 있게 하기 위함이다.

4) 회전 대 회전 상관

이것은 해면반사를 자동적으로 억제하는 기술이며 더 개량된 방법이다. 이 방법은 공중선의 전 회전에 대한 거리와 방위 데이터를 저장할 수 있는 장치에서만 사용할 수 있다. 이제까지 알아본 해면반사 억제방법은 해면반사와 물표를 구별하기 위해 신호강도차를 이용한다. 그래도 관측자는 해면반사 중에서 약한 반사파를 불규칙한 해면반사파와 비교할 때 그 규칙성으로 구별한다. 회전 대 회전상관은 바로 이 점을 자동적으로 수행하도록 맞춘다.

이 원리는 둘 또는 그 이상의 연속되는 공중선의 회전에 대해 동일한 거리기억소자의 내용을 비교하는 것이다. 파도의 애스펙트가 매우 좋을 때는 반사파가 되돌아올 것이며 다음의 공중선 회전시 곧 3초 후에도 반사파가 올 것이 예상된다. 이것은 확실히 통계의 문제이지만, 애스펙트가 좋은 파도의 반사파가 연속된 소인에 같은 거리에서 반사파가 올 확률은 고정된 물표에서 반사파가 올 확률보다 적은 것은 확실하다. 안테나의 회전수가 많아지면 이 두 확률간의 차이는 커진다(그 물표가 문제의 그 기억소자에서 빠져나가지 않는다면). 이와 같이 규칙적인 물표의 반사파와 불규칙적인 해면반사를 구별하는 것이 비교를 위한 안테나의 회전수에 따라 어느 정도 가능해진다.

확률이론의 이용 방법과 이에 부쳐진 이름은 제조자에 따라 상당히 다르다. 예를 들면, 안테나의 연속되는 회전에 나타나는 반사파는 불규칙하게 나타나는 반사파보다 높은 레벨이나 또는 다른 색깔로 나타낸다. 좀더 복잡한 방법은 여러 차례 비교하고 다단계 레벨의 합성표시를 이용하여 되돌아오는 반사파의 수가 증가하면 반사파의 밝기의 레벨을 올려 연속해서 되돌아온 반사파의 수와 물표의 밝기를 일치시켜 주는 것이다. 상관의 효과는 해면반사보다도 지속적으로 반사파를 보내 주는 물표에 크게 나타날 것이다. 그러나 부이나 소형선같이 파도 속에서 간헐적으로 반사파를 보내는 물표들이 탐지 안 될 수도 있다는 것을 명심해야 한다.

이러한 장치가 되어 있는 레이더를 사용하는 관측자는 이의 논리적인 작동원리를 알고 있어야 한다. 이와 같이 수정된 반사파의 밝기로 반사파 강도를 알 수 없는 것이다.

회전 대 회전상관은 수신기 잡음을 없애는 경향이 있으므로 이득조정기를 맞출 때는 이 작동을 정지시키는 것이 중요하다.

3.7 우설반사가 있을 때 물표의 탐지

강수란 비·눈·우박 등과 같이 물이 공기중에 나타나는 여러 가지 상태를 말한다. 강수로부터의 반사파가 레이더 화면에 원치 않는 영상을 만들며, 이것을 통상 우설반사라 한다. 우설반사는 어떤 점에서는 해면반사와 비슷하지만 또한 매우 다른 특성도 가지고 있다. 해면반사와 같이 우설반사는 수신기에서 포화가 일어나 매우 강한 물표의 반사파도 차단한다. 포화되지 않은 물표가 이 때문에 탐지하기가 매우 어렵고 우설반사보다 약한 반사파는 탐지가 불가능하다. 그러나 우설반사는 화면의 어떤 곳에서도 나타날 수 있으며, 그 위치를 매우 빨리 바꾼다. 또 송신펄스와 되돌아오는 반사파는 강수를 통과하면서 산란되고 감쇄되므로 반사파의 강도는 매우 약해진다. 이 때문에 강수지역을 지나 멀리 있는 물표의 탐지 가능성이 줄어든다. 강수지역 내와 그 바깥에 있는 물표를 탐지하기 위한 해결 방안이 매우 다르다는 것을 알아야 한다.

3.7.1 우설반사의 성질

강수지역은 불규칙하게 흩어진 물방울, 눈송이, 얼음의 형태를 한 수많은 입자의 집합체로 생각할 수 있다. 레이더 전파의 에너지가 이 입자들에 부딪치고 그 결과 수많은 방향으로 산란한다. 어떤 입자의 애스펙트는 안테나 쪽으로 산란시키고 레이더 화면에 영상을 만든다. 해면반사와 마찬가지로 이 메커니즘은 매우 복잡하고 이 반사파의 양적 분석은 복잡한 통계이론을 적용해야 한다.

그러나 우설반사의 양은 입자의 크기와 물질, 어떤 순간에 레이더 빔에 비춰진 입자의 수, 강수의 거리에 따라 달라진다. 또한 어떤 레이더에서는 고정되어 있긴 하지만 펄스 에너지와 송신 주파수도 영향을 미친다.

1) 입자의 크기의 영향

앞에서도 알아본 바와 같이 송신파장과 관련하여 생각해 볼 때 입자의 크기는 매우 중요하다. 이론적인 계산은, 입자의 지름이 파장에 비해 적으면, 주어진 파장에 대해 산란은 입자 지름의 자승에 비례하여 증가하는 것을 보여준다. 이같이 입자의 크기를 두 배로 하면 반사파의 강도는 4배로 증대되고, 역으로 주어진 입자에 대해서는 송신 파장의 자승에 역비례하여 적어진다. 이처럼 강수지역에서 X밴드 레이더 대신에 S밴드 레이더를 사용하는 것이 우설반사의 영향을 대략 1/10로 줄일 수 있다.

2) 강수율

우설반사는 입자의 크기와 밀도에 따라 증가하는 것은 명백하다. 이 두 요소가 강수율을 정하고 이는 기상학자들이 단위 시간당 내리는 양의 단위로 강수량을 정하는 데 사용하는 양이다. 이 강수율이 우설반사를 설명할 때 보통 사용된다. 일반적으로 우설반사는 강수율에 비례하여 증가한다.

3) 거리의 영향

일반적으로 물표의 반사파 세기는 거리의 4승에 비례하여 줄어든다는 것을 앞에서 설명하였다. 이에 비해 우설반사의 세기는 거리의 자승에 비례하여 적어진다. 이 때문에 매우 가까운 거리를 제외하고 우설반사가 더 잘 나타난다.

우설반사가 나타나는 한계는 최소 수신신호와 관계가 있고, 이 우설반사의 영상은 동조를 맞출 때 하나의 기준이 된다.

3.7.2 강수중에서 전파 에너지의 감쇄

레이더 전파가 대기중을 통과할 때라도 감쇄현상이 생긴다. 이는 전파 에너지가 공기중의 가스 성분 특히 산소와 수증기에 의해 흡수되기 때문이다. 이러한 현상은 X밴드보다 더 짧은 파장에서 현저하게 나타나기 시작한다. 그러나 강수는 감쇄의 양을 상당히 증가시킨다. 에너지가 흡수되는 양은 입자의 크기, 입자의 형태(물, 얼음)와 강수율에 따라 달라진다. 그것은 전파가 나아간 거리에 따라 지수 함수적으로 증가한다. 어떤 주어진 강수상태에서 S밴드의 송신이 X밴드에서 보다 감쇄가 적다.

3.7.3 강수 형태에 의한 영향

1) 비

비가 올 때 산란과 감쇄를 일으키는 입자는 물방울의 형태이다. 물방울의 크기는 표면장력 때문에 5.5mm를 넘을 수 없다.

열대 폭풍의 경우나 한랭전선의 통과중이나 통과 후에 활발한 대류현상으로 비가 올 때 일반적으로 물방울이 크다. 이런 경우에 물방울은 X밴드의 파장에 비해 상당한 크기이므로 우설반사가 매우 세고 전파 에너지의 감쇄도 심각해진다. 강수지역 안에 있는 반사파가 강한 물표의 탐지거리는 줄어들 것이며 수신기의 포화로 인해 차단될 것이다. 소형선이나 부이와 같이 반사파가 약한 물표는 그것이 우설반사보다 강하지 않으면 탐지할 수 없다. 맑은 날씨라면 강수 너머의 물표가 탐지될 수 있지만, 강수에 의한 산란과 감쇄 때문에 탐지거리를 현저하게 줄인다. 물방울의 크기가 10cm 파장에 대해서는 훨씬 작기 때문에 이런 상황에서는 S밴드 레이더를 선택하여 이러한 영향을 줄일 수 있다.

이슬비는 강수율이 낮고 물방울도 0.25mm보다 작기 때문에 매우 약한 물표 이외에는 심각한 문제는 없다.

2) 구름

구름을 형성하는 물방울은 너무 작기 때문에(0.1mm이하) X밴드 레이더에도 탐지되기 어렵다. 그러나 구름 내부에서 비나 다른 강수 현상이 있을 때는 탐지된다.

3) 안개

안개의 경우는 입자가 매우 작고 밀도도 적기 때문에 거의 탐지되기 어렵다. 대부분의 경우 감쇄 때문에 최대 탐지거리에 다소 영향을 미친다. 그러나 극지방의 농무는 탐지거리에 상당한 감소를 가져온다.

스모그(smog)는 smoke와 fog의 합성어로 공장 지대의 먼지 입자에 물방울이 응축하여 생긴 것이다. 이 스모그는 바다 위의 안개보다 레이더 전파 에너지를 더 많이 감소시킨다.

4) 눈

녹지 않은 상태에서 눈송이는 하나의 얼음 결정체이거나 그런 결정들의 응괴이다. 강수율로 볼 때 눈의 강수율은 비의 강수율보다 적다. 눈에 의한 반사파가 비에 의한 반사파보다 덜 성가신 것은 확실하다. 눈에 의한 전파 에너지의 감쇄는 비에 의한 것보다 적다.

눈이 비보다 전파 에너지를 더 적게 반사하는 것은 다행스러운 일이나, 어떤 물표에 눈이 덮여 있으면 상대적으로 반사성능이 나빠지는 것을 명심해야 한다. 눈이 전파 에너지를 흡수하여 육지와 같은 좋은 반사체의 탐지거리를 줄이고 작은 빙산과 같은 반사성능이 좋지 않은 물표가 탐지되는 데 어렵게 한다.

5) 우박

우박은 물방울이 얼어서 된 것이다. 얼음은 물보다 반사성능이 좋지 않아서 우박은 물방울보다 반사파의 양이 적다. 일반적으로 우박과 관련된 강수율은 비의 경우보다 적고, 감쇄나 반사양은 비에 비해서 더 적다.

3.7.4 우설반사의 억제

1) 펄스폭의 선택

해면반사의 경우와 같이 펄스폭이 좁으면 수신 반사파의 양을 줄이고, 우설반사의 양을 포화값 이하로 보내주므로 물표의 탐지에 도움이 된다. 일반적으로 펄스폭을 좁히면 우설반사와 원하는 물표의 반사 사이 대비(contrast)가 좋아진다. 그것은 물론 강수로 인한 감쇄에 대처하는 데 도움을 주지는 않는다.

2) 파장의 선택

X밴드보다 S밴드가 우설반사와 감쇄를 줄여 강수중에 있는 물표의 탐지를 더 용이하게 한다.

3) 우설반사 회로

이것은 포화의 문제를 해결하기 위한 방법이며, 영상신호부에 있는 '미분'으로 알려진 기술을 도입한다. 신호는 신호강도의 증가에만 응답하는 회로에 의해 조절된다. 미분이란 원래 수학용어이며 어떤 양의 변화율을 측정하는 수단이다. 그림 3-21에 하나의 이상적인 구형파 펄스에 대한 미분의 변화의 정도를 나타내었다.

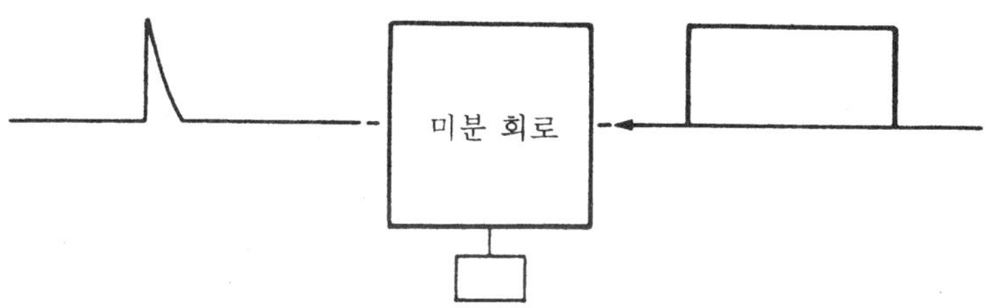

그림 3-21 미분의 원리

신호강도가 증가하는 파형 부분에서만 회로가 응답하기 때문에 반사파의 끝부분을 제거하는 효과가 있고, 그래서 비의 영상의 앞부분과 물표의 앞부분을 분리해서 나타낼 수 있다. 미분된 반사파의 길이는 시정수에 따라 달라진다. 이런 이유로 우설반사 억제기는 FTC (Fast Time Constant)라 부른다. 제조자에 따라 FTC를 on/off로 작동하도록 되어 있는 것도 있고, 관측자가 몇 가지 단계를 선택하도록 되어 있는 것도 있다.

그림 3-22에 미분된 출력의 대표적인 두 가지 모양을 보였다. 즉 비의 반사파 상승 부분과 비보다 강한 물표의 상승 부분이다. 비의 반사파의 강도는 거리에 따라 천천히 줄어들고, 순간적인 신호레벨의 변동이 겹쳐 있음을 주목해야 한다. 우설반사 억제기의 조정에 따라 변동폭의 상승 부분을 크게 혹은 작게 한다. 비의 반사파보다 약한 물표는 탐지할 수 없다. 미분은 계수화하기 전에 이루어지고 그림 3-22에 보인 출력은 아날로그 값이다.

우설반사 억제기가 비의 영상을 억제하는 가장 효과적인 방법은 아니라는 사실을 알아야 한다. 많은 사용자들은 이득조정기를 이용하여 물표를 더 효과적으로 찾는다. 미분효과는 가까운 거리범위에서 물표를 식별하는 데 특히 효과가 있음이 알려져 있다.

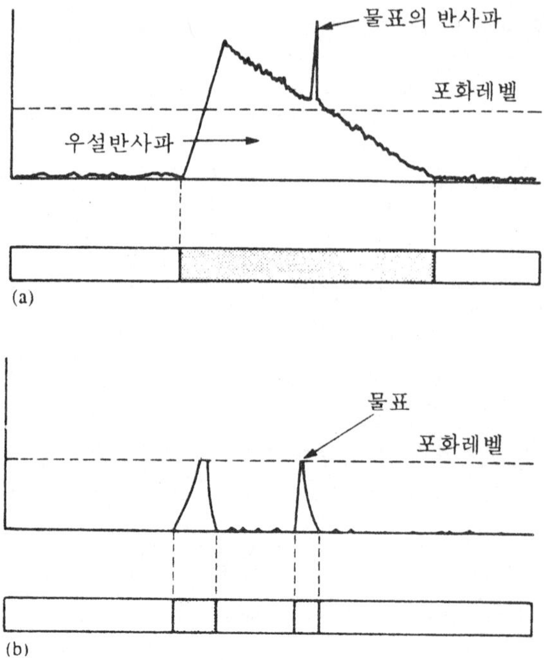

그림 3-22 우설반사 억제효과

4) 적응이득

해면반사 억제를 설명할 때 자세히 언급되었고 우설반사 억제를 자동적으로 행한다. 대부분의 장치에서 적응이득을 선택하면 미분의 양이 정해진다.

5) 원편파

오늘날 대부분의 레이더 전파는 수평편파이다. 원편파는 수평편파에 진폭과 주파수가 같은 수직편파를 90°의 위상차를 갖게 하여 합쳐서 만든다. 이렇게 만들어진 전파의 편성은 회전하므로 원편파라 부른다. 반사파가 되돌아올 때 전파의 두 성분이 분리되고 수직편파 성분에 90°의 위상 변이가 생긴다. 두 요소가 동일한 반사를 하면 진폭은 같으나 180° 위상차가 생겨 서로 상쇄된다. 물표가 조그만 구일 때 그러한 대칭반사가 일어난다. 대부분의 경우에 물방울이 이와 매우 유사하다. 이와 같이 물방울의 반사는 없어지거나 상당히 감쇄된다. 보통 물표의 반사파도 원편파를 쓰면 역시 감쇄된다.

과거의 선박용 레이더에 이 장치를 하였으나 많지 않았고, 지금도 있긴 하지만 더 이상 만들지 않는다. 그 효용성이 값과 복잡성을 능가하지 못한 듯하다.

3.7.5 강수에 의한 감쇄에의 대처

1) 강수의 저편에 있는 신호의 감쇄

강수의 뒤편에 있는 물표의 반사파는 전파 에너지가 강수를 통과하면서 산란하고 감쇄를 받기 때문에 줄어들 것이다. 이러한 감쇄는 S밴드와 긴 펄스를 씀으로써 완화시킬 수 있다. 특정한 물표를 찾으려면 이득조정기를 정상 이상으로 맞추면 임시로 가능하고, 반사파 확장 기능이 있으면 조금은 탐지에 도움이 된다.

2) 강수중에 있는 신호의 감쇄

이것은 더 어려운 문제이다. X밴드보다 S밴드를 사용하는 것이 감쇄를 효과적으로 줄이는 유일한 방법이다. 위에서 말한 그외 방법은 신호의 반사파를 증강시키지만, 또한 강수의 반사파도 증강시키므로 문제를 더욱 악화시킬 뿐이다.

3.7.6 강수를 탐지하는 레이더의 능력 이용

먼거리의 강수를 탐지하는 레이더의 능력은 수많은 기상에의 응용에 유용한 것으로 알려져 왔다. 수백 마일의 거리범위를 갖는 육상 레이더는 태풍의 강수지역 움직임을 추적하거나 경보를 발하기 위해 사용되어 왔다. 감시용 장거리 레이더는 매일의 일기예보에 이용된다. 선박용 레이더는 일기예보에는 적합하지 않지만 짧은 기간 동안 강수의 움직임을 추적하는 데는 유용한 것으로 밝혀졌다.

강수의 접근을 미리 경보하여 충돌회피 동작을 취하는 레이더를 사용하는데 생길 수 있는 부가적인 문제에 충분한 시간을 갖고 대처할 수 있게 한다. 충분한 시간적 여유를 갖고 선장에게 보고하고 기관사들은 기관 준비를 하고 브리지에서 견시 등 필요한 조치를 취할 수 있다.

물표가 강수지역으로 들어가기 전에 플로팅을 시작하게 한다. 이렇게 하여 강수지역에 물표가 들어가더라도 대략의 위치를 알기 때문에 쉽게 찾을 수 있다. 상대선이 강수중에 있는 동안 조선할 가능성 때문에 관측자가 긴장해 있을지라도 추출된 데이터는 충돌예방 동작을 취하는 데 매우 유용하다.

항구에서는 소나기의 접근을 추적하여 비로 인한 화물 손상을 막기 위해 미리 창구(cargo hatch)를 막을 수 있게 한다. 바다에서는 소나기를 피할 수 있어서 갑판 작업에 이롭고 여객선에서는 실외 행사에 도움이 될 것이다.

3.8 레이더 수평선

선박용 레이더의 송신 주파수(3000MHz~10000MHz)에서 전파의 빔이 지나간 길을 가시선(line of sight)으로 생각한다. 이것은 레이더에서 탐지하기에 충분한 반사파를 보낼 수 있을 만큼 강한 펄스를 보낼지라도 그 물표가 레이더 수평선 아래에 있으면 탐지할 수 없다는 것을 의미한다. 이것은 수평선 부근에서 시각 관측과 비슷하다. 특정한 물표의 탐지 가능성을 평가하고 해안선이 나타나는 시점을 생각할 때 대기의 영향도 고려해야 한다.

3.8.1 표준대기상태의 영향

표준대기상태하에서 레이더 빔은 약간 아래로 굽는 경향이 있고, 레이더 수평선까지의 거리는 다음 식으로 계산된다.

$$D(mile) = 2.21\sqrt{h}(m)$$
$$= 1.22\sqrt{h}(ft)$$

단, h는 안테나의 높이이다. 그림 3-23에서 보는 바와 같이 레이더 수평선 너머의 물표를 탐지할 수 있는 가능성은 다음에 설명할 다른 요인들에 부가해서 물표의 높이에 달려 있다(즉 물표의 반사 부분이 레이더 수평선의 위에 있느냐 아래에 있느냐에 따라). 이와 같이 안테나와 물표의 높이에 따른 이론적인 탐지거리는 다음 식으로 구할 수 있다.

$$R(mile) = 2.21\sqrt{h}(m) + \sqrt{H}2.21(m)$$
$$= 1.22\sqrt{h}(ft) + 1.22\sqrt{H}(ft)$$

단, H는 물표의 높이

위 식은 다음의 조건을 전제로 한다.

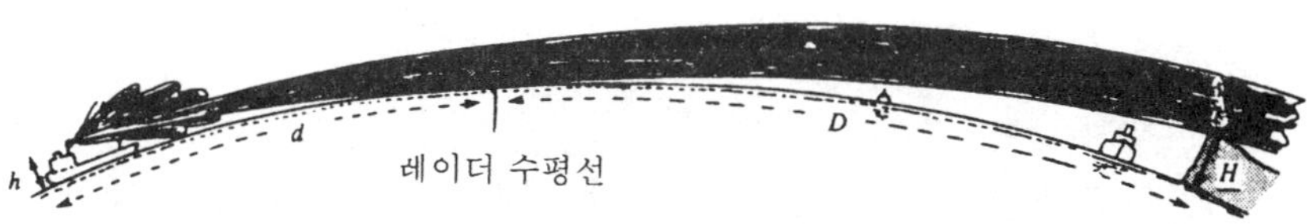

그림 3-23 레이더 수평선

(a) 표준대기상태일 것
(b) 레이더의 출력은 충분할 것
(c) 물표의 반사 특성상 탐지에 충분한 반사파를 보낼 것
(d) 강수 등 기상상태에 의한 신호 감쇄가 없을 것

안테나의 높이를 높게 하면 탐지거리가 증대된다고 말하는 것이 이론적으로는 맞지만 실제로는 어느 정도 한계가 있다. 어느 정도 이상의 높이 위에서는 탐지거리의 증가는 최소가 된다. 그 이유는 위의 이론적인 관계를 생각해 보면 알 수 있다. 즉 레이더 수평선의 거리를 두 배로 하기 위해서는 안테나의 높이를 4배로 해야 한다. 레이더 안테나의 높이가 16m인 배를 생각해 본다(그림 3-24). 레이더 수평선까지의 거리는 8.84마일이 된다. 이것은 8.5마일 이상 떨어진 물표를 탐지할 수 있는 가능성을 판단할 때 물표가 충분한 높이를 가지고 있는가를 첫째로 생각해야 한다는 것을 의미한다. 안테나의 높이가 16m인 배에서 23마일에서 처음으로 육지를 탐지한 경우를 생각해 본다.

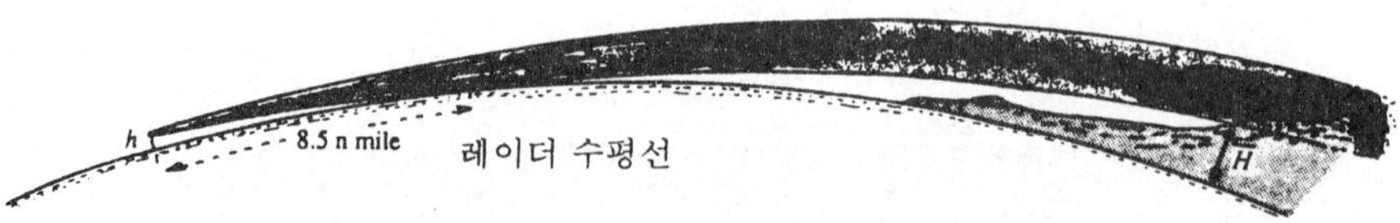

그림 3-24 물표와 안테나의 높이에 의한 영향

이때 물표의 높이는 41.05m이다. 이것은 현재 표준대기상태이고 물표는 적어도 41m 이상이어야 한다는 것을 나타낸다. 레이더에 관측된 것과 해도와 관련지으려고 할 때 적어도 41m 이상의 육지만 고려해야 한다.

그림 3-24에 보인 바와 같이 배가 해안선으로부터 23마일 떨어진 것으로 생각하는 것은 완전히 잘못된 것이다. 이 때문에 선박이 육지로부터 실제보다 멀리 떨어져 있다고 생각하기 쉽다(사실은 더 가까

이 있으면서). 그림 3-25에 보인 바와 같이 경사면을 가진 해안선에 접근할 때, 레이더 화면에 나타나는 해안선은 접근함에 따라 수평선 아래의 육지가 수평선 위로 올라오기 때문에 본선의 속도보다 더 빠른 속도로 다가와서 당황하는 수가 있다.

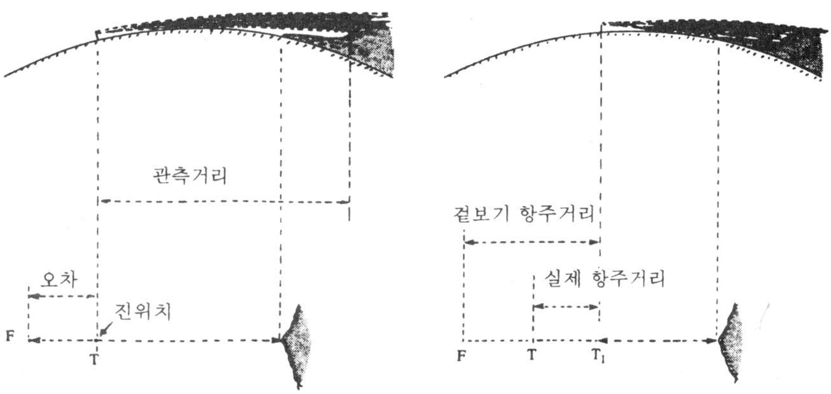

그림 3-25 해안에 접근할 때 레이더 영상의 움직임오차

3.8.2 아굴절(sub-refraction)

아굴절은 높이에 따른 대기 굴절률의 저하율이 표준대기상태에서보다 완만할 때 일어난다. 그 결과 레이더 빔이 표준대기상태에서 보다 약간 위쪽으로 굽는 현상이 일어난다. 이것은 다른 요소는 일정하다고 할 때 물표의 탐지거리가 줄어드는 것을 의미한다. 실제로 표준대기상태에서의 탐지거리의 80% 정도 되지만 그 시점의 대기상태에 따라 달라진다. 이러한 아굴절현상을 일으키는 대기상태는 매우 정확하게 정의되지만, 항해사들은 이와 관련된 자료를 얻기가 힘들기 때문에 경험으로부터 이와 유사한 대기상태를 추정하는 것이 더 적절하다. 이러한 상태란

(a) 높이에 따른 상대습도의 증가

(b) 높이에 따른 온도 저하율의 급격한 감소

위의 두 가지 상태를 일시에 다 만족할 필요는 없지만, 온도와 상대습도의 변화가 높이에 따라 커지면 그에 따라 일어나는 레이더 빔에의 영향도 그만큼 커진다. 그렇다고 극한 상황에서 빔이 전부 물표면의 위로 올라가 물표를 탐지할 수 없게 된다는 것을 의미하지 않는다. 이 현상은 차고 습윤한 공기가 덥고 건조한 공기층을 덮칠 때 생기고 고위도 지방이나, 빙해역, 그랜드뱅크(특히 북풍을 동반한 멕시코 만류가 있을 때), 겨울에 일본의 동쪽, 겨울의 지중해에서 생기기 쉽다. 또 아굴절은 악천후 상태에서 생기기 쉽다. 즉 저기압하에서 레이더가 꼭 필요한 때 생긴다.

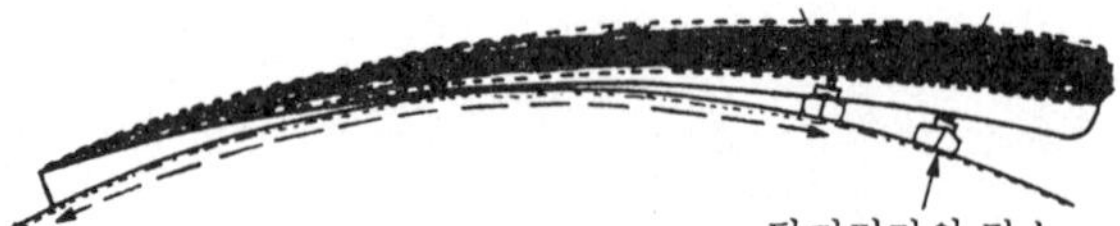

그림 3-26 아굴절현상

3.8.3 초굴절(super-refraction)

초굴절은 높이에 따른 굴절률의 감소율이 표준대기상태에서 보다 클 때 일어난다. 초굴절이 일어나면 레이더 빔은 좀더 하방으로 굽는 경향이 있고 따라서 물표의 탐지거리는 표준대기상태에서 보다 길어진다. 40% 정도 증가하는 것은 보통이다. 초굴절은 다음과 같은 대기상태일 때 생기기 쉽다.

(a) 높이에 따라 상대습도가 감소할 때

(b) 높이에 따른 온도의 저하율이 표준대기상태보다 완만하고 오히려 높아질 때

이러한 대기상태는 세계의 해상무역이 이루어지는 곳에서 자주 일어나고 특히 열대지역, 홍해, 아라비아만, 여름철의 지중해 등지에서

자주 만나게 된다. 초굴절은 날씨가 좋을 때 주로 일어나며 고기압일 때 일어난다. 이 현상은 또 따뜻하고 건조한 공기가 표면의 차고 습윤한 공기의 위를 흐를 때 생긴다. (그림 3-27)

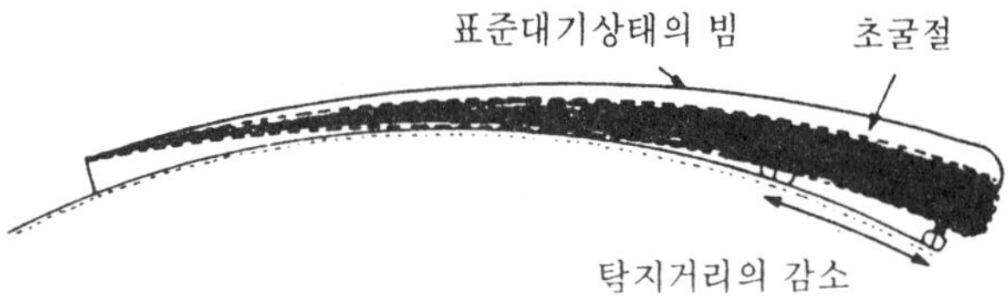

그림 3-27 초굴절현상

3.8.4 도관현상(ducting, severe(extra) super-refraction)

이러한 상태에서 레이더 에너지는 지구 표면과 상부의 굴절층 사이에 사실상 갇힌다. 이 안에서 에너지를 집중시켜 지구 표면을 나아가 물표의 탐지거리를 상당히 연장시킨다. 이것은 2차 소인에 의한 거짓상의 원인이 되기도 한다. 굴절률의 변화율이 표준상태에서보다 4배가 되면 레이더 빔은 지구의 곡률을 따라 나아가기 시작한다.

(a) 온도의 역전은 확실히 덕트를 만든다.

(b) 상대습도의 변화가 온도보다 더 크게 영향을 미친다.

이러한 도관현상이 나타나는 지역은, 홍해, 아라비아만, 여름에 지중해에서 남풍이 불 때, 카나리 아일랜드 부근의 아프리카 서해안 등지이다. 그러나 이외에도 조건만 갖추어지면 이러한 현상은 어디에서도 나타날 수 있다. (그림 3-28)

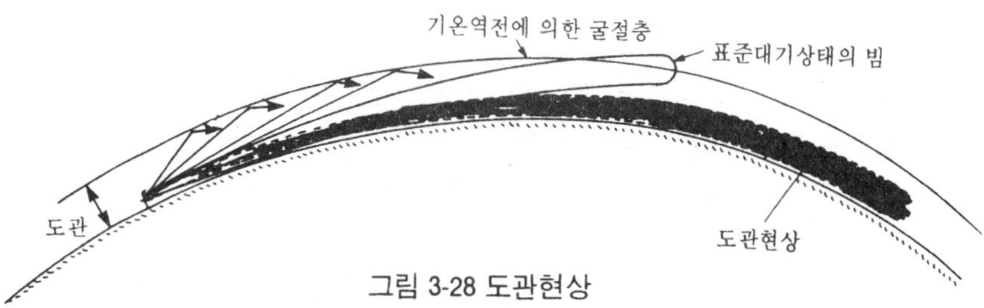

그림 3-28 도관현상

3.9 거짓상과 불필요한 영상

3.9.1 간접반사

레이더 에너지가 나아가는 길에 있는 장애물에 의해 물표 쪽으로 에너지가 빗나가서 생기는 현상이다. 반사 에너지는 그 역방향으로 되돌아와서 그 장애물의 방향에 영상을 만든다. 그 장애물이 본선에 있을 때 이 거짓상 때문에 혼동될 수 있다.

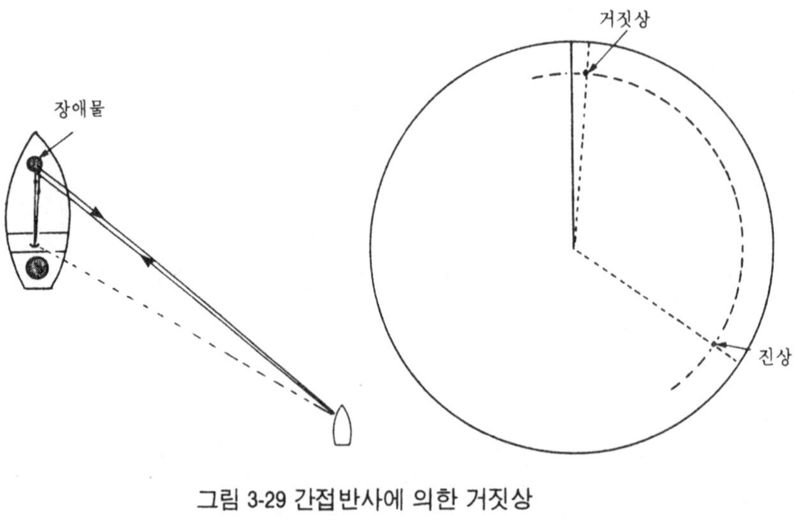

그림 3-29 간접반사에 의한 거짓상

1) 본선 장애물의 영향

그림 3-29에서 보는 바와 같이 에너지가 마스트에 부딪치고 오른쪽 상한의 물표 쪽으로 꺾인 경우를 생각해 본다. 물표에서 반사된 에너지는 역방향의 길을 따라오고 반사파가 안테나에 들어오고, 영상은 정확히 오른쪽 선수방향에 나타난다. 결과적으로 거짓상이 진짜 물표와 같은 거리에(안테나와 장애물까지의 거리는 무시할 만큼 짧다) 장애물이 있는 방위에 나타난다. 이러한 간접반사를 일으키는 본선의 전형적인 장애물은 마스트, 굴뚝과 크로스트리 등이다. 이런 간접

반사는 맹목구간과 차영구간에 나타나는 경향이 있다.

가장 두드러지게 나타나는 간접반사는 컨테이너의 뒷면으로부터 반사하는 경우이다. (그림 3-30)

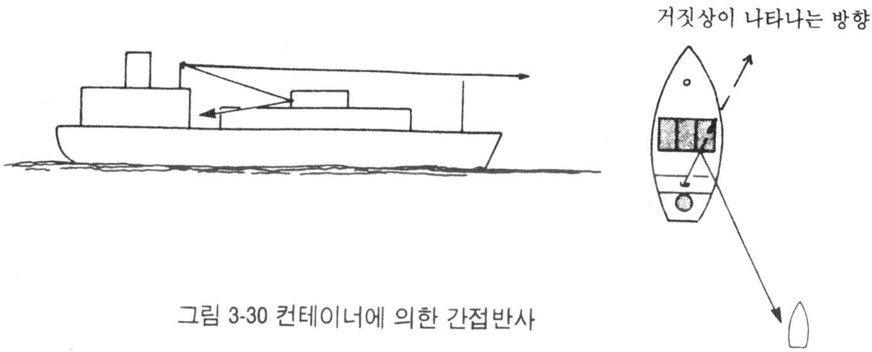

그림 3-30 컨테이너에 의한 간접반사

다음의 3가지 점에 주목해야 한다.

(a) 맹목구간과 차영구간의 이론이 적용되지 않는다.

(b) 다른 물표의 진상이 거짓상과 같은 방위에 나타날 가능성이 있다.

(c) 문제의 원인은 갑판 위의 컨테이너 선적이 변할 때마다 바뀐다.

2) 간접반사의 인식

간접반사를 일으키는 원인(맹목구간과 차영구간)에 대하여 주위에 배들이 많이 있을 때 좋은 날씨에서 연구해야 한다. 차영구간과 맹목구간은 로그에 기록해야 하고, 이 구간에 나타나는 물표는 일단 의심해야 한다. 그 반사파가 진상인지 거짓상인지 레이더 영상을 시각으로 확인해야 한다. 나타난 어떤 영상이 거짓상으로 판명되면 결론에 도달하지 못하더라도 그 거짓상을 만드는 진상을 비슷한 거리에서 찾아야 한다.

간접반사를 일으키는 여러 가지 이상한 원인들이 많이 보고되었지만, 그때 얻어진 상황을 주의깊게 연구하지 않고는 믿을 만한 결론을 얻기 어렵고 재발을 막기 위한 조치를 취하는 것은 대단히 어렵다.

갑판 화물, 갑판 크레인, 방파제, 환풍기, 선상 구조물들이 간접반사를 일으키는 의심스러운 것들이다.

간접반사는 밤이나 제한시계에서 선수방향에 나타날 때 심각한 관심을 일으킬 수 있다. 저녁에 선수방향에 배가 필요한 항해등을 켜지 않은 것으로 오인할 수 있고, 제한시계에서는 절박해진다. 만약 제한시계에서 이런 현상이 일어나서 그 거짓상을 진상으로 알고 조선할 필요가 있다고 생각하면, 그것의 겉보기 움직임을 예측할 수 없다. 예를 들면 그림 3-31에서 보는 바와 같이 그 물표가 동시에 대응 동작을 취하는 것처럼 보이거나 사라진다.

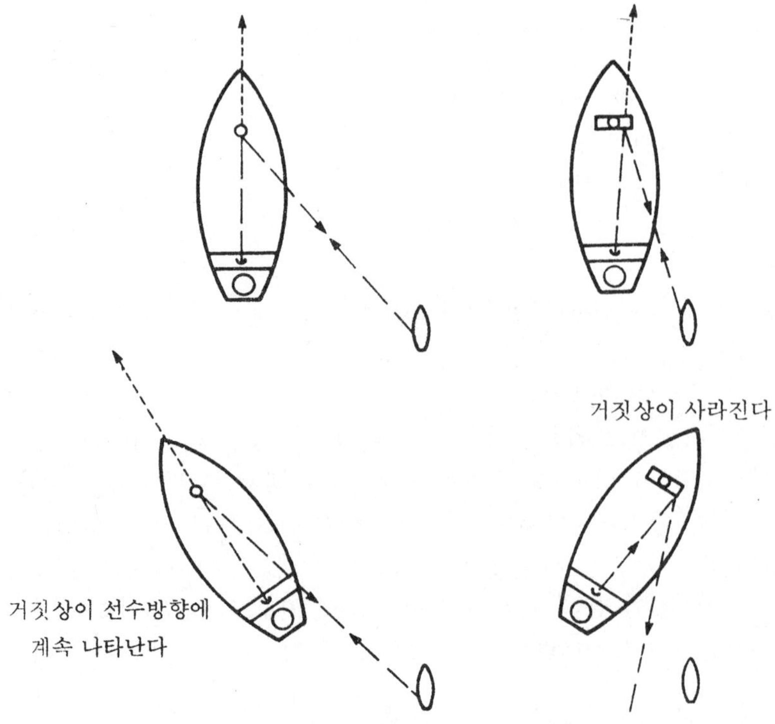

그림 3-31 간접반사에 대한 조선의 영향

다음의 안전을 위한 예방 조치가 취해져야 한다.

① 반사파가 거짓상인 것으로 의심되더라도, 그 물표가 모든 타당성 있는 의심이 없이 거짓상으로 판명될 때까지 진상이라고 생각해야 한다.

② 차영구간과 맹목구간과 같은 간접반사의 원인이 될 만한 것은 항상 마음에 두고, 의심스러운 부분은 검사해야 한다. 가급적이면 알고 있는 제한시계 지역에 도착하기 전에 하면 좋다.

③ 물표의 움직임에 대해 이유가 밝혀지지 않은 부분은 기록해 둔다.

④ 간접반사의 원인이 밝혀지면 그것이 다시 나타나지 않도록 하기 위한 조치가 즉시 취해져야 한다.

3) 간접반사의 예방

선체 구조물이 간접반사의 원인으로 밝혀져 왔으므로, 앞으로는 다시 생기지 않도록 하기 위한 조치가 취해져야 한다. 원리적으로 이것은 장애물에 부딪치는 에너지가 방향을 바꾸거나 산란시키거나 흡수하여 흩어지게 하는 것을 의미한다. 각각의 원인은 따로따로 취급되어야 한다. 과거에는 크로스트리에 철판을 위쪽을 향하도록 부착한다거나 장애물의 표면에 레이더 전파 흡수체를 발라 간접반사를 억제하였다.

3.9.2 다중반사

다중반사는 물표가 가까이에 있고 에너지가 상대선의 선체와 본선 사이를 반사하여 왕복하면서 그 일부가 안테나에 들어와 영상을 만드는 현상이다. 이러한 다중반사에 의한 거짓상의 특징은 다음과 같다.

(a) 한 방향에 있다.

(b) 영상 사이의 간격이 일정하다.

(c) 똑같이 움직인다.

(d) 거리가 멀어짐에 따라 강도가 약해진다.

그림 3-32에서 보는 바와 같이 물표가 정횡방향에 있을 때만 다중반사가 일어나는 것처럼 보이나, 실제로는 모든 방위에서 일어나는 것이 관측되어 왔다. 이러한 현상은 배들이 강이나 운하 등 제한된 곳에 있으면 이 다중반사에 의한 거짓상은 배가 운하 밖이나 해안에서 항해하고 있는 것처럼 보일 것이다.

가까운 거리 범위에서 펄스폭이 짧은 전파를 사용하면 이러한 다중반사에 의한 거짓상이 생기는 기회를 줄일 수 있다. 근거리 범위

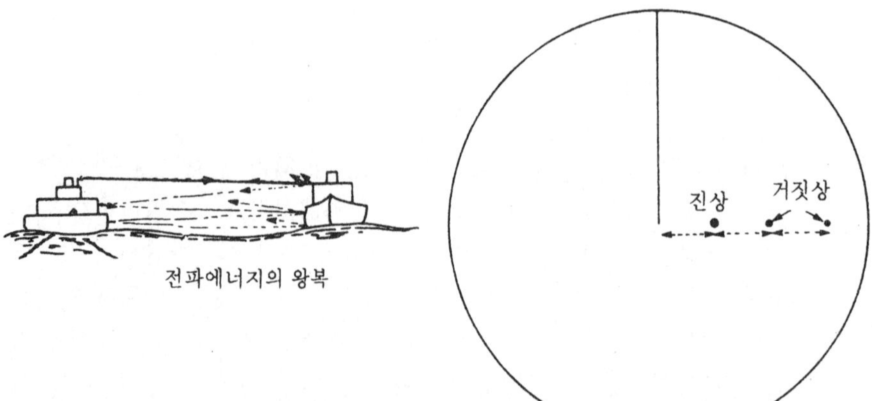

그림 3-32 다중반사에 의한 거짓상

에서 가까이에 물표가 있을 때 펄스폭을 길게 하면 이런 현상을 관측할 수 있다. 일반적으로 다중반사에 의한 거짓상이 나타날 때, 제일 가까이에 있는 것이 진상이므로 큰 관심을 갖지 않아도 된다. 육지의 물표에 의해서도 이러한 현상이 생기지만 이때의 거짓상은 육지의 영상에 파묻혀 탐지가 안된다.

3.9.3 측엽에 의한 거짓상

측엽에 의한 거짓상은 가까운 거리에 강반사체가 있을 때 일어나

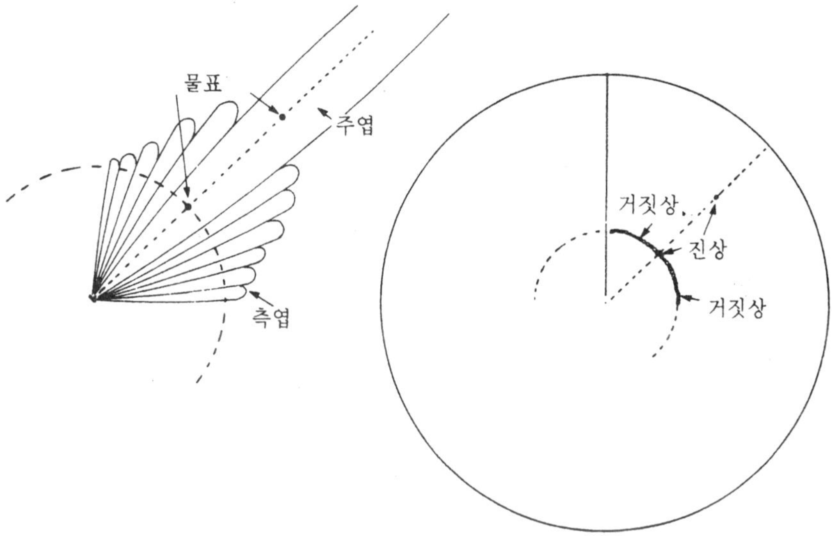

그림 3-33 측엽에 의한 거짓상

며 측엽에 의한 반사파가 수신되어 영상으로 나타난다. 주엽은 말할 것이 없고 측엽이 주사할 때 반사파가 되돌아와 진상의 좌우로 약 100도의 각폭을 갖고 같은 거리에 나타난다. 이득을 줄이거나 해면반사 억제기를 적당히 조정하면, 진상이 가장 강하므로 진상을 구별할 수 있다.

3.9.4 경면반사에 의한 거짓상

이 현상은 네모반듯한 건물이 레이더 전파에 대해 거울면의 역할을 하여 나타난다. 보통 거울면 역할을 하는 장애물은 매우 크고 반사파는 그 장애물의 뒤쪽에 멀리 나타난다(그림 3-34). 대개의 경우 이 거짓상은 육지 위에서 움직이기 때문에 항해사들이 별 관심을 갖지 않는다. 또 그림 3-35에 보인 바와 같이 매우 혼동시키는 경우가 있다. 강을 가로질러 있는 다리의 구조물에 의한 반사가 본선 선체에서 다시 반사하여 다리까지 갔다와서 안테나에 수신되고 그림에

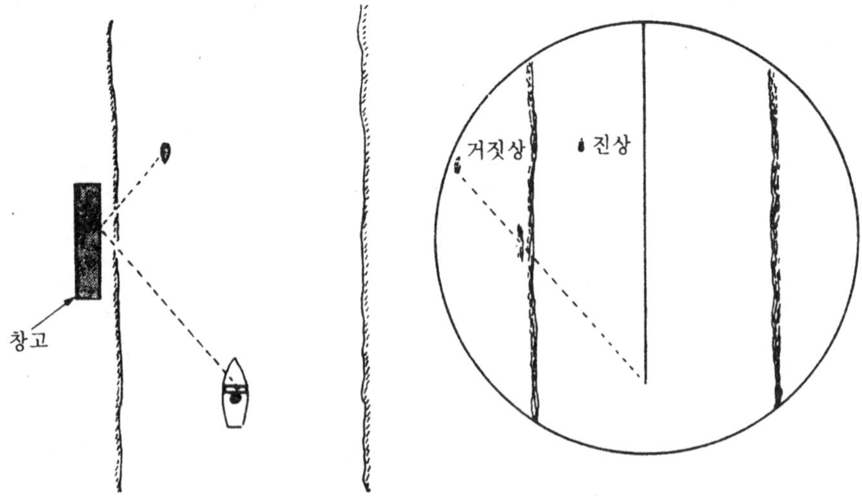

그림 3-34 경면반사에 의한 거짓상

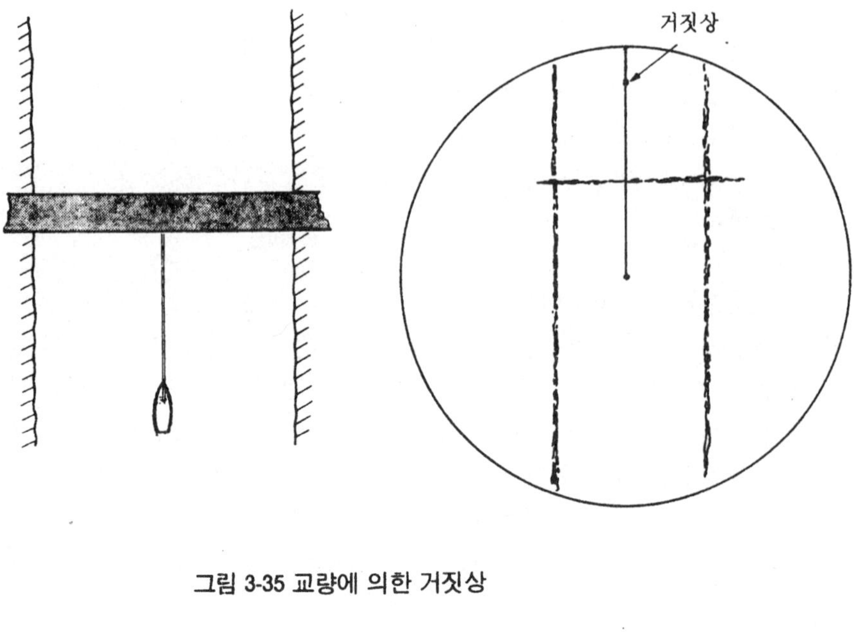

그림 3-35 교량에 의한 거짓상

서 보는 바와 같이 나타나는 경우가 있다. 배가 다리에 접근해 감에 따라 거짓상도 반대방향에서 접근해 온다. 대부분의 경우 다리는 강과 직각으로 건설되기 때문에 그 거짓상을 피하기 위해 조선을 하면 상대선도 조선한 것처럼 다리와 직각인 방향에 나타난다.

3.9.5 2차 소인에 의한 거짓상

2차 소인에 의한 거짓상이 나타나는 조건은 앞의 여러 거짓상이 나타나는 경우와 사뭇 다르다. 도관현상이 있을 때 이 형태의 거짓상이 생길 수 있으며 기상관련 간행물에 정기적으로 보고되며, 인식하지 못하고 지나쳐 버리는 경우도 많을 것이다. 도관현상하에서는 레이더 에너지는 지표면 가까이로 퍼져나가며 표준대기상태에서 보다 훨씬 멀리 전파된다.

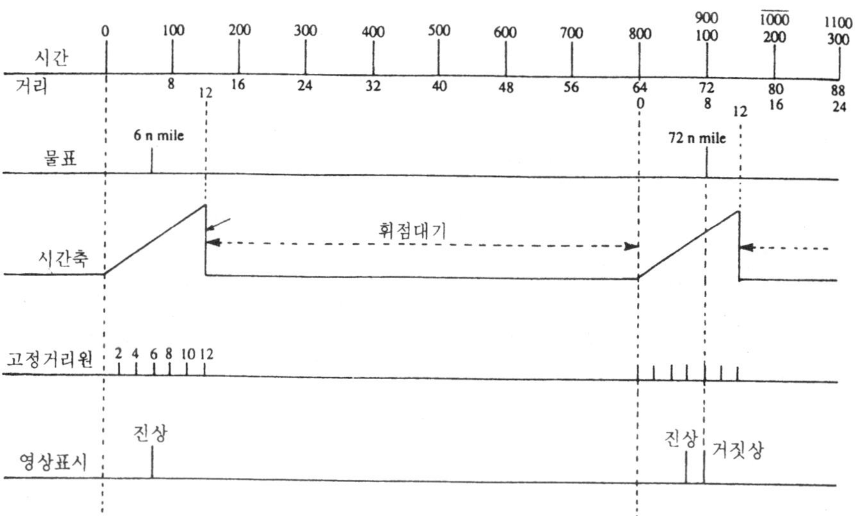

그림 3-36 소인의 시계열

---

*주) 표준대기상태에서는 72마일 떨어진 물표는 레이더 수평선하에 있게 되며 따라서 탐지 불가능한 거리임.

이것은 멀리 떨어져 있는 물표의 반사파가 다음 소인시간에 되돌아올 수 있음(즉 2차 소인에)을 의미한다. 두번째 소인에 돌아온 반사파가 수신되어 훨씬 가까운 위치에 거짓상을 만든다. 다음과 같은 레이더를 예를 들어 설명한다.

펄스 반복 주파수 PRF = 1250 PPS (Pulses Per Second)

펄스 반복주기 PRI = 800μs (64마일에 있는 물표까지 전파가 갔다 올 수 있는 시간)

이때 12마일 거리범위(150μs)에서 긴 펄스를 쓰고, 6마일과 72마일에 충분한 반사 성능을 가진 물표가 있다고 하자.

그림 3-36에 위의 데이터와 관련한 시간 관계를 나타냈다. 그림 3-37에 위의 시간 관계와 레이더 화면에 나타나는 모양을 보였다. 그림에서 보는 바와 같이 레이더가 탐지할 수 있는 거리는 펄스 반복주기에 의해 결정되며 출력 또한 거기에 맞춰 충분해야 한다. 그러나 도관현상이 있을 때는 레이더 에너지가 덕트 안에 갇혀 손실이 적어지므로 더 멀리까지 갔다올 수 있는 것이며, 2차 소인 때 수신되어 거짓상이 된다. 2차 소인에 의한 거짓상은 대부분 맑은 날씨에 생기며 그래서 실제 시각 관측과 비교해 볼 수 있다.

홍해, 아라비아만, 지중해의 일부, 아프리카 서해안 등지에서 도관현상은 건조한 모래안개와 함께 일어나고 그로 인해 시계가 제한되므로 시각으로 확인하는 것이 어렵다. 시각으로 비교하기가 좋지 않은 곳에서는 레이더 화면과 실제 해안선의 모양을 비교해 보면 알 수 있다. 그림 3-37에 보인 바와 같이 직선 해안선의 영상이 왜곡되어 나타나게 된다. 또 해안선과 평행으로 항해해도 육지의 거짓상의 튀어나온 부분이 계속해서 오른쪽에 나타나게 된다. 섬의 영상을 플롯트해 보면 그 움직임은 선수지시선과 평행한 방향으로 움직이는 것을 알 수 있다.

반사파가 2차 소인에 나타날 가능성을 평가하기 위하여 해안선과 본선의 위치를 검토해야 한다. 또한 펄스 반복 주파수와 현재 사용중인 거리범위와도 관련이 깊다.

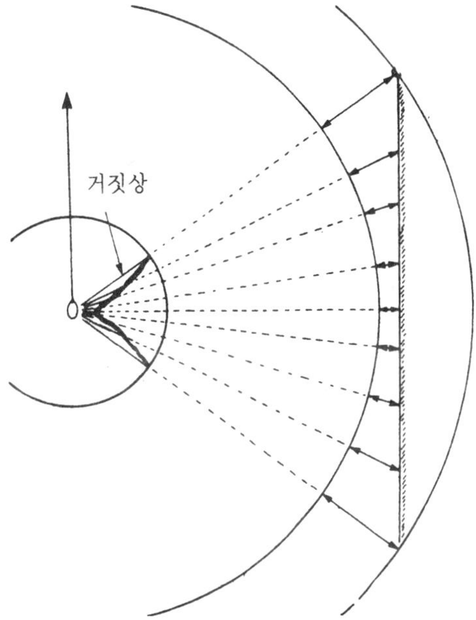

그림 3-37 2차 소인에 의한 해안선의 거짓상

(예제) 레이더 화면에서 4마일의 거리에 영상이 관측되었으나, 육안으로 확인 결과 아무것도 없었다. 펄스 반복 주파수가 1000PPS이고 12마일 거리범위를 사용중이었다면, 실제의 물표는 얼마의 거리에 있겠는가?

3.9.6 레이더 갑섭

모든 선박용 레이더는 X밴드 또는 S밴드 내의 대략 200MHz 범위 안에서 작동하도록 요구하고 있다. 어떤 수신기의 대역폭이 20MHz 라고 할 때 레이더를 작동하는 지역에서 다른 선박으로부터 간섭파를 수신할 가능성은 매우 높다.

만약 수신기의 대역폭 내에서 간섭파가 수신되면, 물표로부터의 반사와 달리 간섭파와 본선 수신기의 시간축 사이에 아무런 관련이 없고, 펄스 반복도 비슷하지 않다. 결과적으로 간섭파는 완전히 불규칙하게 수신된다. 그림 3-38에 한 예를 보였다.

숙련된 관측자에게 이런 간섭은 귀찮은 현상이긴 하지만 견딜 만한 것이다. 그러나 심한 경우에는 관측자가 물표를 탐지하는 데 많은 지장을 주기도 한다. 관측자가 S/B상태를 적절히 이용하면 이런 현상을 원천적으로 줄일 수 있다.

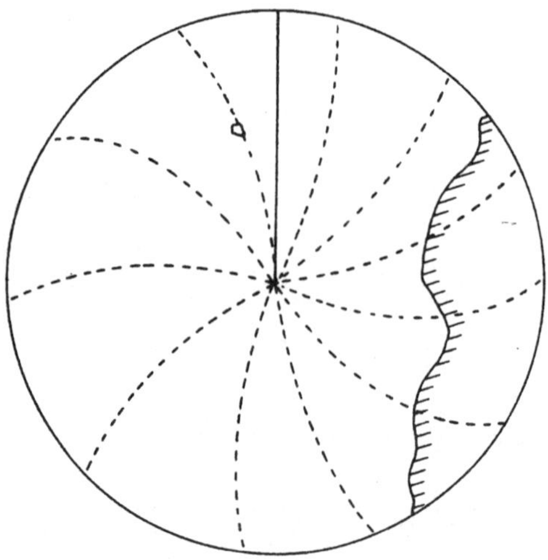

그림 3-38 레이더 간섭

영상 데이터가 저장되면 연속되는 거리 데이터를 비교하여 연속해서 나타나지 않는 신호를 제거함으로써 이런 간섭을 없앨 수 있다. 이 원리는 선 대 선 상관 (line-to-line correlation)으로 알려져 있고 그림 3-39에 나타내었다.

간섭신호의 불규칙성 때문에 연속되는 거리기억소자에 두 개의 신호가 연속해서 나타날 가능성은 거의 없다. 하나의 점물표가 레이더 빔에 주사되는 경우와 비교해 보면, 수많은 펄스들이 점물표에 부딪치고 그 반사파들은 연속되는 소인선의 같은 거리기억소자에 등록될 것이다. 이같이 상관과정을 거쳐 간섭은 제거된다. 간섭 제거 회로를 거쳐나온 출력을 상관 영상신호(correlated video)라 한다. 이러한 기능은 수신기 잡음의 양도 줄이므로 이득조정기를 맞출 때는 작동을 정지해야 한다.

또 이 상관기능은 레이더 비콘 신호를 안 나타나게 할 수도 있다. IMO의 성능기준에는 레이더 비콘 신호를 화면에 나타나는 것을 막는 어떠한 신호 처리장치도 그 기능을 멈추게 할 수 있어야 한다고 규정하고 있다.

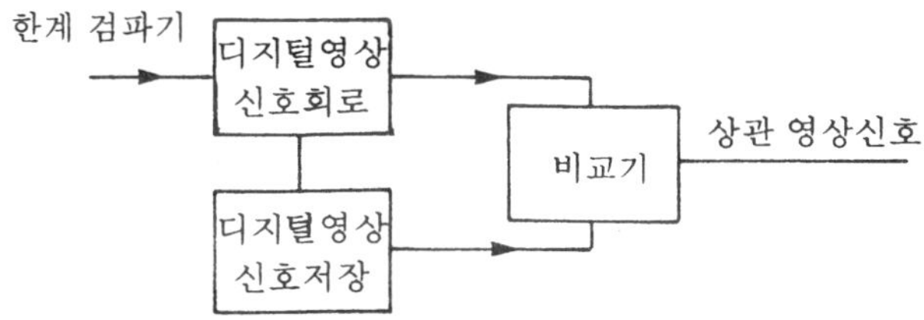

		입력								표시							
	s	0	0	1	0	1	0	0	0								
s	c	1	0	1	0	1	0	0	1	0	0	1	0	1	0	0	0
c	s	0	0	1	0	1	0	0	0	0	0	1	0	1	0	0	0
s	c	0	1	1	0	0	0	0	0	0	0	1	0	0	0	0	0
c	s	0	0	1	0	0	0	1	0	0	0	1	0	0	0	0	0
s	c	0	0	1	0	0	0	1	0	0	0	1	0	0	0	1	0
c	s	0	0	1	1	0	0	1	0	0	0	1	0	0	0	1	0
s	c	0	0	1	0	0	0	1	0	0	0	1	0	0	0	1	0
c	s	0	0	1	0	0	0	1	1	0	0	1	0	0	0	1	0

그림 3-39 선 대 선 상관

어떤 최근의 레이더 장치에서는 빔 프로세싱(beam processing)이라는 더욱 세련된 방법으로 레이더 간섭과 잡음 및 빔폭 안에서의 영상 왜곡현상을 줄인다. 빔 프로세싱 방식은 안테나 빔폭 안에 있는 모든 히트를 탐지의 확률을 위한 기준과 비교하는 방식이다.

3.9.7 전선의 거짓상

하천을 가로지르는 고가전선을 향해 항해할 때 그림 3-40에 보인 바와 같이 고가전선에 부딪친 전파는 대부분 반사법칙에 따라 반사되어 가버리고 안테나에 직각인 부분에서만 반사파가 되돌아와 하나의 점으로 나타난다. 그림에서 보듯이 이 영상은 선수방향에 나타나게 되므로 이 영상을 피하기 위해 조선하면 그 영상도 마찬가지로 또 배의 항로상으로 이동해 와서 수로를 횡단하는 소형선으로 오인하기 쉽다.

어떤 수로에는 전선에 레이더 반사기를 부착하여 전선이 레이더 화면에 나타나도록 하고 있다. 이러한 전선이 설치되어 있는 경우가 많으므로 해도 등을 조사하여 미리 예비지식을 갖고 있을 필요가 있다.

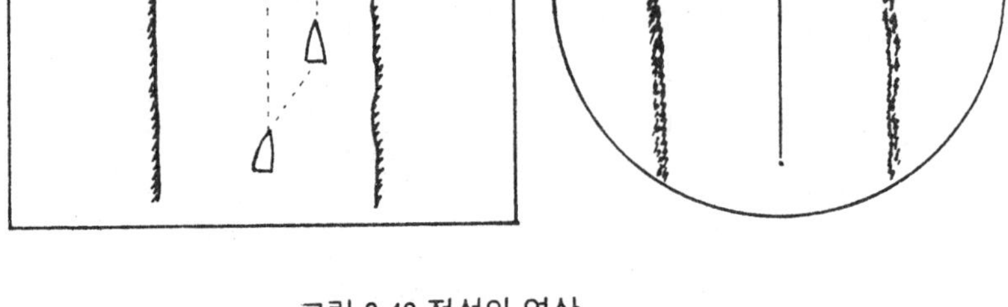

그림 3-40 전선의 영상

제4장
플로팅(plotting)

4.1 플로팅

항해용 레이더는 연안에서 항법용으로 사용되며, 타선과 충돌을 피하기 위해 견시의 보조 도구로 이용된다. 레이더로 타선을 탐지했을 때, 그 타선에 대해서 얻을 수 있는 정보는 방위와 거리이다.

이러한 1회의 레이더 관측만으로는 그 배가 자선과 충돌의 위험이 있는가 없는가의 판정은 불가능하다. 충돌의 위험 여부를 판정하기 위해서는 일정한 시간 간격(보통 3분, 6분)을 두고 2회 관측함으로써 가능하다. 그러기 위해서는 처음 타선의 위치를 기억해 두어야 하므로 반사 플로터의 위나 별도의 종이 위에 기입하고, 제2의 선위로부터 작도에 의해 충돌의 위험 여부와 상대선의 진침로·진속력 등을 판단하게 되는데, 이것을 플로팅이라 한다.

4.1.1 진플로팅(true plotting)

그림 4-1에서와 같이, 레이더의 정보로부터 일정한 시간 간격의 자

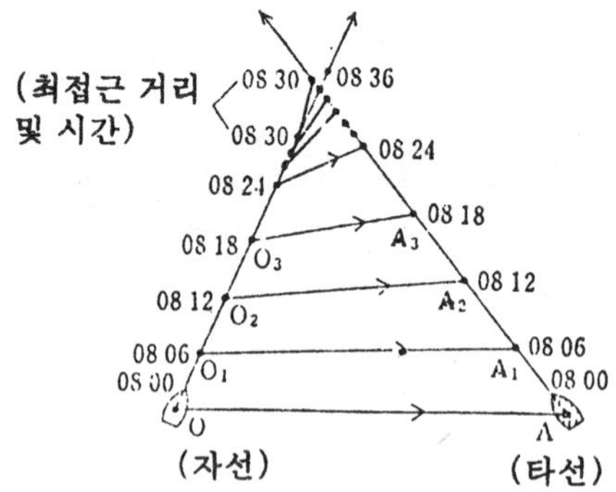

그림 4-1 진플로팅

선과 타선의 실제의 위치를, 자선침로를 기준으로 하여 기입해서 타선의 침로·속력 등을 구하는 방식이다. 이것은 양선의 대지운동을 도시하여 해도상에 그리면 타선의 침로를 추정하거나, 양선의 지리적 환경의 판단이 가능하다. 일반적으로 간단하여 이해하기 쉽고 잘못도 적은 방식이지만, 최접근점이나 최접근 시간을 구하기가 다소 불편하다.

이 방식은 진운동 표시방식 레이더(true motion radar)에서 채용하고 있다.

4.1.2 상대운동 플로팅(relative plotting)

레이더 정보로부터 자선을 중심으로 하여 타선의 상대운동을 기입하고, 작도에 의해 타선의 침로와 속력을 구해서 최접근 거리(CPA : Closest Point of Approach)·충돌 여부를 판단하는 방식이며, 앞으로 이 방법을 주로 설명한다.

4.2 플로팅할 때 주의사항

4.2.1 영상의 방위와 거리를 측정한다

타선의 위치에 오차가 있으면, 충돌 위험의 판단이나 피항법의 결정에도 영향을 미친다.

4.2.2 레이더를 관측하는 시간은 정확히 읽고, 시간 간격도 될 수 있는 한 일정하게 한다.

시간 간격이 일정하면 관측 오차, 또는 타선의 행동 변화를 빨리 탐지할 수 있다. 다만, 타선이 원거리에 있거나 접근 속도가 느린 경우에는 간격이 길어도 좋다. 반대로, 타선이 근거리에서 접근 속도가 빠른 경우에는 시간 간격을 짧게 한다. (보통 3분, 6분)

4.2.3 될수록 원거리에서부터 규칙적으로 실시한다. 원거리 플로팅은 과신하면 안되나, 결과의 정도(精度)를 향상시키는 데나 타선의 행동을 예측하는 데 대단히 유용하다. 적어도 10~12마일 이상에서부터 실시해야 한다.

4.2.4 그때의 상황에 맞는 방식을 선택한다. 진로에 만곡부가 있거나, 항로가 교차하는 곳에서는 진운동 플로팅이 더 좋을 때가 많다.

4.2.5 플로팅에서는 필히 오차가 있으므로 오차의 크기를 파악해 둔다.

이 오차를 고려하여, 충분히 여유있는 안정 항과거리로 피항 동작을 하면 틀림없다.

4.2.6 플로팅은 과거의 정보에 근거를 둔 것이므로 신속히 처리하고, 위험이 없어질 때까지 계속 한다.

2~3회의 관측만으로 타선의 상황을 판단했다고 해서 플로팅을 중지하면 안된다.

특히 자선이 피항 동작을 취한 후 타선의 영상이 예정대로 움직이는가를 확인할 필요가 있다.

4.2.7 타선의 영상이 많을 때는, 달리 유효한 방법이 없으면 최접근거리 · 접근 속도 · 거리 등에 따라 우선 순위를 붙여 순서대로 처리한다.

이때는 가장 위험하다고 생각되는 타선에 대한 피항침로나 속도가 다른 배에 대해서는 급박한 충돌 위험을 가져오지 않는가를 확인한다.

4.2.8 영상과 플로팅의 내용을 비교하는 것을 염두에 둔다. 평소 시계가 양호할 때, 기회가 있는 대로 플로팅을 하여 그 결과를 확인해 둘 필요가 있다.

4.2.9 플로팅을 할 만한 시간이 없이 절박한 때는 우선 감속, 또는 대변침하여 물표에서 멀리 떨어지도록 한 후 다음 동작을 결정한다.

4.3 기본 플로팅

그림 4-2에서 12마일 거리범위 지시기의 PPI상에 10시 05분에 물표가 나타나서, 10시 06분에 그 위치를 플로팅한 뒤 계속하여 관측한 상황을 나타낸다. 이때 자선의 침로는 000°이고, 속도는 20노트로 한다.

플로팅의 순서를 보면,

(1) 10시 06분에 상대선의 위치에 시간과 함께 표시하고, 그 점을 편의상 A점이라 한다.

(2) $\overrightarrow{CA}$가 본선의 속력벡터가 되도록 C점을 잡는다. 곧, $\overrightarrow{CA}$의 길이는 자선이 6분간에 항행한 거리인 2마일에 해당되며, $\overrightarrow{CA}$의 방향은 선수지시선과 평행하게 긋는다.

(3) 06분의 6분 뒤인 12분이 되었는지 확인하여 12분에서의 물표의 위치를 잡아 B점으로 한다. 이렇게 하여 삼각형 ABC가 얻어지는데, 이를 속력삼각형이라 한다.

(4) $\overrightarrow{CB}$가 상대선의 속력벡터이다. 곧 상대선의 진침로(true

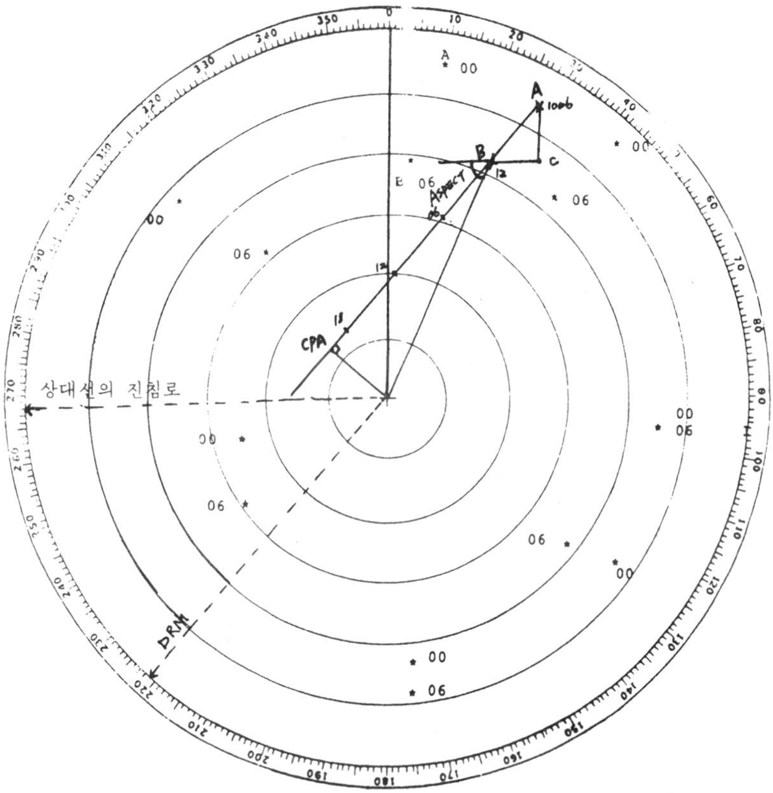

자선침로 : 000°
자선속력 : 20노트
레이더 거리범위 : 12마일

그림 4-2 기본 플로팅

course)와 진속력(true speed)을 나타낸다. $\overrightarrow{CB}$의 길이는 상대선이 6분간에 항행한 거리이므로 속도를 알 수 있고, $\overrightarrow{CB}$의 선분을 평행 이동하여 PPI 중심에서 B쪽 방향이 상대선의 진침로가 되는 것이다.

(5) $\overrightarrow{AB}$는 상대운동이 되며, $\overrightarrow{AB}$가 향하는 방향을 DRM(Direction of Relative Motion), AB의 길이는 SRM(Speed of Relative Motion)이라 한다.

(6) $\overrightarrow{AB}$의 중심쪽으로 연장선에, PPI의 중심에서 수선을 내려 그

점, 또는 그 거리를 CPA(Closest Point of Approach, DCPA)라 하며, 이것은 중요한 요소이다.

(7) CPA에 달하는 시간, 또는 CPA까지의 경과한 시간을 TCPA (Time to CPA)라 한다.

(8) CB의 B쪽으로의 연장선(상대선의 침로)과, B점과 PPI 원점을 이은 선이 이루는 각을 애스펙트(aspect)라 하며, 이것도 중요한 정보이다.

상대선이 본선의 우현측에 접근하여 상대선의 홍등이 보이는 경우에는 각도의 앞에 R를 붙이고, 좌현측에서 접근하여 녹등이 보이는 경우에는 각도 앞에 G를 붙여 표시한다.

(예제) 그림4-2에서 각각의 경우 CPA, TCPA, 상대선의 진침로, 진속력, 에스펙트, SRM, DRM를 구하여라.

4.4 자선이 변침했을 때

그림 4-3에서 우선 속력삼각형 ABC를 풀어 상대선의 진속력과 진침로 및 CPA 등을 확인한다. 여기서 CPA의 크기로 충돌 위험의 여부를 확인하여, 충돌을 피하기 위해서 040°로 변침했다면 어떻게 영상이 변하는가 보기로 한다.

상대선은 속력과 코스를 유지한다고 가정해야 하므로 삼각형의 3변 중 변함이 없는 것은 $\overrightarrow{CB}$이므로, $\overrightarrow{CB}$ 선분에 $\overrightarrow{CA'}$가 040°, 20노트가 되도록 다시 긋는다. 이제 영상은 $\overrightarrow{A'B}$의 방향으로 움직일 것이다.

따라서 09분에 변침한다면 $\overrightarrow{A'B}$를 09분의 위치로 평행이동하여 새로운 CPA를 구한다.

(예제) 그림 4-3에서 각각의 경우에 상대선의 진침로 · 진속력과, 자선이 040°로 변침했을 때 새로운 CPA를 구하여라.

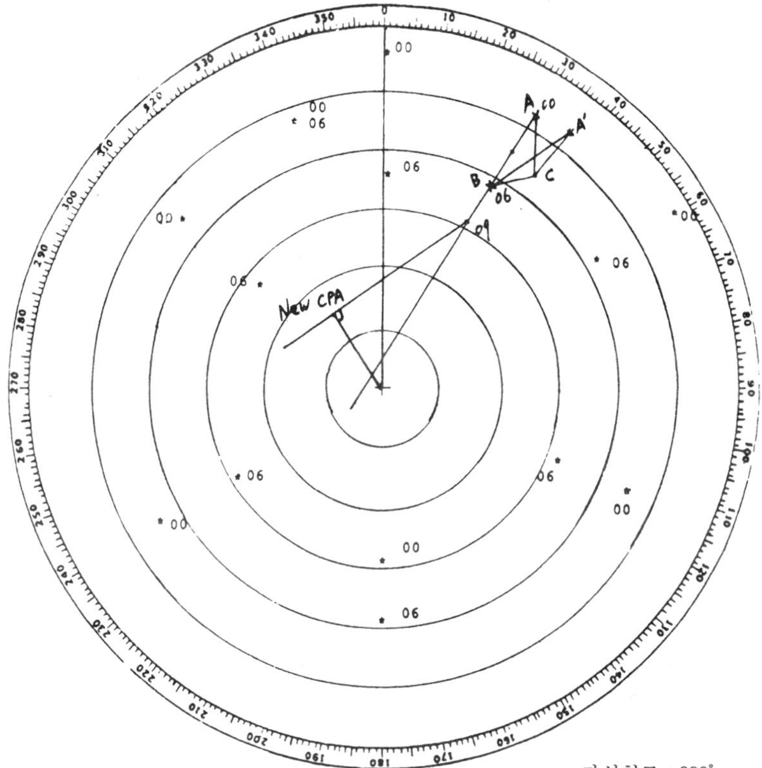

자선침로 : 000°
자선속력 : 20노트
레이더 거리범위 : 12마일

그림 4-3 자선 변침시 플로팅

4.5 자선이 감속했을 때

그림 4-4에서 속력삼각형을 풀어 상대선에 관한 정보를 얻는다.

자선이 속력을 줄이면 $\overrightarrow{CA}$ 선분이 줄인 속력에 해당하도록 짧아져야 한다. 예를 들면 10노트로 낮추었다면 $\overrightarrow{CA'}$가 1마일이 되고, 기관을 정지시켰다면 $\overrightarrow{CA'}$는 0이 되어 C와 A는 같은 점이 된다. 따라서 영상은 $\overrightarrow{A'B}$의 방향으로 상대운동을 할 것이다.

09분에 감속했다면 09분의 위치에서 $\overrightarrow{A'B}$에 평행하게 그어 새로운

CPA를 구한다.

(예제) ① 그림 4-4에서 자선이 09분에 10노트로 감속했을 때 각각의 경우에 새로운 CPA를 구하여라.

② 자선이 5노트로 09분에 감속했을 때 새로운 CPA는 어떻게 되는가?

③ 자선이 09분에 정선했다면 새로운 CPA는 어떻게 되는가?

④ 자선이 09분에 정선하여 10분 있다가 다시 본래의 속력으로 항진했다면 각각의 경우에 새로운 CPA는 얼마가 되겠는가?

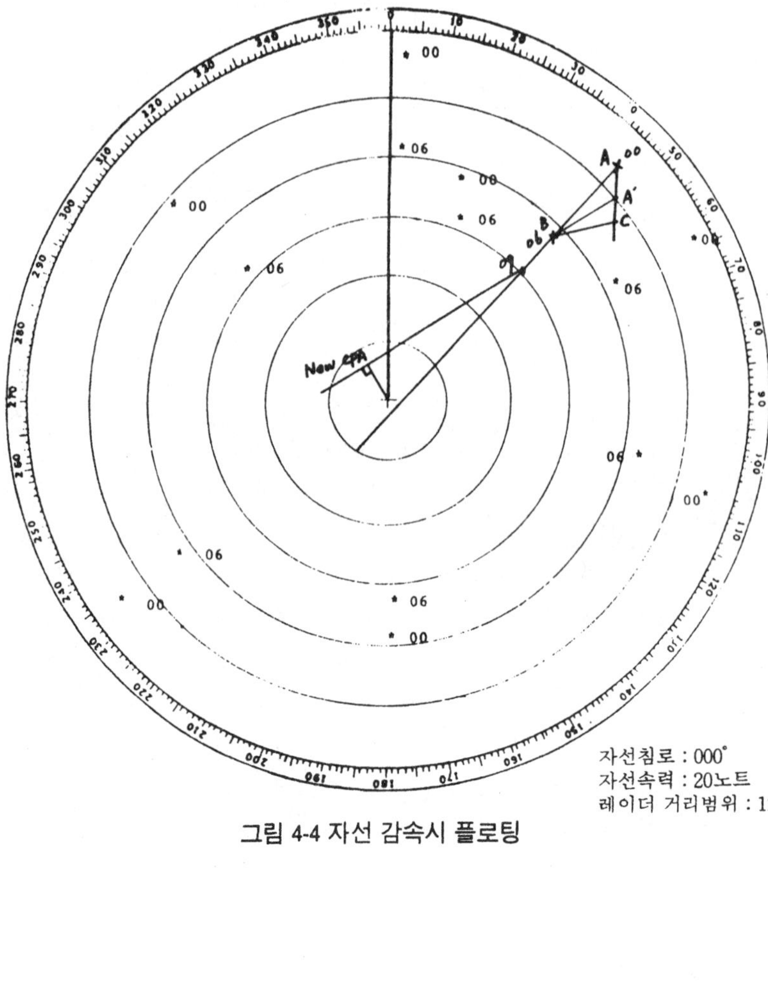

자선침로 : 000˚
자선속력 : 20노트
레이더 거리범위 : 12마일

그림 4-4 자선 감속시 플로팅

4.6 상대선이 변침했을 때

그림 4-5에서 자선은 속력과 침로를 그대로 유지하고, 상대선이 변침했다면 영상의 움직임은 어떻게 될까? 이러한 상황은 현실적으로 일어나기 어려운 상황이다. 왜냐하면 상대선이 얼마만큼 변침했는지 자선에서는 알 수 없기 때문이다. 그러나 영상의 움직임을 이해하는데 도움이 될 것이다.

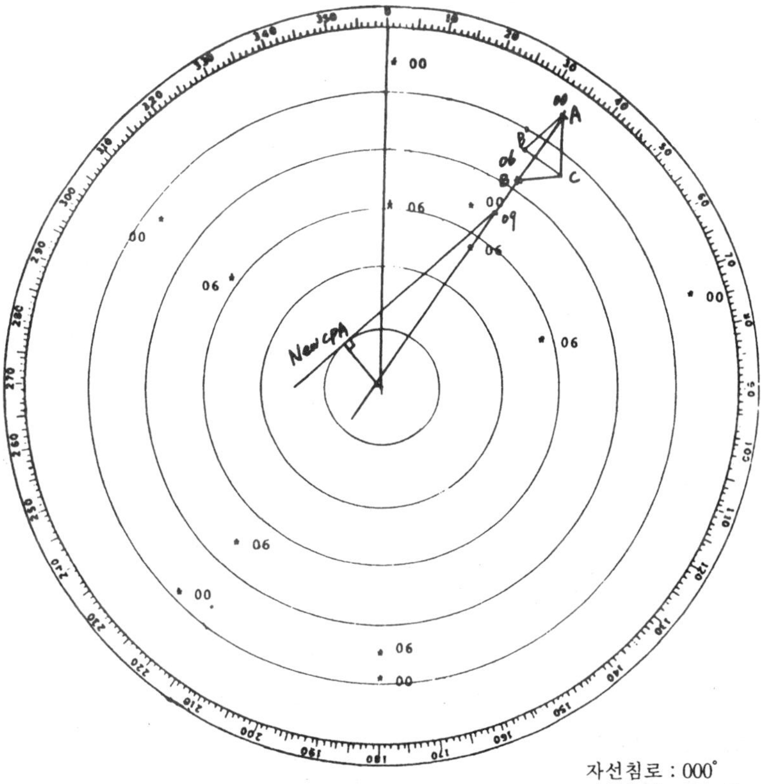

자선침로 : 000°
자선속력 : 20노트
레이더 거리범위 : 12마일

그림 4-5 상대선 변침시 플로팅

삼각형 ABC를 풀어 상대선의 속력과 침로를 알아낸다.

삼각형 ABC에서 변함이 없는 요소는 본선의 속력벡터인 $\overrightarrow{CA}$이다. $\overrightarrow{CA}$의 선분 위에 $\overrightarrow{CB'}$가 새로운 상대선의 속력벡터가 되도록 B′점을 잡는다. 상대선이 오른쪽으로 40°만큼 변침했다면 ∠BCB′가 40°가 되도록 B′점을 잡으면 될 것이다. 그러면 영상은 $\overrightarrow{AB'}$의 방향으로 움직일 것이다.

상대선이 변침했다고 생각되는 점에 평행이동시켜 상대선의 영상의 움직임을 파악한다.

(예제) ① 그림 4-5에서 상대선이 09분에 40° 우형변침했다면 각각의 경우에 새로운 CPA는 얼마인가?

② 만일 상대선이 09분에 40° 좌현변침했다면 각각의 경우에 새로운 CPA는 얼마인가?

4.7 상대선이 변속했을 때

이것도 그림 4-6에서와 같이 상대선이 몇 노트로 감속했는지 알 수 없으므로 현실적으로 플로팅할 수 없는 일이지만, 영상의 움직임을 이해하는 데 도움이 될 것이다.

속력삼각형 ABC에서 $\overrightarrow{CB}$의 선분에 변화가 있기 때문에 $\overrightarrow{CB'}$가 감속한 속력에 해당하는 만큼의 거리가 되도록 B′점을 잡으면 영상은 $\overrightarrow{AB'}$로 움직일 것이다.

(예제) ① 그림 4-6에서 상대선이 09분에 5노트로 변속했다면 새로운 CPA는 각각의 경우에 얼마가 되겠는가?

② 상대선이 09분에 정선했다면 새로운 CPA는 각각의 경우에 얼마가 되겠는가?

③ 상대선이 09분에 정선하여 10분 동안 정선했다가 원래의 속력으로 항진했다면 새로운 CPA는 얼마나 되겠는가?

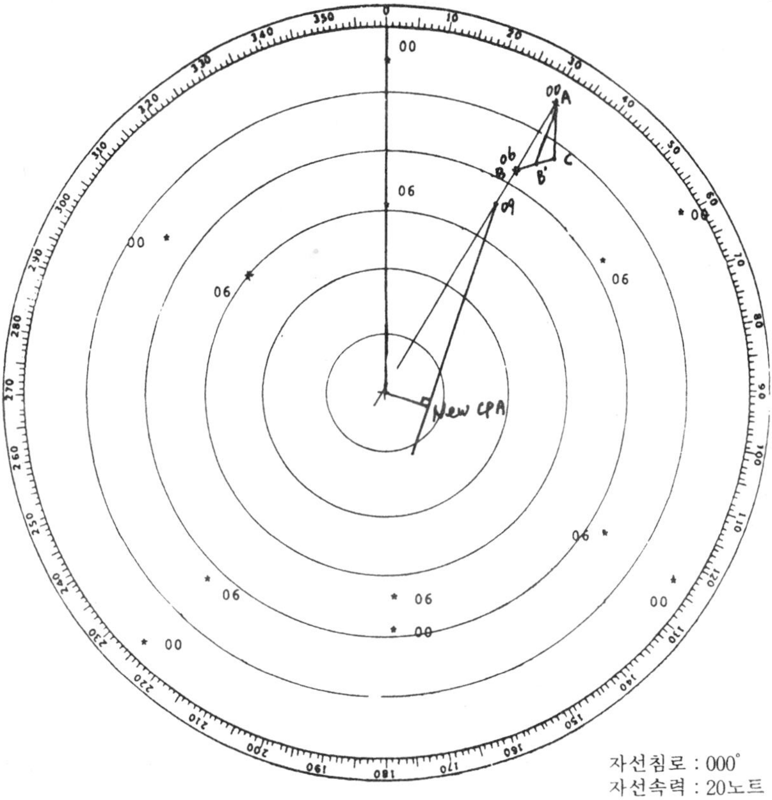

자선침로 : 000°
자선속력 : 20노트
레이더 거리범위 : 12마일

그림 4-6 상대선 변속시 플로팅

4.8 자선이 속력과 침로를 바꾸었을 때

그림 4-7에서 $\overrightarrow{CA}$가 자선의 속력벡터이므로 이 $\overrightarrow{CA}$의 성분이 바뀐 것이 되어서, 예를 들면 자신이 030°, 10노트로 간다면 $\overrightarrow{CA'}$가 그 성분을 갖도록 A′점을 잡으면 $\overrightarrow{A'B}$와 같이 영상이 움직일 것이고, 060°, 5노트로 간다면 060° 방향의 0.5마일 지점에 A″점을 잡아 A″와 B를 연결하면 될 것이다.

(예제) 그림 4-7에서 각각의 경우, 자선이 09분에 030°로 변침함과 동시에 5노트로 감속하였다면 새로운 CPA는 얼마인가?

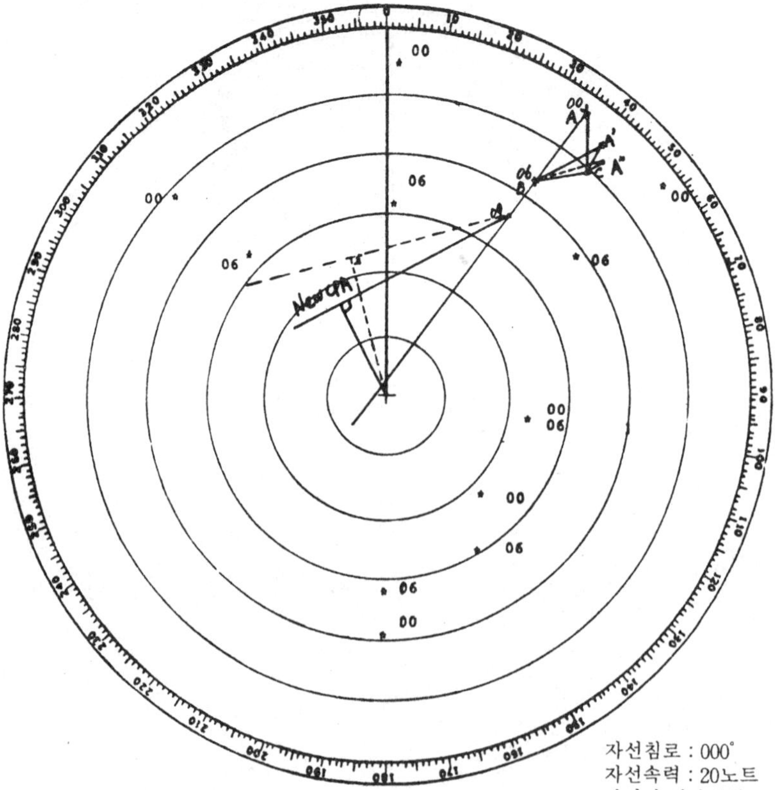

자선침로 : 000°
자선속력 : 20노트
레이더 거리범위 : 12마일

그림 4-7 자선의 변속과 변침시 플로팅

4.9 변침하여 CPA를 3마일로 하고자 할 때 자선이 취해야 할 행동

우선 삼각형 ABC를 푼다. 상대선과 충돌의 위험이 있다고 판단되면 자선이 취할 행동이 몇 가지 있을 수 있다. 먼저 속력을 낮출 것인가 변침할 것인가, 아니면 변침과 변속을 동시에 할 것인가, 또 좌현대 좌현으로 항과할 것인가, 우현대 우현으로 항과할 것인가 등이다.

예를 들어 항법대로 좌현대 좌현으로 항과하고, 변침만 하여 CPA 2마일로 항과하고자 할 때는 어떻게 할 것인가를 알아본다.

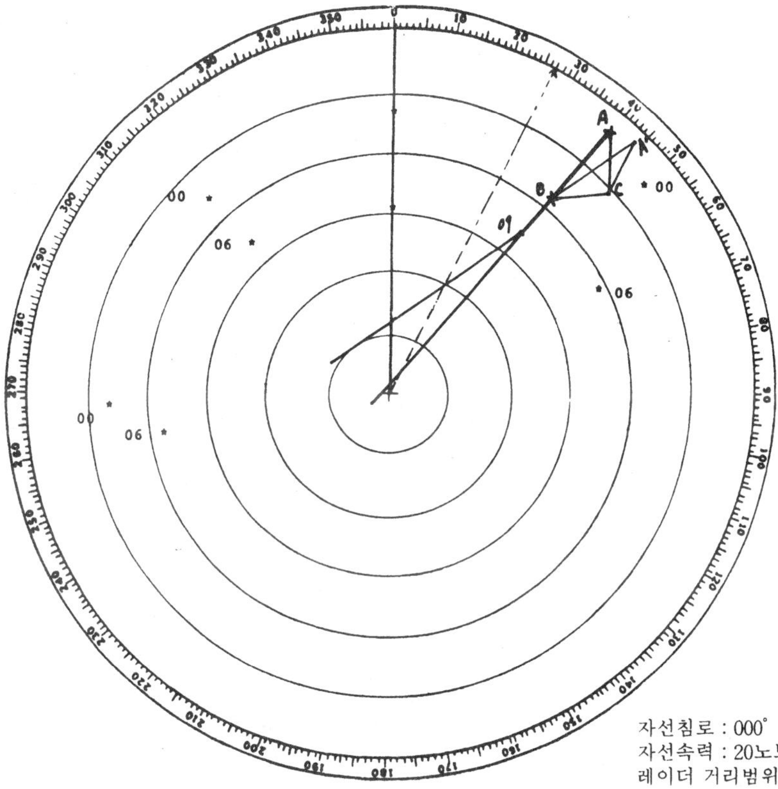

자선침로 : 000°
자선속력 : 20노트
레이더 거리범위 : 12마일

그림 4-8 원하는 CPA로 항과하고자 할 때 플로팅

2마일 원에 접선을 그어 행동을 취할 시점, 곧 09분에 연결한다. 그 선분을 평행이동하여 B점을 통과하도록 긋는다. 속도는 그대로 유지하므로 $\overrightarrow{CA}$의 길이를 그대로 컴퍼스로 돌려 BE선과 만나는 점 A′를 잡는다. 자선이 CA′와 같은 성분으로 행동하면 영상은 A′B로 움직일 것이며, CPA 2마일 좌현대 좌현으로 항과하게 된다. (그림 4-8)

다음에 침로를 그대로 유지하고 변속하여 피항하고자 할 때 속도를 얼마로 줄여야 할까에 대하여 알아본다.

BE의 선분과 CA 선분이 만나는 점 A′를 잡으면 자선이 취해야 할 속도는 $\overrightarrow{CA'}$에 해당하는 속도이다. $\overrightarrow{CA'}$가 0.5마일이면 이 거리는 6

분간에 나아가는 거리이므로, 5노트로 감속하면 CPA 2마일로 항과할 수 있다. (그림 4-9)

세번째로 변속과 변침을 함께 해야 할 경우에는, C점에서 BE선상의 임의의 곳에 선을 그어 만나는 점(그림 4-9에서 A″점)을 잡았다면 $\overrightarrow{CA''}$가 나타내는 성분을 갖는 행동을 취하면 된다. 곧, $\overrightarrow{CA''}$가 1마일 040이면 10노트로 감속하고 040˚로 변침하면 CPA 2마일로 항과할 수 있는 것이다. 이와 같이, 진방위 지시방식에서는 $\overrightarrow{CA'}$의 선분의 방향을 이제까지와는 달리 000˚로 긋지 말고 현재의 침로방향으로 그으면 아무런 차이가 없다.

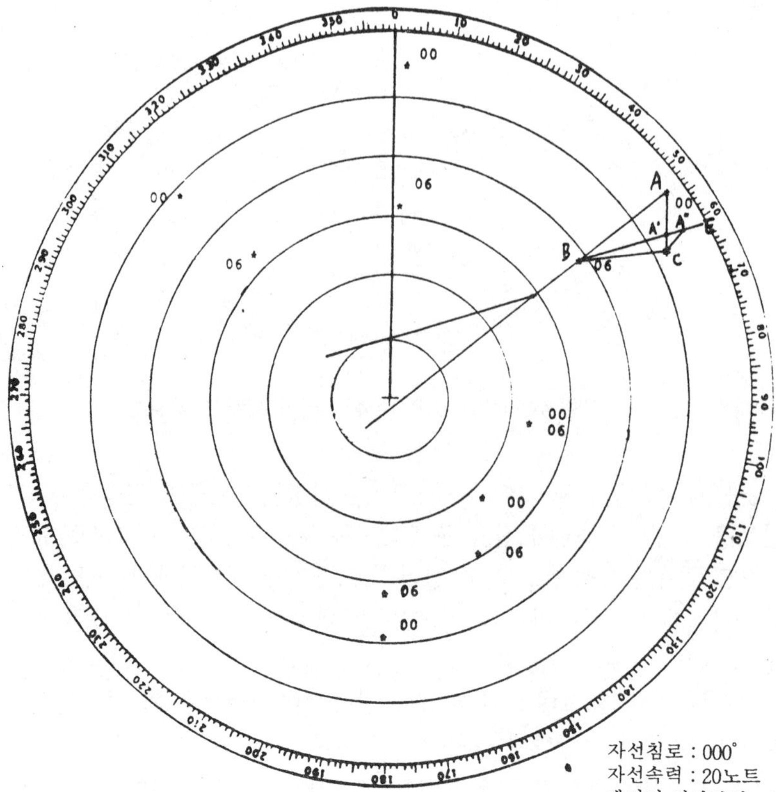

자선침로 : 000˚
자선속력 : 20노트
레이더 거리범위 : 12마일

그림 4-9 원하는 CPA로 항과하고자 할 때 플로팅

제5장 ARPA(Automatic Radar Plotting Aids)

5.1 소개

계속 증가 추세에 있는 컴퓨터의 발달과 함께 해상 교통량이 많을 때, 배들을 추적하고 그들의 움직임을 분석하는 문제를 해결하도록 컴퓨터가 항해사들을 돕는 것은 오직 시간 문제였다.

과거에 반자동장치들이 이러한 일을 돕기 위해 개발되었으나, IMO의 성능기준에 맞는 것들만이 ARPA로 분리되어 정식으로 이름이 붙여졌다. IMO의 ARPA에 대한 성능기준에서 다음과 같이 요구하고 있다. 곧 ARPA 관측자로 하여금 정보를 자동적으로 얻도록 하여, 그들이 하나의 물표를 수동으로 플로팅할 수 있는 것과 같이 여러 개의 물표에 대해서도 똑같이 할 수 있도록 하여 그들의 작업량을 줄여야 한다. 또 지시기는 선박의 레이더와 별개로 또는 통합 방식으로 하여야 한다. 그러나 ARPA 지시기는 레이더 성능기준에 맞는 레이더에서 줄 수 있는 모든 정보를 포함해야 한다.

초기에 ARPA는 두 개의 큰 범주로 나뉘었으며, 하나는 분리형

(stand alone)이고 다른 것은 통합형(integral)이다.

5.1.1 분리형 ARPA

이것은 처음에는 레이더의 부속 장치를 의미하였다. 분리형 ARPA는 ARPA 장치의 모든 것을 갖추었으나, 데이터는 주 레이더(host radar)로부터 추출하였다. 이것은 기존의 레이더를 없애거나 새로 ARPA를 설치하는 비용을 들이지 않고도 선박의 레이더 장치의 성능을 향상시킬 수 있는 매력적인 수단이었다.

분리형 ARPA는 기존의 다양한 종류의 레이더와 접속해야 되었고, 그것이 값이 적게 들고 더 편리한 방법이었지만 그것은 결코 해결 방안이 될 수 없었으며 오늘날에는 ARPA의 대부분이 통합형으로 가고 있다.

5.1.2 통합형 ARPA

오늘날의 통합형 ARPA에는 프로세서라 불리는 컴퓨터가 내장되어 있어서, ARPA 데이터는 전통적인 레이더 데이터와 같이 동일 화면에 나타난다. 작동상의 이점은 레이더와 ARPA 데이터가 쉽게 비교되는 점이다. 실제로 동일 제조자가 장치의 설계, 시험, 설치, 작동에 책임을 지기 때문에 더욱 좋다. 점차 대부분의 ARPA는 통합형으로 가는 추세이다.

5.1.3 ARPA 탑재 요건과 조작자 훈련

IMO-SOLAS(1974) 협약은 1983년에 개정하여, 여러 종류의 배에 1988년 9월 1일까지 승인된 ARPA를 탑재하도록 요구하고 있다. 결과적으로 10,000 G/T 이상의 탱커와 15,000 G/T 이상의 탱커 이외의 화물선은 ARPA를 탑재하여야 한다. 또 1984년 9월 1일 이후에 건조된 10,000 G/T 이상의 모든 선박은 ARPA를 탑재해야 한다. ARPA를 설치한 배가 항해중이고 ARPA로 레이더 당직을 설 때, ARPA는 자격있는 사람이 작동해야 한다.

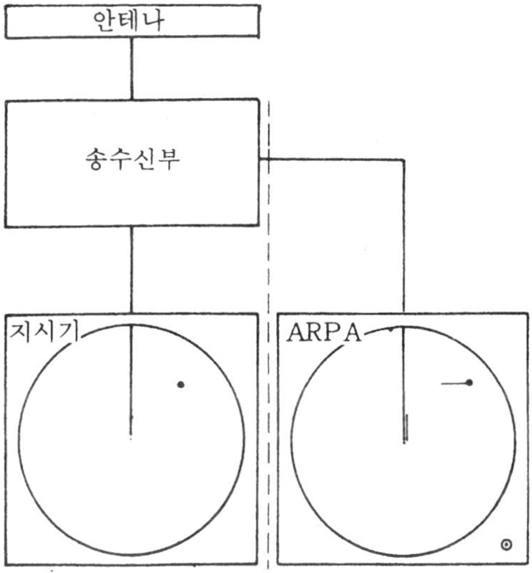

(a)

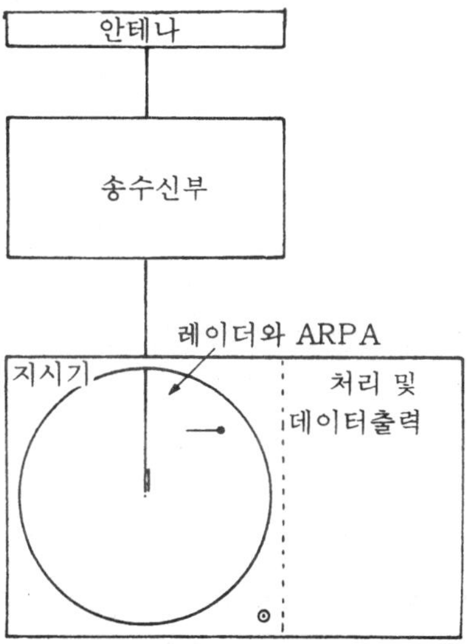

(b)

그림 5-1 (a) 분리형 ARPA (b) 통합형 ARPA

5.1.4 IMO의 성능기준

어떤 형의 ARPA가 설치되느냐에 관계없이 IMO의 성능기준과 국가가 요구하는 여러 가지 요건에 일치해야 한다. 필요에 따라 IMO의 성능기준을 인용하여 설명한다.

모든 ARPA는 확실한 기능을 가져야 하지만, 불행하게도 장치의 형태라든가 조정기의 표시에 있어서 제조자들 사이에 표준화가 되어 있지 않다.

5.2 물표의 포착(acquisition)

포착은 물표의 추적을 시작하는 과정을 의미한다. 수동포착의 경우에는 화면의 마커(marker)를 이용하여 컴퓨터에게 추적할 물표를 작동자가 알려준다.

자동의 경우에는 특정한 경계 안에 들어오는 물표를 포착한 컴퓨터는 그 물표에 관련된 데이터를 수집하기 시작한다.

조이스틱(joystick)이나 트래커볼(trackerball)로 조종되는 마커를 물표 위에 놓고 포착 버튼을 누르면 마커의 중앙지역이 컴퓨터 기억장치 안에 지정된다. 이 지역을 '추적 게이트' 또는 '추적 윈도우'라 부른다. 이 게이트는 ARPA 지시기상에 자동적으로 만들어진다. 작동자가 원할 때 그것을 나타나게 할 수 있는 것도 있다. 게이트 안에서 컴퓨터는 물표의 존재, 즉 해당되는 기억장치에서 2진 숫자 1을 찾게 될 것이다.

5.2.1 포착

물표의 포착은 수동 또는 자동으로 한다. 그러나 포착과 취소를 수동으로 할 수 있는 장치는 반드시 있어야 한다. 자동포착기능이 있는 ARPA는 포착을 억제하는 지역을 지정해 줄 수 있어야 한다. 어떤 거리범위에서도 포착제한지역을 표시해 줄 수 있어야 한다. 자동 또는 수동포착은 레이더에서 얻은 정보보다 나쁘지 않는 성능을 가져야 한다. 만약 자동포착기능이 있으면 추적물표를 선택하는 기준을 작동자에게 알려야 한다.

오늘날 기술 수준으로 봐서 어떤 것이든지 가능하지만, 실제로 문제점이 항상 있으며 완전 자동포착기능도 기대할 만한 결과를 주지 못한다. 자동포착기능의 주된 문제는 탐지회로의 감도이다. 감도를 너무 높이면 열잡음 등이 나타나서 필요없는 경보를 울리게 하거나 감도를 너무 낮추면 반사파가 약한 물표는 탐지가 안된다.

5.2.2 수동포착

수동포착의 경우에 작동자가 포착하여 추적할 물표를 지정해 준다. 이렇게 하기 위하여 마커를 조이스틱이나 트래커볼로 조종한다. 마커를 물표의 위에 놓고 포착 버튼이나 취소 버튼을 누르면 컴퓨터 기억장치에 들어가거나 지워진다. 최근의 어떤 ARPA에서는 특별한 터치 스크린 (touch screen) 위의 물표에 손가락을 접촉하여 포착하고 추적하도록 하는 기능을 갖고 있다.

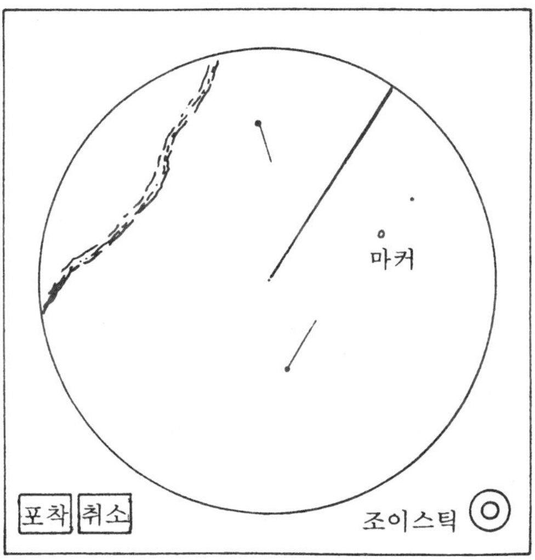

그림 5-2 수동포착

5.2.3 자동포착

수신기에 탐지된 모든 반사파(최고 200개까지)가 포착된다. 육지의 반사파와 같이 거대한 반사파는 제외되고 기준에 따라 우선 순위가 정해져 포착된다(예를 들면 가장 가까운 것 20개, CPA, TCPA, 거리, 방위 등).

우선 순위에 따라 20개가 추적된다. 우선 순위가 늦은 물표는 제외되고 그 물표의 우선 순위가 바뀌면 포착된다. 즉 멀어져 가는 물표는 그보다 더 가까이에 20개의 물표가 있을 때 제외된다. 어떤 ARPA에서는 우선 순위를 정할 때 더 복잡한 기준을 갖고 있으며 작동자가 그 값을 바꿀 수도 있다.

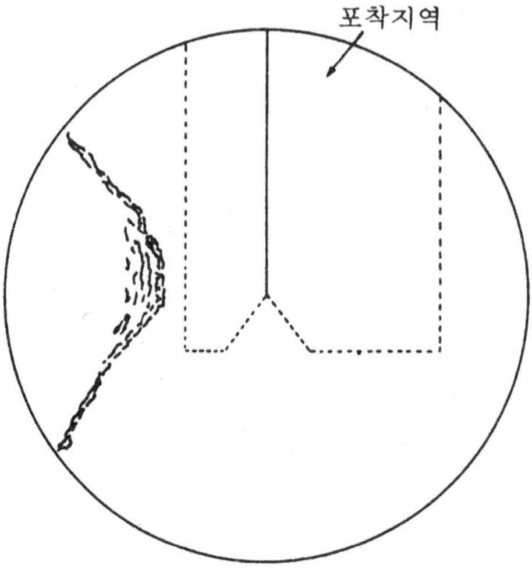

그림 5-3 자동포착

5.2.4 지역 자동포착

작동자가 지역을 정하고 이 지역 안에서 탐지된 물표를 자동으로 포착하는 것이다.

추적하고자 하는 물표의 수가 추적 채널의 수보다 많을 때는 정해진 우선 순위에 따른다.

5.2.5 경계지역

이 장치에서는 지역(보통 2개까지)이 호로 정의된다(그림 5-4). 이 지역 안에 물표가 들어오면 포착되고 경보가 나온다. 모든 추적 채널이 다 사용되면 경보가 나고 추적중인 어떤 물표의 추적을 중단할 것이냐는 작동자가 결정할 문제이다.

그림 5-4에서 물표 A는 마주치는 상태에서 너무 늦게 포착될 것이며, 경계지역의 안쪽에서 처음으로 나타난 물표 B는 포착이 전혀 안 될지도 모른다. 경계지역을 설정할 때 주의를 충분히 기울여야 하고 지시기를 정기적으로 관측해야 한다.

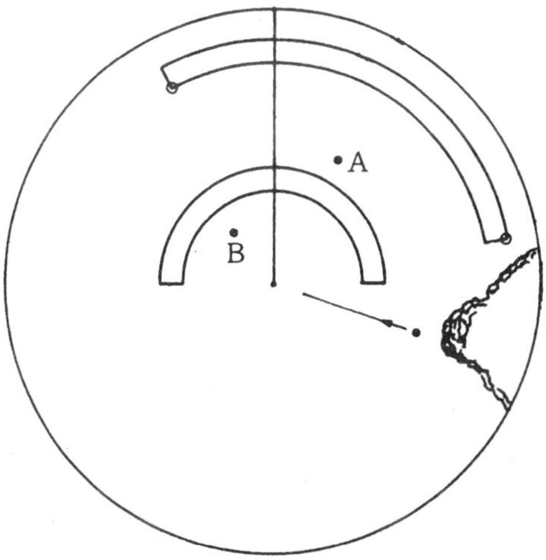

그림 5-4 경계지역

5.2.6 경계원과 포착제한구역

이 방식은 미리 정해진 두께를 가진 두 개의 원과 두 개의 포착제한구역으로 되어 있다. 경계원과 포착제한구역은 작동자가 정한다(그림 5-5). 물표가 경계지역에서 자동으로 포착되면 작동자의 주의를 끌기 위해 경보가 울리는 것이 보통이다. 경보를 발하는 물표는 화면상에서 반짝거리는 모습으로 나타낸다.

보통 자동포착이 처음에 예상했던 것보다 성공적이지 못했다. 해면반사나 우설반사 잡음 또는 간섭영상 심지어 육지의 영상까지도 포착하는 경향이 있어서 유용한 추적 채널을 빨리 채워 버린다. 육지의 영상은 포착제한구역 등을 설정하여 포착 안되게 할지라도, 해면반사등을 포착하고 빨리 잃어버려 계속해서 물표소실(lost target) 경보를 울리게 된다.

자동포착 작동자의 작업량을 덜어 준다고 하지만, 실제로 해면반사등 필요없는 물표를 포착하게 되고 필요없는 벡터들을 화면에 나타내 준다. 설문조사에 의하면 이 자동포착기능을 교통량이 많은 지역에서는 거의 사용하지 않지만, 대양 항해시 배들의 수가 적어 당직항해사가 지루해 하고 집중력이 떨어질 때 매우 유용한 것으로 나타났다.

수동포착이 빠를 뿐만 아니라 선택할 수도 있으므로 자동포착에 대한 필요가 구체화되지 않았다. 경계지역은 적당한 견시를 위한 대체 수단이라기보다 부가적인 것으로 간주해야 한다.

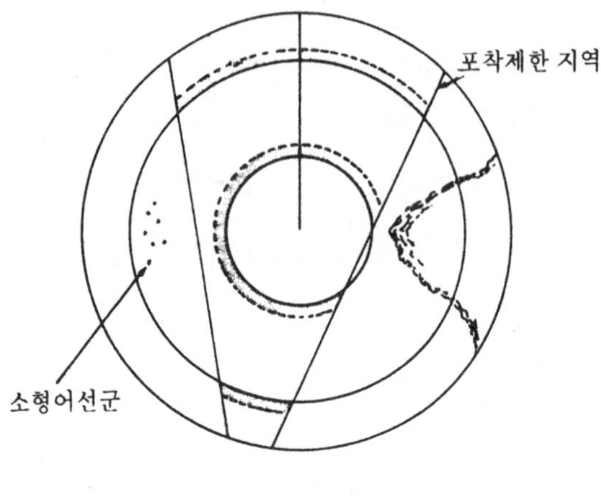

그림 5-5 경계원과 포착제한구역

5.3 물표의 추적

5.3.1 추적(tracking)

많은 경우에 물표의 예상되는 움직임이 벡터로 지시된다는 사실에 의하여 물표가 추적되고 있다는 것이 명백하다. 벡터는 물표의 위치에서 시작되고, 그 끝은 관측자가 선택한 경과 시간 후의 예상되는 물표의 위치를 가리킨다. 그러나 벡터는 추적의 첫단계에서 데이터가 충분하지 않거나 안정되어 있지 않으면 나타나지 않으므로, 화면에 추적물표가 명백히 나타나는 것은 중요한 의미를 갖는다. 더욱이 어떤 경우에는 물표가 있어도 벡터가 안나타난다(예를 들면 정지한 물표의 진벡터, 본선의 속력과 침로가 같은 물표의 상대벡터). 추적이 한번 시작되면 추적이 취소되거나(수동 또는 자동) 물표를 잃어버릴 때까지 계속 추적한다. 추적창(tracking window)이 물표를 충실히 따라가도록 하는 데 사용되는 알고리즘은 제조자마다 다르다. 다음에 한 예를 보인다.

5.3.2 레이트 에이딩법 (rate aiding)

물표가 처음으로 포착이 되면, 그 물표가 움직일 방향이 아직 불확실하기 때문에 게이트가 클 필요가 있다. 그림 5-6에서 연속되는 위치들이 물표가 예상되는 다음 위치의 예보를 향상시킬 수 있는 방법을 보였다. 게이트의 반경이 추적의 신뢰도이며, 이 값이 적을수록 더 정확하게 예측할 수 있다. 이것은 방법으로 추적 게이트의 크기를 점차 줄이는 컴퓨터의 피드백(feed back) 폐회로를 만드는 것이 가능하다. 추적 게이트가 작으면 다음과 같은 이점이 있다.

(a) 물표의 스워프(swop) 가능성을 줄인다.

(b) 강수지역이나 파도가 심한 지역을 통과하는 물표를 계속해서 추적할 수 있는 능력을 좋게 한다.

(c)물표로부터의 반사파가 가끔 중단되어도 계속 추적할 수 있게 한다.

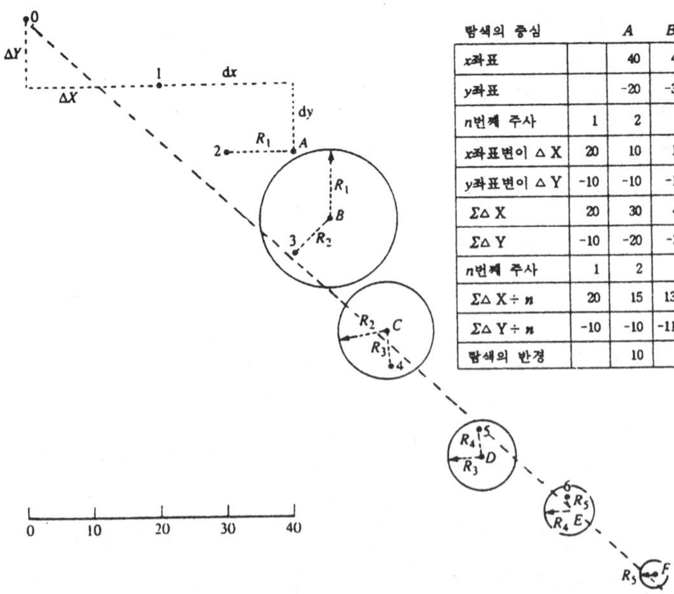

탐색의 중심		A	B	C	D	E	F
x좌표		40	45	53.3	67.5	80.4	93.3
y좌표		-20	-30	-16.7	-6.5	-73.2	-82.8
n번째 주사	1	2	3	4	5	6	7
x좌표변이 △X	20	10	10	14	13	13	
y좌표변이 △Y	-10	-10	-15	-17	-9	-10	
Σ△X	20	30	40	54	67	80	
Σ△Y	-10	-20	-35	-52	-61	-71	
n번째 주사	1	2	3	4	5	6	
Σ△X÷n	20	15	13.3	13.5	13.4	13.3	
Σ△Y÷n	-10	-10	-11.7	-13	-12.2	-11.8	
탐색의 반경		10	7	5	3.5	2	

그림 5-6 레이트 에이딩법

게이트의 크기를 줄였을 때 문제는, 만약 물표가 조선하면 컴퓨터가 예상된 방향으로 계속 추적하다가 물표를 잃어버리게 되는 것이다. 이같이 잃어버릴 가능성을 피하기 위하여 물표를 잃어버리자마자(예상된 위치에서 찾지 못한 경우) 게이트를 크게 한다. 만약 물표가 탐지되면 다시 추적이 시작되고 새로운 추적은 점차 안정된다. 만약에 6번의 주사에 반사파가 오지 않으면, 물표는 잃어버리게 되고 경보가 울리며 화면상에서 마지막 관측된 위치를 반짝거려서 나타내준다.

5.3.3 추적물표의 수

ARPA는 자동으로 추적하고 처리하며 동시에 표시하고 계속해서 정보를 갱신해야 한다. 즉 자동포착기능이 있으면 자동 또는 수동으로 포착된 것에 관계없이 20개의 물표에 대하여, 만약 수동포착만 할 수 있다면 10개의 물표를 추적할 수 있어야 한다.

10~20개의 추적 채널이 교통량이 많은 곳에서는 불충분하지만, 실제 경험상 항해사들이 포착하고 추적할 필요가 있는 물표를 쉽게 파악할 수 있음이 밝혀졌다. 사실 화면에 벡터가 너무 많으면 벡터 공해가 나타나고 역효과가 나타난다.

5.3.4 물표의 소실

물표의 스워프(swop, jump)가 일어나지 않으면 ARPA는 포착된 물표를 계속 추적해야 하고, 계속되는 10번의 주사 중 5번만 반사파가 돌아와도 화면에 분명히 나타내 줘야 한다. 만약 어떤 이유로 추적중인 물표로부터 한두 번의 주사에 반사파가 수신되지 않는다고 즉시 물표의 소실을 알리면 안된다는 것에 주의해야 한다. 또한 물표를 탐색하기 위한 조치가 취해져야 한다. 즉 추적 게이트를 크게 하여 물표를 더 찾아야 한다는 것을 의미한다.

5.3.5 스워프 (swop, jump)

스워프를 포함하여 추적오차의 가능성을 최소화해야 한다. 자동포착 중 오차의 원인과 그에 따른 오차를 신호 대 잡음비가 낮을 때의 영향을 사용자에게 자세히 알려줘야 한다. 스워프현상은 두 개의 물표가 동시에 한 추적 게이트 안에서 응답할 때 일어나기 쉽다. 스워프가 일어나면 혼동하게 되고 벡터가 다른 물표로 옮겨가게 된다. 이런 현상을 최소화하기 위하여 게이트는 가능한 한 적어야 하고, 물표의 움직임이 예측되어야 하고, 게이트는 레이트 에이딩법에서 기술한 대로 각 주사마다 움직여야 한다.

5.3.6 항적의 분석과 데이터의 표시

물표가 레이더상에 나타날 때와 자동포착시 관측자가 선택한 포착지역 안으로 물표가 들어올 때, 그리고 수동포착시 관측자가 포착하였을 때 1분 이내에 물표의 운동성향을 나타내 줘야 하고, 3분 안

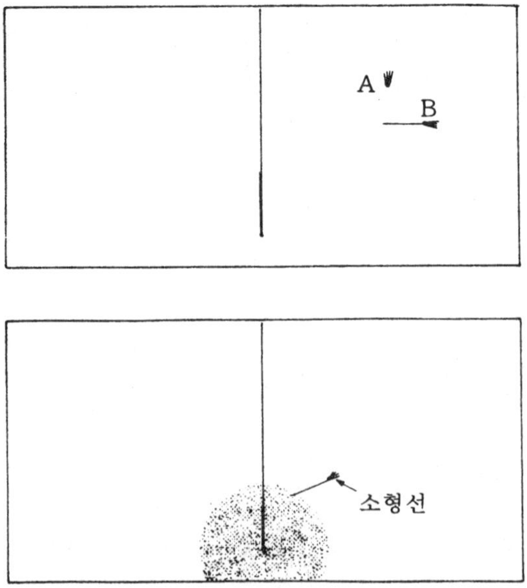

그림 5-7 스워프

에 ARPA의 성능기준에 맞춰 물표의 예상되는 운동을 표시해 줘야 한다.

1) 일반 추적기의 원리

ARPA의 성능기준이 요구하는 데이터를 계산하기 위하여 컴퓨터는 추적하는 각 물표의 위치를 연속적으로 저장하고, 물표의 진운동과 상대운동을 평가하기 위해 연속해서 나타나는 위치로 그 운동을 분석한다.

이와 같이 컴퓨터는 물표의 위치를 연속적으로 기록하여 수동으로 하던 작업을 자동화한다. 정보처리기능으로 처리되는 어떤 과정의 자동화는 항상 복잡하다. 인공지능의 삽입과 만족도는 설계자의 독창성에 따라 차이가 많으며, 문제를 해결하는 방법이 여러 가지이며 수학적으로도 다소 차이가 있는 것은 당연하다. 데이터 처리는 관측자의 일이 아니지만 일반적인 지식을 갖고 있는 것은 중요하다.

이것을 이해하는 것은 성능기준과도 관계가 있고, 그러한 데이터 처리의 결과가 수동으로 한 경우와 같도록 요구하고 있다. ARPA는 관측자가 할 수 있는 일을 하며 ARPA에서 얻어진 결과가 관측자가 수동으로 한 것보다 더 정확하다거나 덜 정확하다거나 하는 아무 근거도 없다는 것을 알아야 한다.

ARPA가 처리를 할 수 있기 위해서 데이터는 디지털의 형태이어야 하고 디지털 컴퓨터가 필요한 계산을 한다. 이같이 레이더의 아날로그 데이터가 방사선별로 디지털 기억장치에 저장된다. 반사파가 있으면 2진수의 1로 해당되는 거리기억소자에 기억되고 해당되는 방위어(bearing word)와 관련짓는다. 어떤 특정한 반사파가 물표일 가능성을 확인하고 추적하기 위해 저장할 것인가 여부를 확인하기 위해 여과기술이 이용된다. 각 시간축 동안에 반사파들은 그림 2-33에 보인 기억행렬의 한 선에 나타난 기억소자의 그룹인 초기 레지스터(prime register)에 기억된다. 소인 대기 시간에 초기 레지스터의 내용이 1번 레지스터로 옮겨진다.

동시에 1번 레지스터의 내용은 2번으로 옮겨지고 계속 다음의 기억소자로 옮겨진다. 전송하는 동안 각 행의 N개의 기억소자에 있는 내용을 비교하여 N개 중 M개 이상의 기억소자에 '1'이 저장되어 있으면, 추적기의 기억장치의 정확한 위치에 히트*가 등록된다. 이러한 여과 기술을 이용하여 거짓상도 차단하고 물표의 반사파가 약할 때 추적할 수 있는 가능성을 높인다.

기억장치의 여과지역 안에 있는 물표들은 게이트가 수동 또는 자동으로 그 물표의 반사파 위에 놓여지면 추적을 위해 선택된다. 공중선이 선박을 주사하면 연속하는 시간축상에 수많은 반사파를 저장하게 되고 여러 개의 연속되는 방사상 거리기억소자에 기억되게 된다.

영상저장장치의 경우에, 이러한 계수와 반사파들이 명확한 반사파 윤곽을 갖는 영상을 만들기 위해 기억장치에 모이게 된다. 컴퓨터가

---

*주) 파일(file) 관리에서 상세 기록과 마스터 기록과의 일치를 발견함.

분해요소 안에 있는 각 요소들을 추적하는 것은 필요하지도 않고 원하는 바도 아니다. 이 때문에 추적기에 들어오는 입력신호는 추적되는 물표의 위치를 나타내고, 게이트를 당연히 물표의 중심에 두도록 하나의 기억장치가 필요하도록 처리된다. 이러한 기록의 어셈블리(assembly)를 저장하는 데 사용되는 기억장소를 히트행렬이라 한다.

물표가 포착되고 계속해서 추적되면 추적창문(tracking window)이 물표의 거리와 방위에 일치하는 히트행렬 안의 특정 기억장소의 중심에 위치한다. 그 추적창문의 좌표가 읽혀져서 추적을 위한 기억장치의 영역에 저장된다. 이 위치를 추적파일이라 하며 각 추적물표마다 별개의 추적파일을 갖게 될 것이다. 이같이 안테나의 매 회전마다 히트행렬 물표의 위치를 따라 단계적으로 움직이고 각 추적물표의 연속되는 위치가 해당되는 추적파일에 저장된다.

프로세서는 기록된 위치들을 이용하여 물표의 항적을 계산한다. 거리와 방위의 변화율이 일정하지 않기 때문에 방위와 거리만으로 나타낸 위치만 가지고 물표의 항적을 계산하는 것은 어려운 작업이다. 이 때문에 물표의 위치를 남북 성분과 동서 성분을 갖는 직각좌표계로 변환하는 것이 보통이다. 플로팅 용지에 관측된 방위와 거리를 기점할 때, 물표가 직선 항적을 움직이더라도 기점된 위치들은 직선을 그리지 못하고 정확한 항적 주위에 흩어져 나타난다. 이때 관측자는 가장 적합하다고 생각되는 선을 항적으로 긋게 된다. 바로 자동플로팅에서도 이와 똑같으며 양자화 오차도 포함되어 더욱 악화시킨다.

데이터들은 결국 직선벡터로 나타내야 하기 때문에 프로세서는 흩어진 관측 자료들과 가장 잘 맞는 길이와 방향을 계산해야 한다. 이러한 계산에는 칼만 필터링 (Kalman filtering)기술이 응용되며, 이러한 일을 평활화(smoothing)라 한다.

만약 이러한 평활화 작업이 너무 오래 걸리면 추적기는 물표가 조선을 조금 했을 때 탐지하기 어렵고, 조선을 많이 하면 그것을 나타내기까지 시간이 많이 걸리는 등 추적기가 둔감해진다. 한편 평활화

시간이 너무 짧으면 그 출력이 너무 자주 변동할 것이며 의사 결정을 어렵게 할 것이다. 명백하게 평활화의 양과 시간은 서로 타협적이며, 물표의 조선에 대한 감도와 데이터의 안정도 사이의 관계를 조절하는데 설계자들이 많은 고민을 한다. 결과적으로 제조자들마다 평활화하는데 사용하는 알고리즘이 모두 다르다.

물표를 처음으로 포착하면 컴퓨터는 공중선이 주사할 때마다 물표의 최신 좌표를 얻어 그 위치를 저장하기 시작한다. 이러한 위치들은 원래 산만해서 처음에는 그 평균선이 그 선으로부터 좀 떨어진 점에 매우 민감하다. 그러나 플로팅 시간이 길어지고 플로팅이 많아지면 평균선은 안정되고 정확도도 향상될 것이다. 물표추적 후 처음 1분 동안 지시기는 그 물표가 단지 추적되고 있다는 표시만 해준다. 대부분의 레이더 장치에서 벡터(또는 그래픽 모형)는 충분한 관측 자료가 얻어질 때까지 나타나지 않을 것이다. 또 어떤 장치에서는 포착후 수초 안에 벡터를 나타내 주기도 한다.

이것을 순간의 정확도 표시로 봐서는 안된다. 정확도는 수많은 관측 자료를 요구하여 1분 정도의 간격을 가진 관측 자료가 있어야 성능기준에 맞출 수 있다. 간접적이든 직접적이든 너무 빨리 나타내 주면 벡터가 불안정해지며 관측자는 그 벡터가 불충분한 데이터에 의해 만들어졌음을 알아야 한다.

1분 후에 추적기는 12~20개의 관측 자료를 갖게 될 것이며, 그때 성능기준에서 정한 정확도에 해당하는 데이터를 제공해야 한다. 어떤 장치에서는 물표에 대한 데이터들은 1분 이상 3분 이내의 관측 결과에서 도출한다. 물표를 레이트 에이딩법에 의해 예상된 위치에서 계속 탐지하는 한 추적시간은 3분까지 허용되며, 그 단계에서 프로세서는 36~60개의 관측치를 평활화할 수 있고 성능기준의 높은쪽의 정도 레벨에 닿게 된다. 그 후에 새로운 자료가 더해지고 오래된 것은 버려진다.

물표로부터 반사파가 레이트 에이딩법으로 예상된 위치에서 탐지가 안되면 물표가 조선했다고 간주하고, 추적창을 크게 하여 물표가 탐지되면 추적은 계속된다. 3분 항적의 변화가 현저하지 않으면 프로세서는 데이터가 너무 흩어져 있다고 판단하고 3분 추적을 다시 시작한다. 한편 이탈량이 현저하면, 프로세서는 그 상황을 물표의 조선으로 보고 평활화 시간을 1분으로 줄인다. 평활화 시간을 줄이는 것은 관측자가 이전의 ABC 삼각형을 버리고 새로운 플로트를 시작한 상황과 흡사하다. 만약 다시 안정된 상황이 되면 낮은 정도의 데이터가 1분 안에 얻어지고 높은 정도를 얻기 위해 추적시간을 3분으로 잡게 된다. 대부분의 장치는 두 가지의 평활화 시간을 갖고 있으며, 짧은 쪽은 1분이고 긴쪽은 약 3분이다. 성능기준에 맞춰 그 시간은 각각 1분 또는 3분을 넘지 않으나, 실제로는 시간을 좀 짧게 하고 더 빨리 요구하는 정도에 도달하는 장치도 있다. 평활화의 수학적 방법은 우리의 범위를 넘지만 상대항적으로 할 것이냐 진항적으로 할 것이냐는 중요한 선택이다. 두 가지 다 나름대로의 장점을 가지며 보통 추적기는 두 방법을 다 할 수 있다.

(a) 상대운동 데이터를 직접 출력하기 위해 물표의 상대항적을 저장하고 평활화한다. 그리하여 평활화된 상대항적 데이터와 그 순간에 입력된 속도와 침로로부터 진운동 데이터를 계산한다.

이러한 속도와 침로는 관측선의 조선의 감도를 잃지 않기 위해 평활화하지 않는다.

(b) 평활화된 진운동 데이터를 직접 나타내기 위해 물표의 진항적을 저장하고 평활화하지 않은 침로와 속도 데이터로 상대운동 데이터를 다시 만든다.

안정된 상황에서(관측선이나 추적선 모두 조선을 하지 않고 입력 데이터와 오차에도 변화가 없는 경우) 위의 두 가지 방법에 똑같은 결과가 나온다. 만약 변화가 있다면 연속되는 평활화 과정에서 결과가 달리 나온다. 이 차이를 이해하기 위해서 계산이 어떻게 이루어지는가를 알 필요가 있다.

2) 상대 데이터(relative data)의 저장

이 방법에서는 추적물표의 거리와 방위가, 물표의 상대운동의 침로와 속도를 알아내기 위해 주사마다 변환되고 평활화되어 저장된다.

표시된 상대벡터와 CPA/TCPA 데이터는 그림 5-8에 보인 바와 같이 이로부터 직접 도출된다.

이 방법의 장점은 관측자가 상대 플로트를 할 때와 같이 CPA 데이

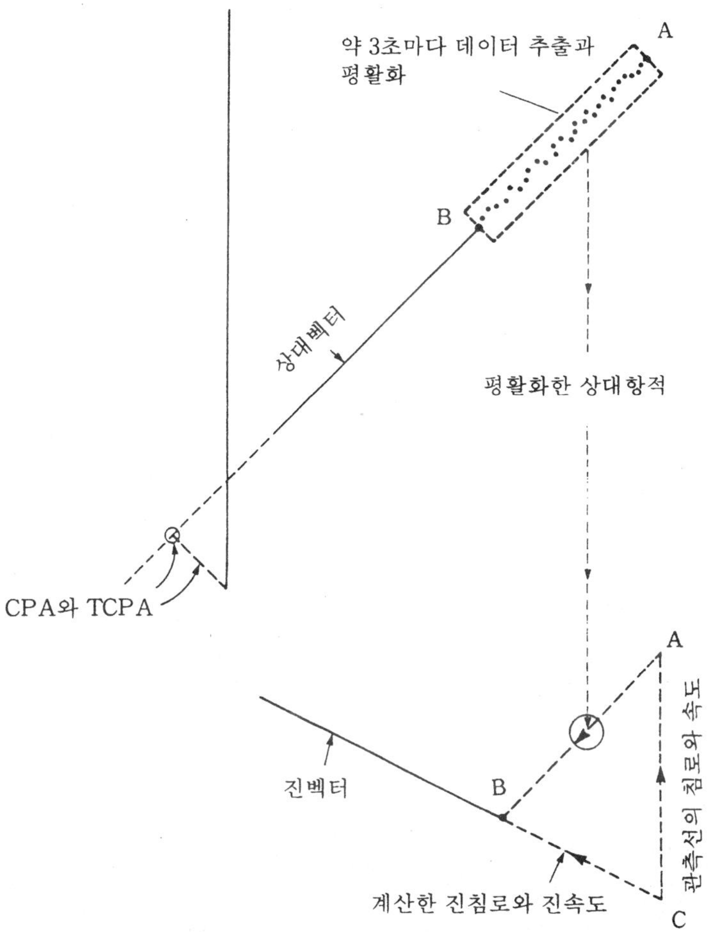

그림 5-8 상대 데이터의 저장

터는 순전히 시스템에 들어오는 속도와 침로에 달려 있다는 것이다. 관측자들이 피항거리를 가장 중요하게 생각하기 때문에 바로 이 점이 이 방법의 특징이다.

만약 물표와 관련된 진운동 데이터를 요구하면, 컴퓨터는 순간적인 침로와 속도에 평활화된 상대항적을 벡터 합성하여 정보를 계산한다. 이같이 예상한 대로 진운동 데이터의 정확도는 침로와 속도의 정도에 달려 있다. 시행조선 데이터를 요구하면 평활화한 상대항적과 제안된 침로와 속도를 벡터 합성시킨다.

상대항적 저장에 있어서 내부적인 어려움은 본선이 조선할 때 모든 물표의 상대항적의 속도와 방위가 바뀌는 점이다. 추적기가 곡선을 직선으로 만들려고 헛되이 노력하기 때문에 상대벡터가 불안정해지는 경향이 있다. 그래서 조선하는 동안과 조선 후 잠시 동안은 상대 및 진항적 데이터는 의심스러운 것은 당연하다. 이러한 영향은 짧은 시간에 변침과 변속을 자주 하는 페리와 같은 배에서 현저하게 나타난다. 곧 추적 데이터는 모든 물표가 조선한 것 같은 잘못된 인상을 줄 것이다. 보통 컴퓨터는 현저한 항적변화가 일어났다고 결정하면 약 1분 정도의 짧은 기간 동안에 상대운동을 평활화하여 안정을 되찾는다.

3) 진데이터(true data)의 저장

이 방식에서는 거리와 방위가 매 주사마다 직각좌표 값으로 바뀐다. 각 위치가 저장되기 전에 그의 좌표값은 관측선이 첫번째 관측 후에 움직인 거리와 방위에 따라 개정된다. 이 방식의 효과는 항적파일 안에서 연속된 위치들을 만드는 것이며, 그 위치들의 좌표는 선택된 물표의 평활화하지 않은 진항적을 나타낸다. 이 위치들은 물표의 진침로와 진속도를 예측하기 위해 평활화한다. 이 작업은 진플로팅하는 것과 비슷하다.

그 물표에 관련된 상대운동 데이터를 요구하면, 컴퓨터는 그 순간의 침로와 속도 데이터를 평활화한 진항적과 벡터 합성하여 정보를 계산한다. 시행조선 데이터를 요구하면 평활화한 진항적과 제안된

침로와 속력을 벡터 합성하여 알려준다.

이 방식의 장점은 관측선이 조선을 해도 상대벡터가 안정을 유지하는 것이다. 왜냐하면 데이터가 매회전마다 갱신되고 물표의 평활화한 진침로와 관측선의 순간의 침로와 속력으로부터 계산하기 때문이다. 한쪽에 물표의 계산된 상대운동은 입력된 침로와 속도의 정확

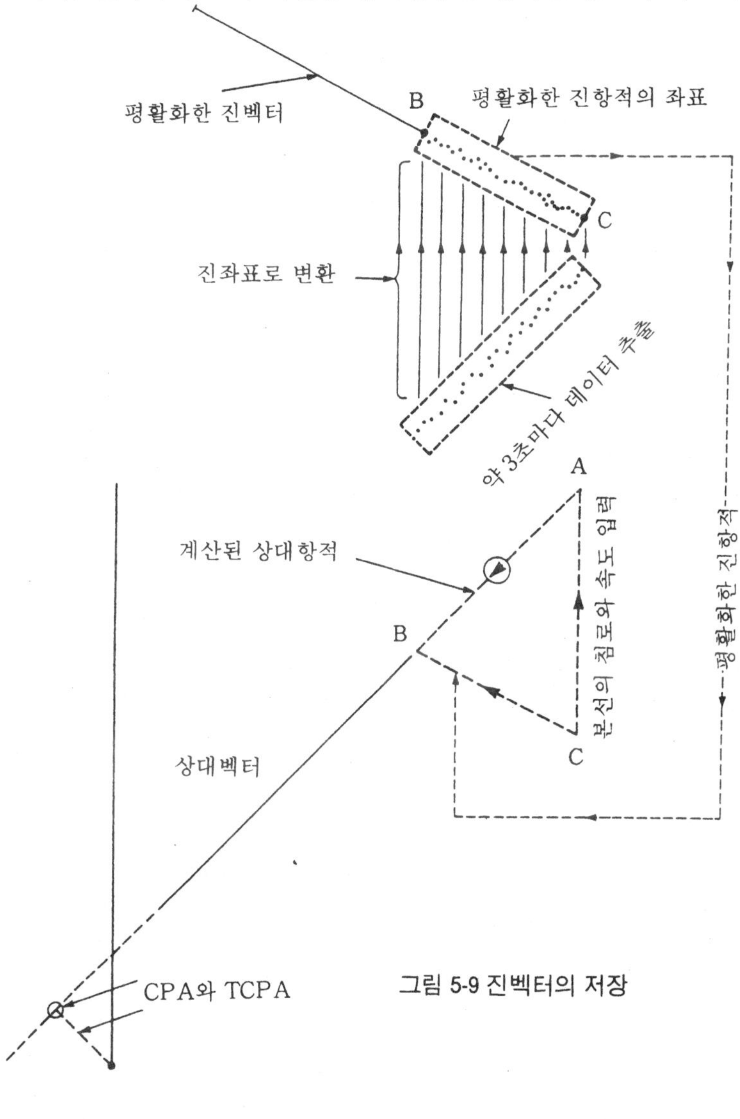

그림 5-9 진벡터의 저장

도에 달려 있다는 것을 나타낸다. 이것은 입력된 침로와 속도가 평활화하는 동안 내내 같은 값이었다면 문제가 안된다. 만약 입력 데이터 오차가 평활화하는 동안 일정하였다면 평활화한 진항적의 오차도 물론 비슷할 것이다.

만일 입력된 침로와 속도 데이터에 포함된 오차가 평활화하는 동안 일정하다면, CPA와 TCPA 데이터의 정확도에 영향을 미치지 않는 것이 확실하다. 그러나 오차의 양에 변동이 있으면 상대벡터는 부정확하고 불안정할 것이다. 이 방식의 이점은 관측선이 조선을 해도 상대벡터가 안정되어 있는 점이라는 것을 인정하지만, 입력 데이터에 불규칙한 오차가 포함되면 CPA에 영향을 미칠 것이 염려된다. 대부분의 사용자는 관측선이 조선할 때 진벡터의 불안정이나 부정확을 참을 수 있지만 CPA에 어떤 영향이 미쳐서는 안되는 것으로 믿고 있다. (그림 5-9)

4) 저장방식의 비교

위에서 설명한 저장방식의 두 가지 형태는 관측선이 조선할 때 어떻게 하면 안정된 추적 데이터를 유지할 것인가에 대한 처리방식에서 다르다. 이 점은 플로팅을 자동이나 수동으로 하든지간에 있을 수 밖에 없는 내부적인 어려움이며, 기본 정보인 거리와 방위가 움직이는 배에서 측정하기 때문에 생기는 것이다. 추적 정도에 대해서는 나중에 다시 공부하기로 한다. 그러나 관측자는 불안정 상태에서 데이터가 부정확할 가능성에 대해 항상 경계해야 하고, 항적 저장의 방법이 데이터의 부정확에 영향을 미치는 것을 알고 있어야 한다.

5.3.7 과거항적

ARPA는 요구하면 추적하고 있는 물표의 적어도 8분 동안에 걸쳐 적어도 4개의 과거위치를 같은 간격으로 나타내 줄 수 있어야 한다. 이것을 이용하여 관측자는 어떤 특정한 물표가 조선했는지 여부를 확인할 수 있고, 관측자가 어떤 이유로 잠시 지시기를 떠나 있을 때 더욱 그렇다.

이러한 과거항적에 대한 정보가 관측자에게 무엇이 일어났는가를 알리는 데도 유용하지만, 그 물표가 앞으로 무엇을 할 것인가를 아는 데도 도움이 된다. 물표의 조선은 항해상의 목적일 것이며 이러한 경우와 같은 일반적인 개요로부터 그런 암시를 얻을 수 있다. 양자택일로 일반 교통의 모형과 관련하여 생각해 볼 때, 조선의 특성으로부터 그것이 충돌회피를 위해 취해졌다는 암시가 있을 수 있고, 그래서 관측자는 이전 상태로 되돌아가는 것에 대해 경계할 수 있다.

과거의 진위치는 조선의 본성이 명백하기 때문에 데이터를 나타낼 수 있는 의미있는 방법임에는 의심의 여지가 없다. 곡선항적은 물표가 변침한 것을 나타내고 속도에 변화가 있으면 과거위치를 나타내는 점들의 간격이 바뀔 것이다. 속도의 변화 효과는 느리기 때문에 탐지하기가 어렵다.

과거의 상대위치는 항상 주어지는 것은 아니지만, 방위와 점들의 간격의 변화는 방위의 변화나 속도의 변화, 또는 양자의 조합으로부터 생긴다. 그러므로 어떤 조선을 하였는가 확인하는 것이 긴요하다.

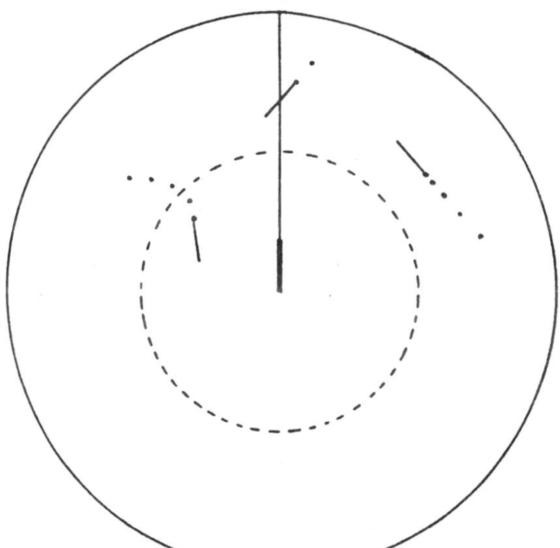

그림 5-10 과거항적

과거 상대위치는 사용할 때 조심해야 한다. 어떤 ARPA에서는 과거 위치를 나타내는 점들의 간격을 거리범위를 바꾸면 자동으로 바꾼다. 물표의 항적이 고르지 못하거나 운동이 불안정하면 그 물표의 추적이 덜 정확한 것을 나타내므로 표시 데이터들은 조심스럽게 취급해야 한다. 이 장치의 작동에 편차가 있기 때문에 표시되고 있는 과거위치를 확인할 때 주의해야 한다. 특히 과거항적이 진위치인지 상대위치인지와 사용중인 시간 간격을 확인해야 한다.

5.4 벡터

ARPA가 만든 포착된 물표의 침로와 속도 정보는 물표의 예상 운동을 명백히 나타내 줄 수 있는 벡터나 그래픽 형태로 표시되어야 한다. 이와 관련하여,

① 예상되는 정보를 벡터의 형태로만 나타내 줄 수 있는 ARPA는 진벡터와 상대벡터를 선택할 수 있어야 한다.

② 그래픽의 형태로 물표의 침로와 속도를 알려 줄 수 있는 ARPA는 요구에 따라 상대벡터와 진벡터를 나타낼 수 있어야 한다.

③ 표시된 벡터는 시간 조절이 가능하거나 고정된 시간 눈금이 있어야 한다.

④ 사용중인 벡터의 시간 눈금이 명확해야 한다.

벡터는 물표의 상대운동의 방향과 속력 또는 진운동의 방향과 속력을 나타낼 수 있어야 한다. 진벡터가 가리키는 방향과 속도는 추적중인 물표가 침로와 속력을 유지해야 예보가 가능하다. 상대벡터의 경우는 관측선의 침로와 속도 유지와도 관련이 있다.

모든 경우에 벡터의 길이는 시간과 관련되어 있으며 보통 그 길이는 조정된다. 만일 벡터가 너무 길면 짧은 거리범위에서 벡터의 끝이 화면의 가장자리를 벗어날 것이다. 어떤 ARPA에서는 거리범위에 따라 벡터 길이를 고정시키기도 한다. 즉 6마일 거리범위에서는 3분, 12마일 거리범위에서는 6분 벡터로.

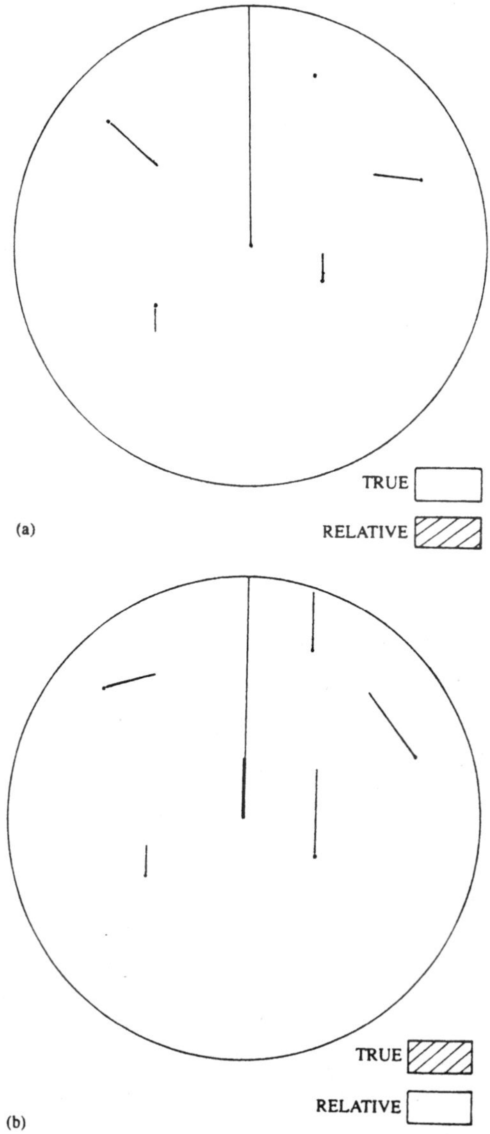

그림 5-11 상대벡터와 진벡터

5.4.1 상대벡터

ARPA는 어떤 시간 동안 물표를 추적하고 벡터를 나타내 줘야 한다. 벡터 길이를 조절하여 CPA를 알 수 있다. (그림 5-11(a))

5.4.2 진벡터

관측자는 필요하면 진벡터의 표시를 요구할 수 있다. 이 경우 본선도 벡터를 갖는다. 진벡터를 점차 늘려서 근접 상황이 될 가능성을 확인할 수 있다. 이 기술의 동적인 특성은 많은 사용자들이 좋아하지만, CPA/TCPA를 추론하는 것은 피하는 것이 좋다. CPA는 물표의 진벡터가 본선의 진벡터와 교차하는 점이 아니라는 것을 명심해야 한다. (CPA가 0인 경우는 예외)

5.4.3 시행조선

ARPA는 물표의 정보를 갱신하는 것을 방해하지 않고, 본선의 조선이 모든 추적중인 물표에 미치는 영향을 모의실험해 볼 수 있어야 한다. 이 모의실험은 스프링이 달린 스위치를 누르거나 화면에 명확히 표시하는 작동키를 누른 후에 시작해야 한다.

컴퓨터의 도움으로 본선에서 취하기 전에 조선의 영향을 예측하는 문제는 훨씬 간편하다. 두 척인 경우에 조선에 대한 출력을 보이는 것은 상대적으로 간단할지라도 교통이 복잡한 곳에서는 매우 어려워진다. 특히 배가 커서 여유가 제한된 해역에서는 계속적으로 변하는 데이터 화면을 보면서 전체적인 충돌회피 전략을 세우고 갱신하는 것이 필요하다.

계획을 세울 때 다음의 사항을 명심해야 한다.

(a) 본선은 더 멀리에 있는 배와는 임시로 충돌침로에 있을 필요도 있다. 즉 충돌은 한 번의 조선으로 모든 문제를 해결할 수 없고 순차적으로 해야 하기 때문이다.

(b) 시행조선기능을 현재의 침로와 속도를 입력으로 하여 현재의 상황을 외삽법에 의해 추정하면, 부근에 있는 다른 배들이 상호 충돌

을 피하기 위해 조선하는 데 귀중한 정보를 알 수 있다. 그들 자신이 명백한 피항조선을 할 것이며 계속 주시해야 한다.

(c) 조선이 자유롭지 못한 선박에 대해서는 다른 선박이 조선해야 한다. 피항전략을 세우고 그 계획을 수행하고 그 효과를 평가하기 위해 이 점을 고려해야 한다.

(d) 이러한 장치는 항해사에게 주어진 피항거리를 통과하기 위해 취해야 할 침로를 쉽게 알려주기 때문에 변침을 조금 하는 쪽을 선택할 것이다. 이러한 유혹은 실질적으로 변침할 필요를 잊어버리므로 어떻게 해서든지 피해야 한다. 충돌예방규칙은 다른 배들이 데이터의 추출에서 훨씬 더 원시적인 방법을 사용할지 모르고, 또 조선의 양이 적을 때는 그것을 탐지할 수 없을 수도 있다는 사실을 알아야 한다.

불행하게도 승인된 ARPA가 하나의 시행조선기능을 갖도록 요구할지라도 여러 제조자들마다 시행조선을 가능하게 하는 데 다양한 방법을 고안하였다.

제안된 조선과 관련된 정보가 들어가면 그로부터 생기는 진 또는 상대벡터가 요구에 따라 표시된다. 벡터 길이 조정 능력과 결합하여 이 장치는 다른 배와 관측선 사이의 가능성있는 근접 상황을 명확히 나타내 준다. 조선의 효과를 평가할 때 상대벡터를 선택하는 것이 중요하다. 이 상대벡터는 상대선이 얼마만큼 떨어져서 지나갈 것인가를 나타내 주기 때문이다. 또한 이러한 표시를 보면서 입력의 값을 바꿀 수 있고 CPA에 대한 효과를 알 수 있다.

ARPA는 본선이 변침과 변속을 했을 때에도 플로팅할 수 있다. 유용한 장치의 범위가 있고 시행 데이터를 줄 때 참작할 요인의 수가 많아졌다. 가장 간단한 형태는 의도한 침로와 속도를 주고 지시기에서 그 효과를 관측하는 것이다.

어떤 장치는 조선이 즉시 이루어지지만 얼마 후에, 곧 6분 지난 후에 하도록 한 설비도 있다. 또 다른 ARPA는 선박의 조종 특성을 평가에 포함시켰지만 당연히 만재상태 하나로 (가능하면 두 가지 경

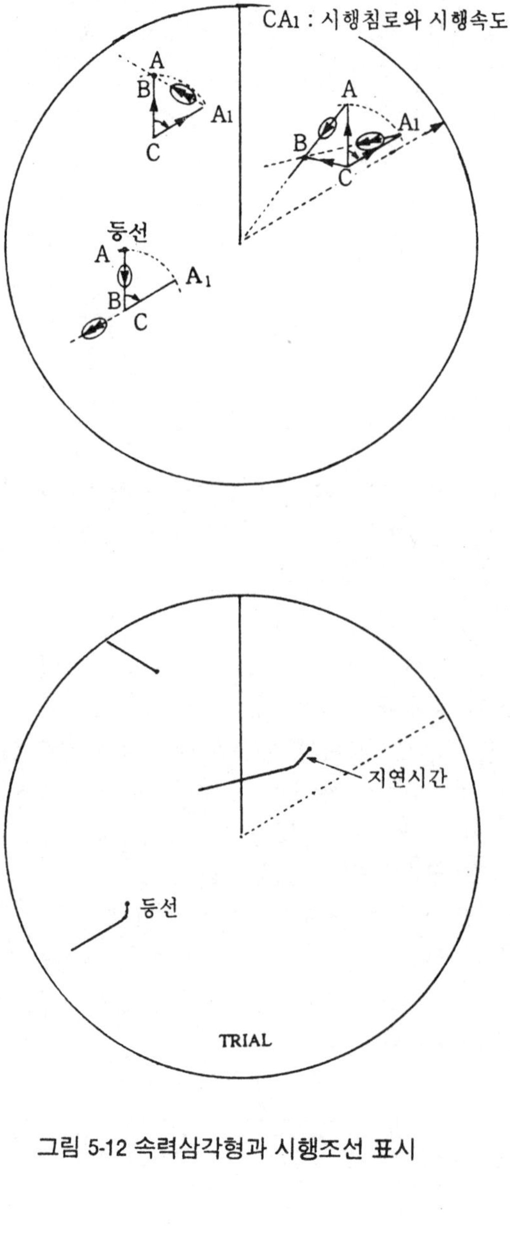

그림 5-12 속력삼각형과 시행조선 표시

우)로 제한될 것이다. 어떤 장치는 연속되는 두 가지 조선을 나타낼 수 있는 설비를 가지고 있다. 이것은 변침이 이루어져야 할 시간을 평가하고자 할 때 극히 도움이 된다. 시행 데이터와 실제 사이에 혼란이 안생기도록 하기 위하여 시행조선기능이 행해지고 있을 때 화면에 'SIM' 또는 'TRIAL'과 같은 확실한 표시를 해야 한다.

5.5 ARPA 지시기

5.5.1 ARPA의 오동작시 레이더 데이터의 유용성

레이더에서 얻어진 정보에 부가해서 데이터를 만드는 ARPA의 어느 부분에 오동작이 일어나도 기본적인 레이더 표시에 어떤 영향도 미쳐서는 안된다. 일반적으로 이것은 ARPA 장치는 못쓰게 되더라도 레이더는 계속해서 정상을 유지한다는 것을 의미한다. 예를 들면 추적회로에 이상이 생기면 ARPA뿐만 아니라 진운동장치도 못쓰게 되지만 상대운동 표시는 여전히 유용할 것이다.

5.5.2 지시기의 크기

ARPA 정보를 나타내 주는 지시기의 크기는 지시기의 유효 직경이 적어도 340mm가 되어야 한다. 이것은 보통 16인치 반경의 방사상 CRT와 같다. 한편 래스터스캔 지시기는 27인치(690mm) 진공관이어야 한다. (대각선의 크기)

5.5.3 ARPA 장치의 거리범위

ARPA는 적어도 다음과 같은 거리범위를 가져야 한다.

① 12마일 또는 16마일

② 3마일 또는 4마일

사용중인 거리범위를 확실하게 해줘야 한다. 실제에 있어서 ARPA는 이 요구를 훨씬 초과한다. 대부분의 ARPA는 1.5마일에서부터 24마일까지 포함하여 모든 거리범위를 갖고 있다.

5.5.4 지시방법

ARPA는 상대운동 지시방식으로 작동할 수 있어야 하고, 노스업과 헤드업이나 코스업 방위안정 중에서 하나를 표시할 수 있어야 한다. 추가로 진운동 지시방식을 갖출 수 있다. 만약 진운동 지시방식이 설비되어 있으면 작동자는 진 또는 상대 운동을 선택할 수 있어야 한다. 사용중인 지시방식과 운동표시방식을 지시기에 확실하게 표시해야 한다.

5.5.5 ARPA 데이터는 레이더 데이터를 가려서는 안된다

ARPA 정보는 레이더의 물표탐지능력을 저하시키는 등 레이더 정보를 가려서는 안된다. 레이더 관측자가 ARPA 지시기도 조종해야 한다. 원치 않는 ARPA 데이터를 지울 수 있어야 한다.

과거에는 경보를 포함하여 동작과 관련된 문자 숫자 데이터가 레이더 화면에 임시로 나타나는 경향이 있었으나 최근의 ARPA에는 없어졌다.

5.5.6 ARPA 데이터 밝기 조절

ARPA 데이터의 밝기를 독립적으로 조절할 수 있는 장치가 있어야 하고 완전 소거도 포함된다. 이 조종장치는 레이더 데이터와 ARPA 데이터를 구별해서 보기 위하여 ARPA 데이터를 화면에서 제거하는 것이다. 이것은 부근의 다른 선박을 계속해서 추적하고자 할 때 반사파가 약한 물표를 찾는 데 특히 유용하다.

5.5.7 마커 (marker)

ARPA 지시기상에 나타난 어떤 물표의 방위와 거리를 빨리 얻을 수 있는 장치가 되어 있어야 한다. 대부분의 제조자들은 스크린상에서 조종되는 마커를 표시하여 거리와 방위를 알 수 있게 하고 있다. 이같이 거리와 방위는 마커를 그 물표 위에 놓으면 얻어진다.

모든 거리 방위 측정장치와 같이 고정거리원과 선수지시선을 이용하여 정기적으로 점검해야 한다.

5.5.8 거리범위 변화의 영향

ARPA 장치의 거리범위를 바꾼 후에 모든 플로팅 정보는 4번의 주사를 넘지 않는 시간 안에 나타내 줄 수 있어야 한다. 위의 요구사항을 만족시키기 위해서 작동자가 선택한 거리범위에 관계없이 ARPA는 16마일 범위까지 포착된 물표를 계속해서 추적하고 플로팅해야 한다. 이 때문에 가까운 거리범위가 선택되고 짧은 펄스폭을 쓰면 먼 거리의 약한 반사파의 물표는 잃어버릴지도 모른다.

5.6 문자 · 숫자 데이터의 표시

관측자의 요구에 따라 어떤 추적물표에 대해 다음과 같은 정보를 문자와 숫자 형태로 즉시 알려줘야 한다.

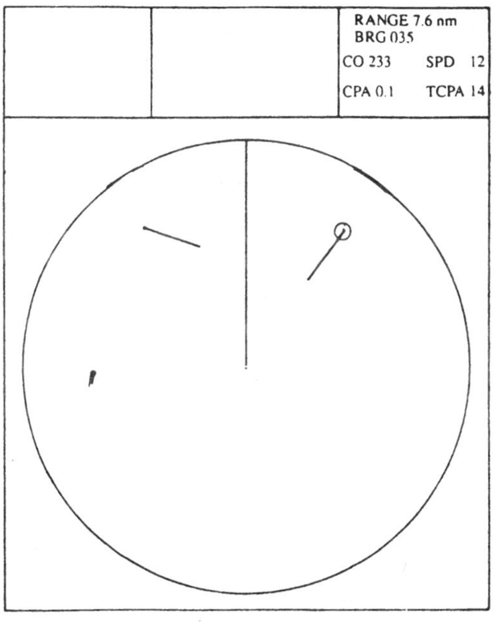

그림 5-13 문자와 숫자 데이터의 표시

1. 물표까지의 거리
2. 물표의 방위
3. 예상되는 CPA 거리
4. 예상되는 TCPA
5. 물표의 계산된 진침로
6. 물표의 계산된 진속력

물표가 지정되면 조이스틱과 게이트가 데이터가 필요한 물표를 컴퓨터에 알리는 데 사용된다. 물표에 관련된 데이터가 문자나 숫자의 형태로 출력된다. 이 출력은 따로 분리된 표시판에 모든 것을 함께 나타내거나 차례차례 나타내 주거나 레이더 화면 자체 위에 표시한다.

시행조선이 선택되면 어떤 장치는 계속해서 실제 상황의 문자·숫자 데이터를 표시하지만 시행조선 데이터를 표시해 주는 것도 있다. 어떤 주어진 ARPA에서 어떤 데이터를 나타내게 할 것인가를 정확히 해야 한다.

5.7 경보

5.7.1 경계지역 경보

ARPA는 물표가 레이더 화면의 지정한 지역에 가까이 오거나 통과하면 청각과, 또는 시각신호를 하여 작동자에게 경고할 수 있어야 한다. 그러한 물표는 지시기상에 확실하게 표시해야 한다.

본선 근처에 예를 들면 10마일 떨어진 곳에 0.5마일의 두께로 경계지역을 지정할 수 있다. 그래서 물표가 그 지역에 들어오면 경보가 작동한다. 두 개의 경계지역을 갖는 것이 보통인데, 하나는 미리 정해져 있고 하나는 상황에 따라 거리를 바꾼다.

경보를 작동시키는 물표는 화면에서 반짝거리거나 다른 형태로 표시한다. 경계지역에 들어오는 물표의 방위와 거리를 숫자의 형태로 표시해 주는 장치도 있다. 경계원의 안에서 처음으로 탐지된 물표는 경보를 작동시키지 않는다는 것을 알아야 한다.

보통 이런 설비는 자동포착기능과 연결되어 있으며, 그런 경우에 경보를 작동시키는 것에 부가해서 추적채널에 여유가 있으면, 물표가 포착될 것이다. 자동포착기능이 없더라도 경계지역을 지정할 수 있어야 한다.

5.7.2 CPA 경보

ARPA는 어떤 추적중인 물표가 관측자가 선택한 최소한의 거리와 시간 안으로 가까워질 것이 예상되면 시각과, 또는 청각신호로 관측자에게 경고할 수 있어야 하고, 그 물표는 지시기상에 확실히 나타내 줘야 한다.

경보를 작동시키는 CPA와 TCPA의 한계를 지정할 수 있다. 예를 들면 만약 CPA는 0.5마일, TCPA는 30분으로 맞추고 추적하여 그

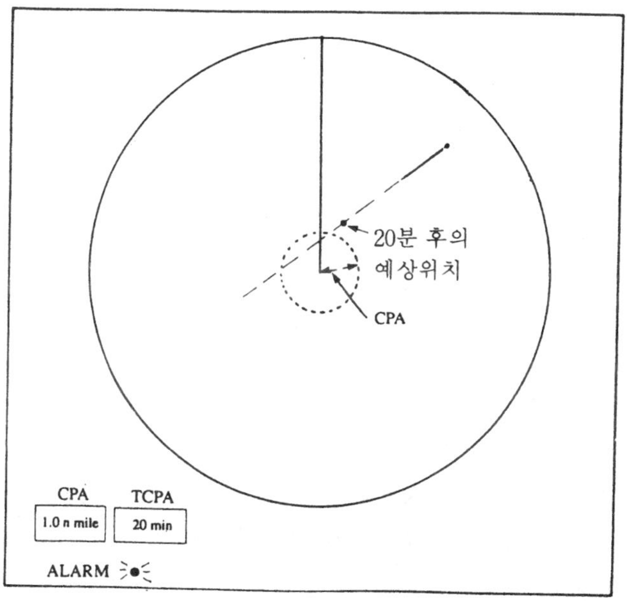

그림 5-14 CPA/TCPA 경보

이하가 되는 물표가 있으면 경보가 작동한다. 그 물표의 반사파와 벡터는 반짝거리거나 또는 다른 형태로 표시된다.

어떤 물표의 PAD(Predicted Area of Danger)가 본선의 선수지시선과 교차하면 경보가 작동하고 본선이 변침하여 PAD가 선수지시선에서 떨어질 때까지 계속 경보를 발하는 장치도 있다.

5.7.3 물표의 소실경보

ARPA는 추적중인 물표를 잃어버리면 확실하게 표시해 주어야 하고, 그 물표의 마지막 위치를 지시기상에 나타내 주어야 한다.

추적중인 물표로부터 어떤 이유에서건 1주사에 반사파가 오지 않으면 추적기는 게이트를 크게 하여 그 물표를 찾는다. 연속해서 5번의 주사 동안 반사파를 수신하지 못하면 경보가 작동하고 그 위치를 화면에 표시한다.

5.7.4 성능시험과 경보

ARPA에 오동작이 일어나면 적당히 경보를 작동하여 작동자로 하여금 시스템을 체크할 수 있게 해야 한다. 부가해서 자체진단 프로그램을 두어서 ARPA의 성능을 정기적으로 평가해야 한다. 전래의 레이더에서는 레이더 조정기가 적당히 조정되어 있고, 레이더가 올바로 동작하고 있는가 성능시험을 통해 확인하도록 하는 기본적인 요구가 있었다. 모든 ARPA 장치는, 여러 가지 회로의 올바른 동작을 정기적으로 감시하는 자체진단 프로그램이 혼합되어 있다. 이러한 확인은 정기적으로 또는 작동자의 요구에 따라 행한다. 만약 잘못된 곳이 있으면 경보를 발하고 잘못된 원인과 장소를 지시해 준다. 그러나 어떤 것은 탐지 안될 수도 있음을 알아야 한다. 예를 들면 숫자 출력의 요소의 잘못으로 8자를 6자로 나타낸다던가 9자를 3자로 나타내는 것과 같은 것은 탐지하지 못한다. 잘못된 부분의 영향이 어느 부분에 한정되면 그 부분만 동작이 안되고 다른 부분은 계속 사용되기도 한다.

5.8 ARPA의 추가 설비

5.8.1 소개

프로세서의 처리 능력이 증대함에 따라 제조자들은 IMO의 성능 기준에 명시된 것 이상의 설비를 만들었는데, 그 중에는 항해자들이 어떤 특별한 경계상태에서 매우 유용하다고 지적한 것도 있다. 또 ARPA가 지정된 정지물표를 추적하여 배의 대지침로와 대지속력의 믿을 만한 값을 자동적으로 빼낼 수 있게도 되었다. 이 기능은 '자동 육지안정표시'로 알려져 있고 ARPA에게는 믿을 만한 입력을 제공하지만 그것은 충돌예방에는 정확한 값이 아니다. 기억장치의 값이 싸지면서 항로선과 간단한 지도를 저장하고 표시할 수 있게 되었고, 자동 육지안정표시를 이용하여 화면의 고정된 위치에 그 지도를 그릴 수 있게 되었다. 또 다른 방면에서는, PPC(Potential Points of Collision)와 PAD(Predicted Area of Danger) 등을 만들어 충돌회피 동작을 결정하는 데 도움을 주고 있기도 하다.

5.8.2 추가 경보장치

1) 센서 입력상실

속도계나 자이로컴퍼스 데이터가 들어오지 않을 때와 같이 센서 입력의 상실이 일어나면 경보를 울린다. 여기서 중요한 점은 ARPA는 예상되는 값을 아는 방법이 없으므로, 그 값이 안 들어오면 경보를 울린다는 것이다. 'Log error'는 ARPA가 속도계로부터 입력을 받지 않고 있다는 것을 의미하는 것이지 받아들이고 있는 값에 오차가 있다는 것을 의미하지 않는다.

2) 항적변화 경보

이 경보는 물표의 예상되는 항적으로부터 이탈한 양을 정하는 알고리즘과 관련되어 있다. 이러한 물표는 그래픽의 형태로 지시해 주며 추적중인 물표의 항적이 현저하게 변할 때 경보를 발한다. 어떤 장치에서는 물표가 현저한 조선을 했을 때(대각도 변침, 또는 정지물표가 움직이는 등) 경보를 발한다. 일반적으로 이런 상태는 항적변화 모양을 나타내어 표시한다.

3) 정박 당직 경보

이 장치는 본선 또는 다른 선박이 정박지로부터 끌릴 때 자동적으로 경보를 발한다. 알고 있는 정지물표(고립된 조그만 항해물표)를 포착하여 지정해 두었을 때, 그 물표가 표시된 위치로부터 미리 정한 거리보다 더 멀리 움직이면 경보가 울린다. 또 달리 정박지에서 추적중인 다른 물표가 끌리면 경보를 발하고, 물론 그 배가 닻을 올리고 항주를 시작해도 마찬가지일 것이다.

4) 추적채널이 찼을 때의 경보

ARPA는 추적할 수 있는 물표의 수에 제한이 있기 때문에 모든 추적채널이 다 찼을 때 경보를 울린다. 이는 자동추적인 경우에 해당된다. 이 경보는 추적하지 않고 있는 물표가 위험성이 있으니 덜 중요한 물표의 추적을 중단하고 다른 곳으로 추적을 옮기라고 항해자에게 알린다.

5) 부당한 요구에 대한 경보

항해자가 370°와 같이 받아들일 수 없는 틀린 데이터를 입력하였을 때 경보를 발한다. 그 경보는 그 입력 데이터가 취소되거나 다시 입력될 때까지 계속한다.

6) 조선시간 경보

시행조선의 경우, 항해자가 지정한 조선할 시간이 되면 경보를 발한다. 배의 크기와 조선 성능에 따라 변침할 시간과 변속할 시간을 정하는 표시로 사용될 수 있다.

7) 백터 길이의 억제 경보

이 기능을 선택하면, 항해자가 정한 안전한계(safe limits)를 넘지 않을 것으로 예상되는 물표의 백터를 안나타나게 한다. 왜냐하면 화면에 물표의 백터들이 너무 많이 나타나면 오히려 방해가 되기 때문이다. 컴퓨터는 그래도 계속해서 그 물표를 추적한다. 만약 그것들 중에 '안전한계' 내에 들어오도록 조선한 물표가 있으면 벡터가 다시 나타나고 경보를 발한다.

이 기능을 사용할 때는 안전한계를 정할 때 상당한 주의가 요망된다. 일반적으로 조선하려고 하기 전에는 이 기능을 사용하지 않는 것이 좋다.

5.8.3 자동 육지안정표시

레이더 장치의 지시기에서 육지안정표시를 하기는 쉬운 일이 아니나, 컴퓨터의 도움을 받아 쉽고 자동적으로 가능해졌다. 일반적으로 이 안정표시는 모든 물표의 진벡터(true vector)에 적용된다. 반사강도가 좋은 고립된 육지물표를 참조점(reference)으로 선택한다. 그것을 ARPA의 추적채널 중의 하나로 포착하고 추적하며 고정물표로 지정한다. 그리하여 추적기는 관측선의 대지항적을 계산할 수 있고, 그것과 일치하여 지시기의 소인의 중심의 이동을 유지할 수 있다.

이 설비를 이용할 때 관측자는 참조점에 접근하는 다른 물표 특히 관측선과 참조점 사이를 통과하는 물표에 주의해야 하고, 만약 방해하는 물표가 참조점을 가리게 되면 물표의 스워프(swop) 기회가 크게 증대한다. 만약 스워프가 참조점에 연루되면 모든 벡터를 이상하게 나타내게 된다. 특히 참조점이 매우 빨리 움직이는 물표에 붙게 되면 더욱 그렇다. 만약 그러한 사태가 일어날 것 같으면 참조점을 다른 고정물표로 바꾸는 것이 상책이다. 대부분의 설계에서 이 설비는 화면표시방식과 진백터에 응용되었다.

이와 같이 일반적으로 자동 육지안정표시를 선택하면 진벡터는 선수방위를 나타내는 것이 아니고 물표의 대지항적을 나타낸다. 이것을 충돌회피 동작을 취할 때 잘못 사용하면 위험을 초래할 가능성이 있다. 그림 5-15에 이것을 나타내었다.

이 경우에 관측선의 선수지시선과 각도 편이가 생기기 때문에 관측자가 레이더 물표만으로 판단할 때보다 덜 위험할 것으로 생각할 수 있다. 그러나 경험상으로 볼 때 항상 옳지는 않다.

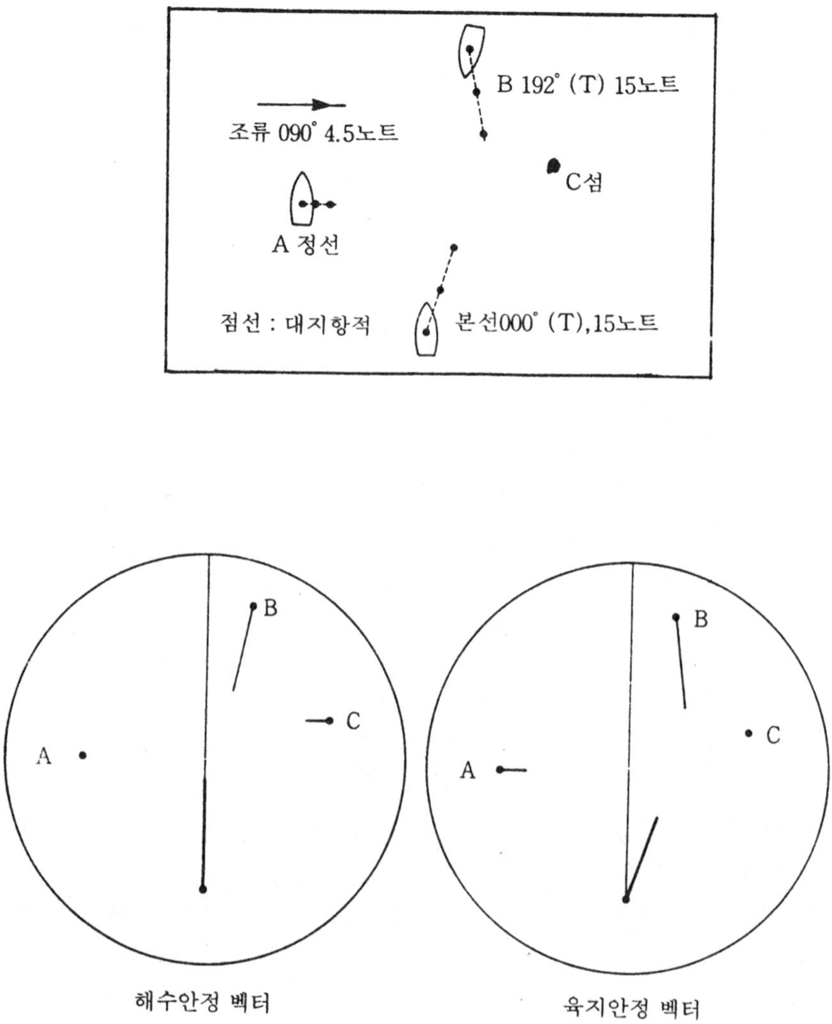

그림 5-15 해수안정표시와 육지안정표시

5.8.4 항법선과 지도

대부분의 ARPA는 화면 위에 전자선을 그리는 기능을 가지고 있다. 위치와 길이, 시작점을 조정할 수 있고, 그래서 평행 방위선을 만들 수 있고, 협수로에서 항법의 한계선과 항로 분리대 및 반사파가 약한 해안선 등의 윤곽을 그려 넣을 수 있다(그림 5-16). 또한 고립물표나 부유물표 등을 특정한 형태로 나타낼 수 있다. 항법선과 관련된 기능들의 범위가 꽤나 넓다. 간단한 기능만도 10~15개가 있어서 간단한 형태나 지도를 만들 수 있다. 한번 그려진 모양들을 화면상에서 움직여 편집할 수도 있다.

더욱 앞선 방식에서는 항해 계획중에 미리 준비하여 저장해 놓고 필요할 때 불러내서 쓸 수 있다.

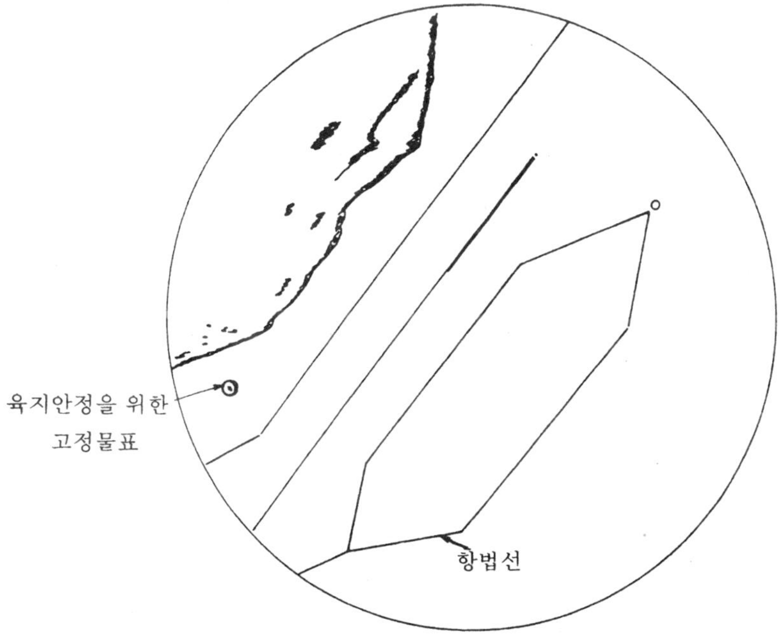

그림 5-16 항법선과 해도

5.8.5 충돌점 (Potential Point of Collision)

충돌점(PPC)이란 관측선이 어떤 물표와 충돌하기 위해(상대선이 조선을 하지 않는다는 가정하에) 현재의 속도로 나아가는 쪽에 있는 점이다.

1) 충돌점의 개념

두 척의 배가 부근에 있을 때는 항상 충돌의 가능성이 존재한다. 충돌이 일어나는 점은 다음의 요소에 달려 있다.

(a) 두 배의 속력비

(b) 두 배의 위치

두 척의 배를 생각해 볼 때 보통 그 중 한 척이 더 빠르며, 두 척의 배가 똑같은 속력으로 움직인다는 가능성은 당분간 무시하기로 한다. 더 빠른 속도로 움직이는 배는 필요하면 다른 물표를 따라 잡을 수 있으므로 하나의 충돌점을 갖는다. 이 충돌점은 그림 5-17에서 보

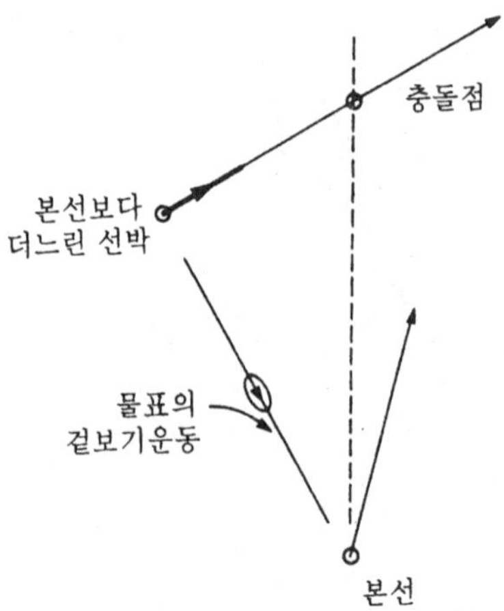

그림 5-17 충돌점이 한 개인 경우

는 바와 같이 그 물표의 항로상에 있게 된다. 더 느린 속도로 움직이는 배는 물표의 항로상에 있게 되는 두 개의 충돌점을 갖는다. 그림 5-18에 보는 바와 같이 물표 쪽으로 향할 때와 더 먼 쪽으로 향할 때

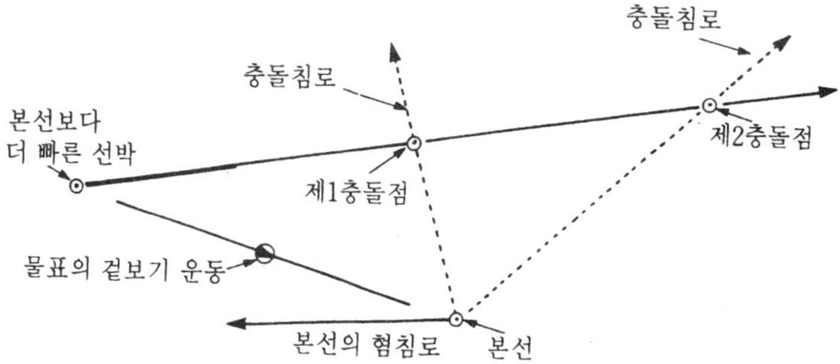

그림 5-18 충돌점이 두 개인 경우

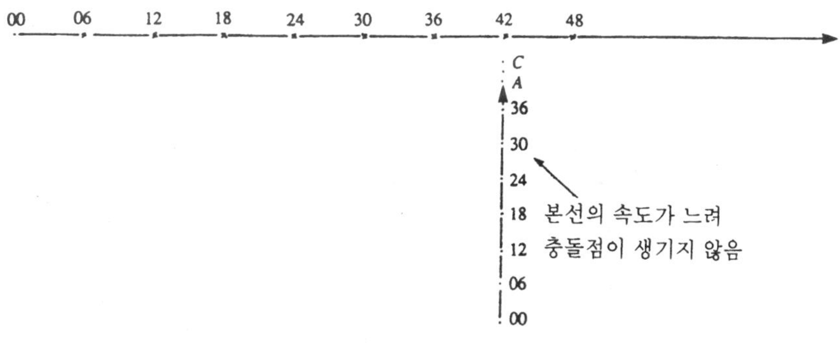

그림 5-19 충돌점이 없는 경우

충돌점이 생긴다. 또한 그림 5-19에 보인 바와 같이 너무 느릴 때는 충돌점이 생기지 않기도 한다.

2) 관측선이 속도를 유지할 때 충돌점의 변화

(a) 충돌의 경우

실제로 충돌의 위험이 있거나 없거나간에 충돌점은 존재한다는 사실을 알아야 한다. 실제 충돌의 위험이 있을 때는 두 척의 배에 충돌점이 같다는 것은 확실하다. 그림 5-20에 충돌점이 어떻게 움직이고 관련된 두 척의 배에 어떻게 나타나는가를 보였다. 더 빠른 배에

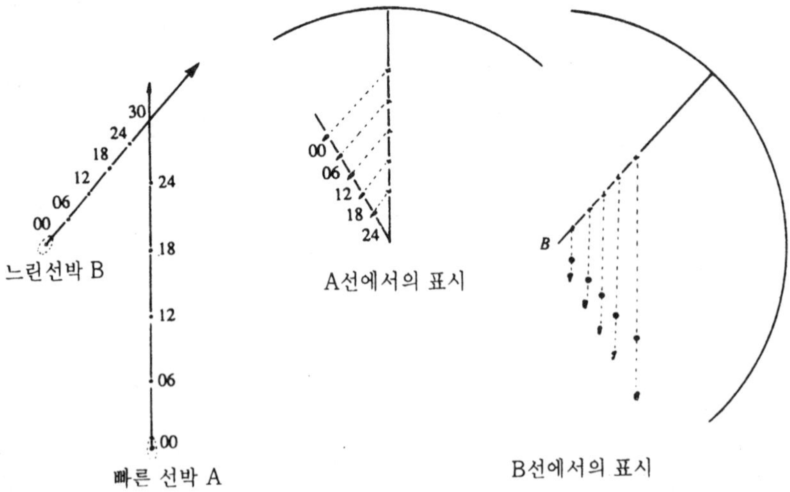

그림 5-20 충돌의 경우에 충돌점의 움직임

서는 하나의 충돌점이 선수지시선에서 나타나서 아래로 내려오고 거리가 가까워져서 충돌이 일어난다. 더 느린 배에서는 두 개의 충돌점 중에 하나가 선수지시선상에서 아래로 내려오고 다른 충돌점은 방위의 변화없이 가까워진다.

(b) 충돌이 안일어나는 경우

충돌이 일어나는 상황이 아닌 경우에 충돌점은 선수지시선을 가로지르지 않는다. 빠른 배의 경우, 그 움직임은 그 물표의 선수 쪽으로 지나치느냐 선미 쪽으로 지나치느냐에 달려 있다. 그림 5-21에 이 두 경우를 보였다. 더 느린 배에서는 충돌점이 두 개인 경우도 있고, 충돌점이 안생기는 경우도 있기 때문에 더 복잡하다. 만약 관측선의 침로가 두 충돌점 사이를 통과하게 되면, 그 충돌점들은 관측선의 어느 한쪽에서 내려올 것이며 일반적으로 거리가 가까워지고 관측선의 선미 쪽에서 만난다. 그림 5-22에 보인 바와 같이 선미에서 하나로 만나고 결국 충돌점은 없어진다. 만약 관측선이 더 빠른 배의 선미 쪽을 통과하게 되면, 충돌점은 함께 그려지며 한 점으로 되어 사라진다.

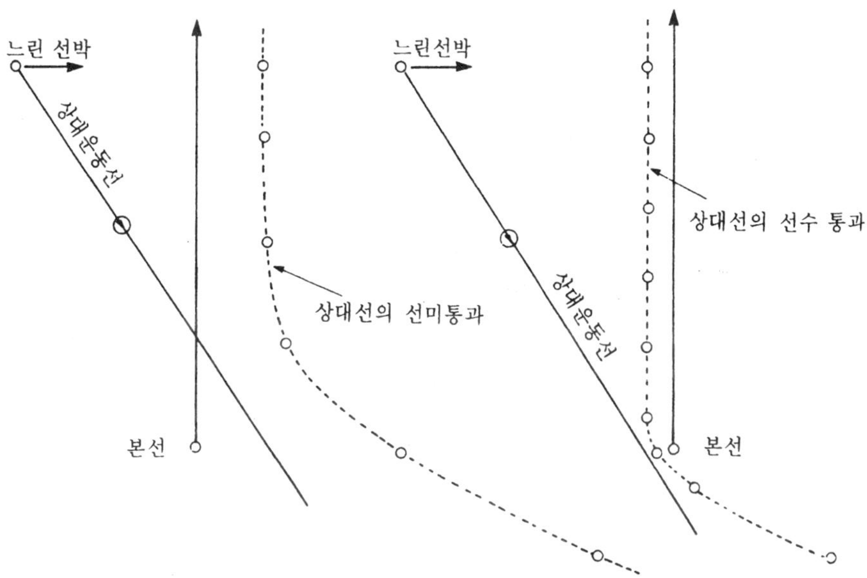

그림 5-21 충돌이 안 일어나는 경우의
충돌점의 움직임

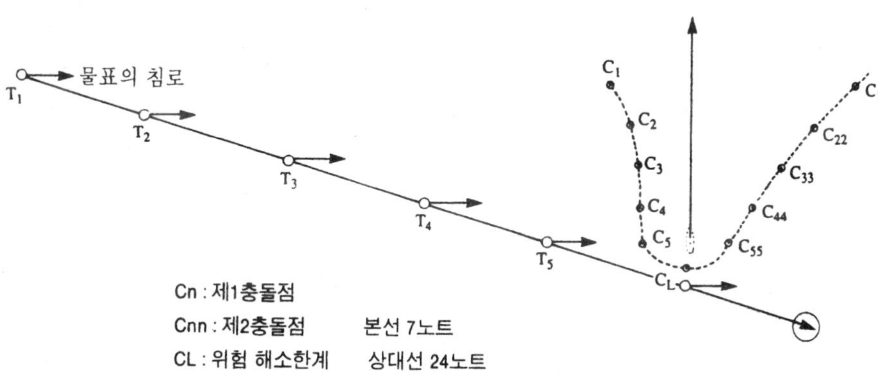

그림 5-22 충돌점이 두 개인 경우의
충돌점의 움직임

제2충돌점(더 먼 거리에 생기는 충돌점)의 움직임이 제1충돌점(가까운 거리에 생기는 충돌점)보다 더 빠르게 움직인다.

3) 물표의 속도가 변할 때 충돌점의 움직임

만약 속도비(본선의 속도/상대선의 속도)가 무한히 크면(상대선이 정지해 있는 경우) 충돌점이 그 물표의 위치에 생기는 것은 명백하다. 상대선이 속도를 올리는 동안 본선이 속도를 유지하면 충돌점은 상대선의 항적을 따라 움직이기 시작한다. 물표의 속도가 본선의 속도와 같아지면(속도비=1) 제2충돌점은 무한히 먼 곳에 나타난다. 물표의 속도가 더욱 증가하면 제1충돌점과 제2충돌점은 더 가까워지고, 결국 상대선의 속도에 비해 본선의 속도가 느려지므로 두 개의 충돌점은 하나로 합쳐진 후 사라진다. (그림 5-23)

4) 물표가 변침할 때 충돌점의 움직임

만약 두 척의 배의 속도가 같으면, 충돌점은 두 배를 잇는 선의 수직이등분선상을 움직인다. 애스펙트(aspect)가 커지면 충돌점은 더 멀어질 것이다(그림 5-24). 이론적으로 이 경우에 한계 애스펙트는 90°이다. 그러나 그때는 충돌점이 무한히 먼 곳에 생기므로 실제로 한계는 85°이다. 관측선이 물표보다 느리면 충돌점은 두 개가 생기고 속도비에 따라 결정되는 원 주위에 나타난다. 그 원은 항상 속도비가 1인 궤적으로부터 관측선 쪽에 있게 된다. 관측선이 물표보다 빠르면 충돌점의 원은 물표 쪽에 나타난다.

충돌점의 작도는 그림 5-25와 같으며 순서는 다음과 같다.

① 속력 3각형을 푼다

② 상대선의 백터 CB를 B쪽으로 연장선을 긋는다.

③ C를 중심으로 CA를 반경으로 하는 원호를 그리고, OB의 연장선과의 교점을 A_1, A_2라고 한다. 이때 CA_1과 CA_2가 충돌 침로가 된다.

④ 중심(O)으로부터 CA_1과 CA_2에 평행한 선을 그려 CB의 연장선과 만나는 점을 P_1과 P_2라 하면 P_1이 제1충돌점, P_2가 제2충돌점이 된다.

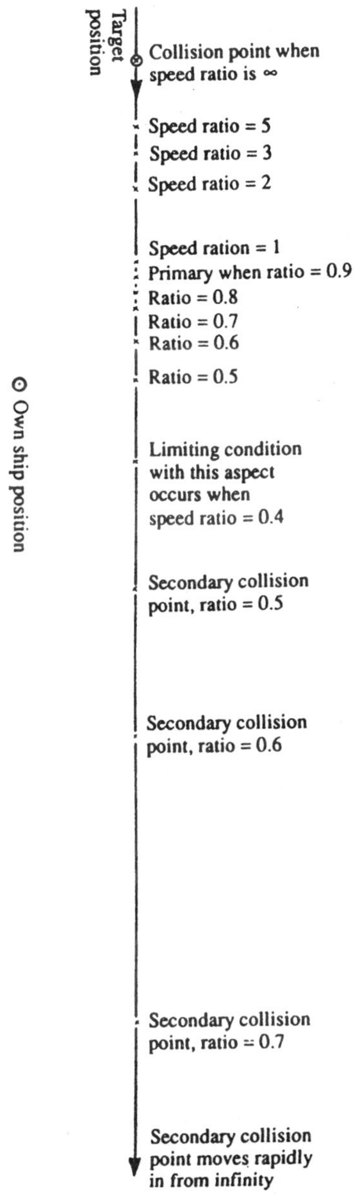

그림 5-23 속도비에 의한 충돌점의 변화

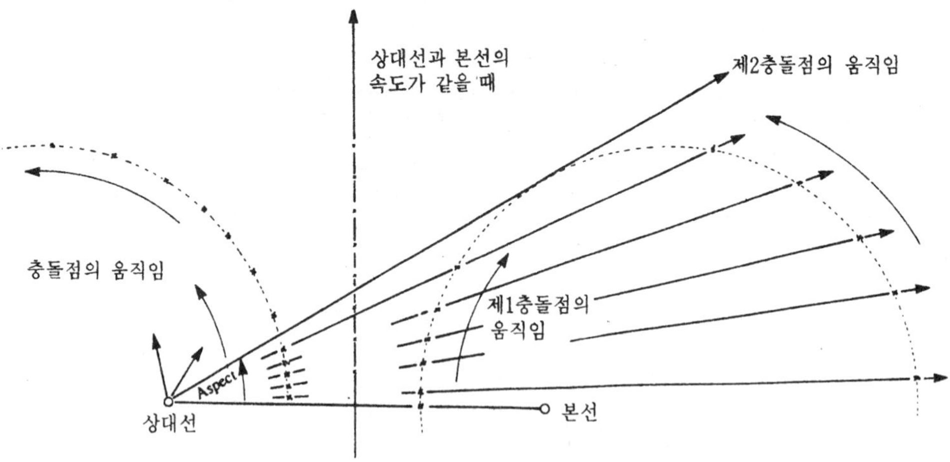

그림 5-24 속도비가 2 : 1과 1 : 2인 경우에
에스펙트의 변화에 따른 충돌점의 움직임

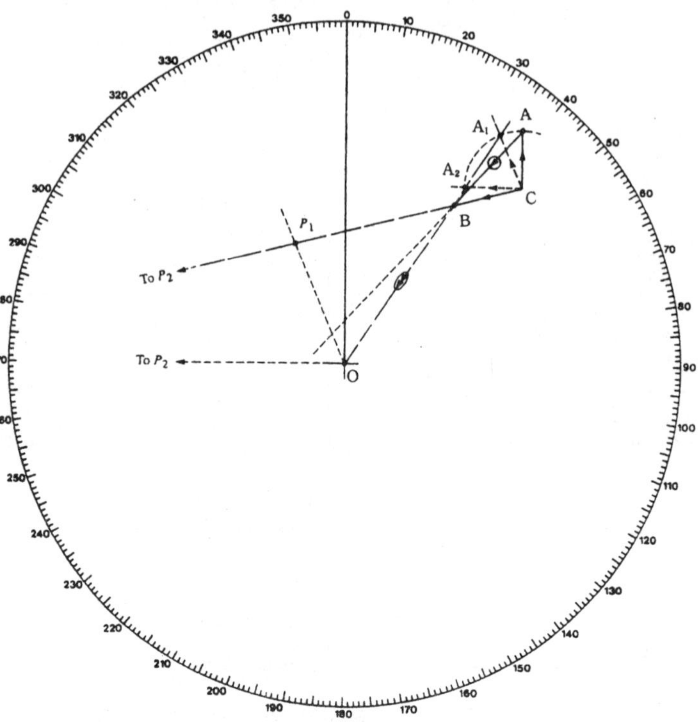

그림 5-25 충돌점의 작도

5.8.6 예상위험구역 (PAD, Predicted Area of Danger)

충돌점은 다음과 같은 단점이 있다.

(a) 포착된 데이터가 부정확하면 충돌점의 위치가 틀려진다.

(b) 배의 크기를 고려하지 않았다.

(c) 충돌회피에 꼭 필요한 피항거리(miss distance)를 고려하지 않았다.

선택한 안전항과거리와 포착된 데이터의 오차의 허용 한도, 배의 크기 등을 고려하여 충돌점 주위에 PAD를 그린다. 이 구역은 안전항과를 위하여 피해야 되고 예상위험구역으로 간주한다. 이 기술은 Sperry Marine System사의 특허이다. 사용자는 PAD의 위치, 움직임, 모양, 모양의 변화에 대해 잘 이해하고 있어야 한다. 다음의 설명에서 알 수 있듯이 쉬운 일이 아니다. 충돌점의 경우에는 주어진 속도비에서 물표의 항적을 자르는 침로가 있었으나, PAD의 경우에는 두 개의 점이 있게 된다. 하나는 상대선의 관측선이 상대선의 선수 쪽으로 통과하는 점이고, 다른 하나는 선미 쪽을 통과하는 경우이다. 이 두 개의 침로가 만드는 각은 다음의 요소에 따라 달라진다.

(a) 속도비 (b) 물표의 위치 (c) 물표의 애스펙트

충돌점의 경우에 보인 바와 같이 본선이 더 빠른 경우에는 선수를 통과하는 침로나 선미를 통과하는 침로는 하나이다. 본선이 더 느린 경우에는 위에 든 요소에 따라 다음과 같이 훨씬 복잡해진다.

(a) 선수와 선미를 통과하는 침로가 각각 두 개인 경우

(b) 선수 통과 침로 하나에 두 개의 선미 통과 침로

(c) 두 개의 선미 통과 침로

(d) 위험이 없는 경우

하나 또는 제1충돌점의 경우에, 본선이 상대선의 선수방향을 가로지르는 위치는 충돌점보다 상대선에서 더 멀리에 있으며, 선미를 통과하는 경우에는 물표 쪽에 더 가깝다. 본선이 더 느린 경우에는(두 개의 충돌점), 두번째의 선수 통과 위치가 물표에 더 가까이에 있고 선미 통과 위치는 물표에서 더 멀리 있게 된다.

1) PAD의 작도

그림 5-26에 PAD의 작도법을 보였다.

① 속력 삼각형을 푼다

② 본선의 위치에서 필요로 하는 안전항과거리(R)를 반지름으로 하는 원을 그리고 B점으로부터 원에 접선 BT_1과 BT_2를 긋는다

③ C를 중심으로 하여 CA를 반경으로 하는 호를 그려 BT_1과 BT_2의 연장선과의 교점을 A_1과 A_2라 한다.

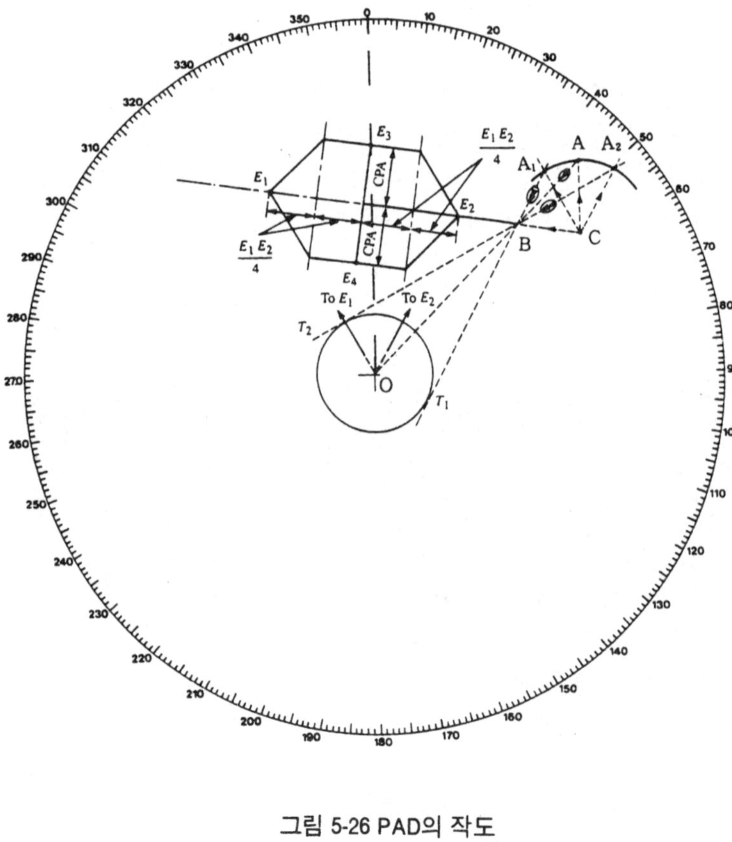

그림 5-26 PAD의 작도

④ CA_1과 CA_2를 연결한다.

⑤ CA_1과 CA_2에 평행 되게 OE_1과 OE_2를 그어 상대선의 항적인 CB의 연장선과의 교점을 E_1, E_2라 한다.

⑥ E_1E_2를 잇는 선에 수직이등분선을 그어 $E_1E_2=2R$가 되도록 E_1E_2를 잡는다.

⑦ E_1, E_2, E_3, E_4를 통하는 6각형을 그림에서 보인 치수대로 그린다.

2) PAD의 모양의 변화

항과거리가 바뀔 때 PAD의 기하학적 비대칭으로 인하여 선수 통과 위치와 선미 통과 위치는 충돌점에 대하여 대칭적으로 움직이지 않는다. 선수 통과 위치는 선미 통과 위치보다 더 현저하게 움직인다(그림 5-23 참조). 전체적인 모양은 선수 통과 위치가 충돌점으로부터 더 빨리 멀어지는 형태로 비대칭적이다.

3) PAD의 움직임

① 충돌의 경우

충돌점의 경우에서와 같이 선수지시선과 마주치는 PAD는 선수지시선을 따라 내려온다. PAD의 모양은 변할지 몰라도 선수지시선에서 멀어지지 않는다.

더 느린 배의 경우에(두 개의 PAD) 어느 한쪽의 PAD가 물표 쪽으로 움직이며 결국 선수지시선상에서 하나로 합쳐진다.

② 안전항과인 경우

충돌의 염려가 없는 경우에는 PAD는 선수지시선과 만나지 않으면 그 모양과 위치를 바꾸면서 화면을 가로질러 움직인다. 그 움직임은 본선이 상대선의 선수를 가로지르느냐 선미를 가로지르느냐에 따라 충돌점의 움직임과 매우 흡사하다.

부 록

1. IMO의 레이더 성능기준

Performance Standards for Navigational Radar Equipment installed on or after 1 September 1984

1. Application

1.1 This Recommendation applies to all ships' radar equipment installed on or after 1 September 1984 in compliance with Regulation 12, Chapter V of the International Convention for the safety of Life at Sea, 1974, as amended.

1.2 Radar equipment installed before 1 September 1984 should comply at least with the performance standards recommended in resolution A.222(Ⅶ).

2. General

The radar equipment should provide an indication, in relation to the ship, of the position of other surface craft and obstructions and of buoys, shorelines and navigational marks in a manner which will assist in navigation and in avoiding collision.

3. All radar installations

All radar installations should comply with the following minimum requirements.

3.1 Range performance

The operational requirement under normal propagation conditions, when the radar antenna is mounted at a height of 15 metres above sea level, is that the equipment should in the absence of clutter give a clear indication of :

1. Coastlines :

   At 20 nautical miles when the ground rises to 60 metres

   At 7 nautical miles when the ground rises to 6 metres.

2. Surface objects :

   At 7 nautical miles a ship of 5000 tons gross tonnage, whatever her aspect

   At 3 nautical miles a small ship of 10 metres in length

   At 2 nautical miles an object such as a navigational buoy having an effective echoing area of approximately 10 square metres.

3.2 Minimum range

The surface objects specified in paragraph 3.1.2 should be clearly displayed from a minimum range of 50 metres up to a range of 1 nautical mile, without changing the setting of controls other than the range selector.

3.3 Display

3.3.1 The equipment should without external magnification provide a relative plan display in the head up unstabilized mode with an effective diameter of not less than :

1. 180 millimetres on ships of 500 tons gross tonnage and more but less 1600 tons gross tonnage ;
2. 250 millimetres on ships of 1600 tons gross tonnage and more

but less than 10000 tons gross tonnage ;

3. 340 millimetres in the case of one display and 250 millimetres in the case of the other on ships of 10000 tons gross tonnage and upwards.

Note Display diameters of 180, 250 and 340 milimetres correspond respectively to 9, 12 and 16 inch cathode ray tubes.

3.3.2 The equipment should provide one of the two following sets of range scales of display :

1. 1.5, 3, 6, 12 and 24 nautical miles and one range scale of not less than 0.5 and not greater than 0.8 nautical miles ; or
2. 1, 2, 4, 8, 16 and 32 nautical miles.

3.3.3 Additional range scales may be provided.

3.3.4 The range scale displayed and the distance between range rings should be clearly indicated at all times.

3.4 Range measurement

3.4.1 Fixed electronic range rings should be provided for range measurements as follows :

1. Where range scales are provided in accordance with paragraph 3.2.1, on the range scale of between 0.5 and 0.8 nautical miles at least two range rings should be provided and on each of the other range scales six range rings should be provided ; or
2. Where range scales are provided in accordance with paragraph 3.2.2, four range rings should be provided on each of the range scales.

3.4.2 A variable electronic range marker should be provided with a numeric readout of range.

3.4.3 The fixed range rings and the variable range marker should enable the range of an object to be measured with an error not exceeding 1.5 per cent of the maximum range of the scale in use, or 70 metres, whichever is the greater.

3.4.4 It should be possible to vary the brilliance of the fixed range rings and the variable range marker and to remove them completely from the display.

3.5 Heading indicator

3.5.1 The heading of the ship should be indicated by a line on the display with a maximum error not greater than $\pm 1^\circ$. The thickness of the displayed heading line should not be greater than 0.5°.

3.5.2 Provision should be made to switch off the heading indicator by a device which cannot be left in the 'heading marker off' position.

3.6 Bearing measurement

3.6.1 Provision should be made to obtain quickly the bearing of any object whose echo appears on the display.

3.6.2 The means provided for obtaining bearing should enable the bearing of a target whose echo appears at the edge of the display to be measured with an accuracy of $\pm 1^\circ$ or better.

3.7 Discrimination

3.7.1 The equipment should be capable of displaying as separate indications on a range scale of 2 nautical miles or less, two small similar targets at a range of between 50 per cent and 100 per cent of the range scale in use, and on the same azimuth, separated by not more than 50 metres in range.

3.7.2 The equipment should be capable of displaying as separate indications two small similar targets both situated at the same range between 50 per cent and 100 per cent of the 1.5 or 2 mile range scales, and separated by not more than 2.5° in azimuth.

3.8 Roll or pitch

The performance of the equipment should be such that when the ship is rolling or pitching up to ±10° the range performance requirements of paragraphs 3.1 and 3.2 continue to be met.

3.9 Scan

The scan should be clockwise, continuous and automatic through 360° of azimuth. The scan rate should be not less than 12 r.p.m. The equipment should operate satisfactorily in relative wind speeds of up to 100 knots.

3.10 Azimuth stabilization

3.10.1 Means should be provided to enable the display to be stabilized in azimuth by a transmitting compass. The equipment should be provided with a compass input to enable it to be stabilized in azimuth. The accuracy of alignment with the compass transmission should be within 0.5° with a compass rotation rate of 2 r.p.m.

3.10.2 The equipment should operate satisfactorily in the unstabilized mode when the compass control is inoperative.

3.11 Performance check

Means should be available, while the equipment is used operationally, to determine readily a significant drop in performance relative to a calibration standard established at the time of installation, and that the equipment is correctly tuned in the absence of targets.

3.12 Anti-clutter devices

Suitable means should be provided for the suppression of unwanted echoes from sea clutter, rain and other forms of precipitation, clouds and sandstorms. It should be possible to adjust manually and continuously the anti-clutter controls. Anti-clutter controls should be inoperative in the fully anti-clockwise positions. In addition, automatic anti-clutter controls may be provided ; however, they must be capable of being switched off.

3.13 Operation

3.13.1 The equipment should be capable of being switched on and operated from the display position.

3.13.2 Operational controls should be accessible and easy to identify and use. Where symbols are used they should comply with the recommendations of the organization on symbols for controls on marine navigational radar equipment.

3.13.3 After switching on from cold the equipment should become fully operational within 4 minutes.

3.13.4 A standby condition should be provided from which the equipment can be brought to an operational condition within 15 seconds.

3.14 Interference

After installation and adjustment on board, the bearing accuracy as prescribed in these performance standards should be maintained without further adjustment irrespective of the movement of the ship in the earth's magnetic field.

3.15 Sea or ground stabilization(true motion display)

3.15.1 Where sea or ground stabilization is provided the accuracy and discrimination of the display should be at least equivalent to that required by these performance standards.

3.15.2 The motion of the trace origin should not, except under manual override conditions, continue to a point beyond 75 per cent of the radius of the display. Automatic resetting may be provided.

3.16 Antenna system

The antenna system should be installed in such a manner that the design efficiency of the radar system is not substantially impaired.

3.17 Operation with radar beacons

3.17.1 All radars operating in the 3cm band should be capable of operating in a horizontally polarized mode.

3.17.2 It should be possible to switch off those signal processing facilities which might prevent a radar beacon from being shown on the radar display.

4. Multiple radar installations

4.1 Where two radars are required to be carried they should be so installed that each radar can be operated individually and both can be operated simultaneously without being dependent upon one another. When an emergency source of electrical power is provided in accordance with the appropriate requirements of Chapter Ⅱ-1 of the 1974 SOLAS Convention, both radars should be capable of being operated from this source.

4.2 Where two radars are fitted, interswitching facilities may be provided to improve the flexibility and availability of the overall radar installation. They should be so installed that failure of either radar would not cause the supply of electrical energy to the other radar to be interrupted or adversely affected.

2. IMO의 ARPA 성능기준

Performance Standards for Automatic Radar Plotting Aids (ARPA)

1. Introduction

1.1 Automatic radar plotting aids(ARPA) should, in order to improve the standard of collision avoidance at sea :

1. Reduce the workload of observers by enabling them to automatically obtain information so that they can perform as well with multiple targets as they can by manually plotting a single target.
2. Provide continuous, accurate and rapid situation evaluation.

1.2 In addition to the general requirements for electronic navigational aids (resolution A.281(Ⅷ), the ARPA should comply with the following minimum performance standards.

2. Definitions

2.1 Definitions of terms used in these performance standards are given in annex 1 to this resolution.

3. Performance standards

3.1 Detection

3.1.1 Where a separate facility is provided for detection of targets, other than by the radar observer, it should have a performance not inferior to that which could be obtained by the use of the radar display.

3.2 Acquisition

3.2.1 Target acquisition may be manual or automatic. However, there should always be a facility to provide for manual acquisition and cancellation : ARPA with automatic acquisition should have a facility to suppress acquisition in certain areas. On any range scale where acquisition is suppressed over a certain area, the area of acquisition should be indicated on the display.

3.2.2 Automatic or manual acquisition should have a performance not inferior to that which could be obtained by the user of the radar display.

3.3 Tracking

3.3.1 The ARPA should be able to automatically track, process, simultaneously display and continuously update the information on at least :

1. Twenty targets, if automatic acquisition is provided, whether automatically or manually acquired.
2. Ten targets, if only manual acquisition is provided.

3.3.2 If automatic acquisition is provided, a description of the criteria of selection of targets for tracking should be provided to the user. If the ARPA does not track all targets visible on the display, targets which are being tracked should be clearly indicated on the display. The reliability of tracking should not be less than that obtainable using manual recordings of successive target positions obtained from the radar display.

3.3.3 Provided the target is not subject to target swop, the ARPA should continue to track an acquired target which is clearly distinguishable on the display for five out of ten consecutive scans.

3.3.4 The possibility of tracking errors, including target swop, should be minimized by ARPA design. A qualitative description of the effects of error sources on the automatic tracking and corresponding errors should be provided to the user, including the effects of low signal-to-noise and low signal-to-clutter ratios caused by sea returns, rain, snow, low clouds and nonsynchronous emissions.

3.3.5 The ARPA should be able to display on request at least four equally time-spaced past positions of any targets being tracked over a period of at least 8 minutes.

3.4 Display

3.4.1 The display may be a separate or integral part of the ship's radar. However, the ARPA display should include all the data required to be provided by a radar display in accordance with the performance standards for navigational radar equipment.

3.4.2 The design should be such that any malfunction of ARPA parts producing data additional to information to be produced by the radar as required by the performance standards for navigational equipment should not affect integrity of the basic radar presentation.

3.4.3 The display on which ARPA information is presented should have an effective diameter of at least 340mm.

3.4.4 The ARPA facilities should be available on at least the following range scales :

1. 12 or 16 miles
2. 3 or 4 miles.

3.4.5 There should be a positive indication of the range scale in use.

3.4.6 The ARPA should be capable of operating with a relative motion display with north up and either head up or course up azimuth stabilization. In addition, the ARPA may also provide for a true motion display. If true motion is provided, the operator should be able to select for his display either true or relative motion. There should be a positive indication of the display mode and orientation in use.

3.4.7 The course and speed information generated by the ARPA for acquired targets should be displayed in a vector or graphic form which clearly indicates the target's predicted motion. In this regard :

1. An ARPA presenting predicted information in vector form only should have the option of both true and relative vectors.
2. An ARPA which is capable of presenting target course and speed information in graphic form should also, on request, provide the target's true and/or relative vector.
3. Vectors displayed should either be time adjustable or have a fixed time-scale.
4. A positive indication of the time-scale of the vector in use should be given.

3.4.8 The ARPA information should not obscure radar information in such a manner as to degrade the process of detecting targets. The display of ARPA data should be under the control of the radar observer. It should be possible to cancel the display of unwanted ARPA data.

3.4.9 Means should be provided to adjust independently the brilliance of the ARPA data and radar data, including copmplete elimination of the ARPA data.

3.4.10 The method of presentation should ensure that the ARPA data is clearly visible in general to more than one observer in the conditions of light normally experienced on the bridge of a ship by day and by night. Screening may be provided to shade the display from sunlight but not to the extent that it will impair the observer's ability to maintain a proper look-out. Facilities to adjust the brightness should be provided.

3.4.11 Provisions should be made to obtain quickly the range and bearing of any object which appears on the ARPA display.

3.4.12 When a target appears on the radar display and, in the case of automatic acquisition, enters within the acquisition area chosen by the observer or, in the case of manual acquisition, has been acquired by the observer, the ARPA should present in a period of not more than 1 minute an indication of the target's motion trend, and display within 3 minutes the target's predicted motion in accordance with paragraphs 3.4.7, 3.6, 3.8.2 and 3.8.3.

3.4.13 After changing range scales on which the ARPA facilities are available or resetting the display, full plotting information should be displayed within a period not exceeding four scans.

3.5 Operational warnings

3.5.1 The ARPA should have the capability to warm the observer with a visual and/or audible signal of any distinguishable target which closes to a range or transits a zone chosen by the observer. The target causing the warning should be clearly indicated on the display.

3.5.2 The ARPA should have the capability to warn the observer with a visual and/or audible signal of any tracked target which is predicted to close to within a minimum range and time chosen by the observer. The target causing the warning should be clearly indicated on the display.

3.5.3 The ARPA should clearly indicate if a tracked target is lost, other than out of range, and the target's last tracked position should be clearly indicated on the display.

3.5.4 It should be possible to activate or deactivate the operational warnings.

3.6 Data requirements

3.6.1 At the request of the observer the following information should be immediately available from the ARPA in alphanumeric form in regard to any tracked target :

1. Present range to the target
2. Present bearing of the target
3. Predicted target range at the closest point of approach(CPA)
4. Predicted time to CPA(TCPA)
5. Calculated true course of target
6. Calculated true speed of target.

3.7 Trial manoeuvre

3.7.1 The ARPA should be capable of simulating the effect on all tracked targets of an own ship manoeuvre without interrupting the updating of target information. The simulation should be initiated by the depression either of a spring-loaded switch, or a function key, with a positive identification on the display.

3.8 Accuracy

3.8.1 The ARPA should provide accuracies not less than those given in paragraphs 3.8.2 and 3.8.3 for the four scenarios defined in annex 2 to this resolution. With the sensor errors specified in annex 3, the values given relate to the best possible manual plotting performance under environmental conditions of $\pm 10^\circ$ of roll.

3.8.2 An ARPA should present within 1 minute of steady state tracking the relative motion trend of a target with the following accuracy values (95 per cent probability values) :

Date Scenario	*Relative course (degrees)*	*Relative speed (knots)*	*CPA (nautical miles)*
1	11	2.8	1.6
2	7	0.6	–
3	14	2.2	1.8
4	15	1.5	2.0

3.8.3 An ARPA should present within 3 minutes of steady state tracking the motion of a target with the following accuracy values (95 per cent probability values) :

Date Scenario	*Relative course (degrees)*	*Relative speed (knots)*	*CPA (nautical miles)*	*TCPA (min)*	*True course (degrees)*	*True speed (knots)*
1	3.0	0.8	0.5	1.0	7.4	1.2
2	2.3	0.3	–	–	2.8	0.8
3	4.4	0.9	0.7	1.0	3.3	1.0
4	4.6	0.8	0.7	1.0	2.6	1.2

3.8.4 When a tracked target, or own ship, has completed a manoeuvre, the system should present in a period of not more than 1 minute an indication of the target's motion trend, and display within 3 minutes the target's predicted motion, in accordance with paragraphs 3.4.7, 3.6, 3.8.2 and 3.8.3.

3.8.5 The ARPA should be designed in such a manner that under the most favourable conditions of own ship motion the error contribution from the ARPA should remain insignificant compared with the errors associated with the input sensors, for the scenarios of annex 2.

3.9 Connections with other equipment

3.9.1 The ARPA should not degrade the performance of any equipment providing sensor inputs. The connection of the ARPA to any other equipment should not degrade the performance of that equipment.

3.10 Performance tests and warnings

3.10.1 The ARPA should provide suitable warnings of ARPA malfunction to enable the observer to monitor the proper operation of the system. Additionally, test programs should be available so that the overall performance of ARPA can be assessed periodically against a known solution.

3.11 Equipment used with ARPA

3.11.1 Log and speed indicators providing inputs to ARPA equipment should be capable of providing the ship's speed through the water.

Annex 1 Definitions of terms to be used only in connection with ARPA performance standards

Relative course	The direction of motion of a target related to own ship as deduced from a number of measurements of its range and bearing on the radar, expressed as an angular distance from north.
Relative speed	The speed of a target related to own ship, as deduced from a number of measurements of its range and bearing on the radar.
True course	The apparent heading of a target obtained by the vectorial combination of the target's relative motion and own ship's motion, expressed as an angular distance from north.
True speed	The speed of a target obtained by the vectorial combination of its relative motion and own ship's motion.

Note For the purpose of the definitions of true course and true speed there is no need to distinguish between sea and ground stabilization.

Bearing The direction of one terrestrial point from another, expressed as an angular distance from north.

Relative motion display The position of own ship on such a display remains fixed.

True motion display The position of own ship on such a display moves in accordance with its own motion.

Azimuth stabilization Own ship's compass information is fed to the display so that echoes of targets on display will not be caused to smear by changes of own ship's heading.

North up The line connecting the centre with the top of the display is north.

Head up The line connecting the centre with the top of the display is own ship's heading.

Course up An intended course can be set to the line connecting the centre with the top of the display.

Heading The direction in which the bows of a ship are pointing, expressed as an angular distance from north.

Target's predicted motion The indication on the display of a linear extrapolation into the future of a target's motion, based on measurements of the target's range and bearing on the radar in the recent past.

Target's motion trend An early indication of the target's predicted motion.

Radar plotting The whole process of target detection, tracking, calculation of parameters and display of information.

Detection The recognition of the presence of a target.

Acquisition The selection of those targets requiring a tracking procedure and the initiation of their tracking.

Tracking The process of observing the sequential changes in the position of a target, to establish its motion.

Display The plan position presentation of ARPA data with radar data.

Manual Relating to an activity which a radar observer performs, possibly with assistance from a machine.

Automatic Relating to an activity which is performed wholly by a machine.

Annex 2 Operational scenarios

For each of the following scenarios predictions are made at the target position defined after previously tracking for the appropriate time of one or three minutes :

Scenario 1

Own ship course	000°
Own ship speed	10 knots
Target range	8 nautical miles
Bearing of target	000°
Relative course of target	180°

Relative speed of target	20 knots

Scenario 2

Own ship course	000°
Own ship speed	10 knots
Target range	1 nautical mile
Bearing of target	000°
Relative course of target	090°
Relative speed of target	10 knots

Scenario 3

Own ship course	000°
Own ship speed	5 knots
Target range	8 nautical miles
Bearing of target	045°
Relative course of target	225°
Relative speed of target	20 knots

Scenario 4

Own ship course	000°
Own ship speed	25 knots
Target range	8 nautical miles
Bearing of target	045°
Relative course of target	225°
Relative speed of target	20 knots

Annex 3 Sensor errors

The accuracy figures quoted in paragraph 3.8 are based upon the following sensor errors and are appropriate to equipment complying with the performance standards for shipborne navigational equipment.

Note σ means standard deviation.

Radar

Target glint(scintillation)(for 200m length target)
Along length of target σ = 30 metres(normal distribution)
Across beam of target σ = 1 metre(normal distribution)

Roll-pitch bearing The bearing error will peak in each of the four quadrants around own ship for targets on relative bearings of 045°, 135°, 225° and 315° and will be zero at relative bearings of 0°, 90°, 180° and 270°. This error has a sinusoidal variation at twice the roll frequency.

For a 10° roll the mean error is 0.22° with a 0.22° peak sine wave superimposed.

Beam shape Assumed normal distribution giving bearing error with σ = 0.05°

Pulse shape Assumed normal distribution giving range error with σ = 20 metres

Antenna backlash Assumed rectangular distribution giving bearing error ±0.5° maximum.

Quantization

Bearing Rectangular distribution $\pm 0.01^\circ$ maximum

Range Rectangular distribution ± 0.01 nautical miles maximum.

Bearing encoder assumed to be running from a remote synchro giving bearing errors with a normal distribution $\sigma = 0.03^\circ$.

Gyro compass

Calibration error 0.5°.

Normal distribution about this with $\sigma = 0.12^\circ$.

Log

Calibration error 0.5 knots

Normal distribution about this with $3\sigma = 0.2$ knots.

3. 찾아보기

[ㄱ]

[ㄴ]

[ㄷ]

[저자약력]

1973년 한국해양대학교 항해학과 졸업
1975년 해군 중위 예편
1975년~1978년 LASCO해운 항해사
1990년 한국해양대학교 대학원 공학박사
1979년~현재 목포해양대학교 교수

해광출판해기

레이더 항법과 알파

2013년 9월 5일 2쇄 인쇄 정가 15,000 원
2013년 9월 15일 2쇄 발행

저 자 김 우 숙
발 행 인 조 준 형
발 행 처 해광출판사
주 소 부산광역시 중구 구덕로 38 (남포동 4가 2-4)
전화번호 (051) 253-0001 팩스 (051) 245-1187
등 록 제 2012-000005호